政治学与国际公共管理丛书编委会名单

主编：杨 力 郭树勇

成员（按姓氏笔画排序）：王有勇 王志强 李路曲 刘宏松 汪卫华
                        杨 力 张 磊 陈金英 晋继勇 熊文驰
顾问（按姓氏笔画排序）：史明德 朱威烈 刘志贤 李 琪 竺乾威
                        胡礼忠 桑玉成 Rosemary Foot

本书是国家社科基金重大项目 10zd & 009 阶段性成果

本书受上海市一流学科建设项目（B 类）资助（编号为 2013GXYLXKZZXGG）

政治学与国际公共管理丛书

组织逻辑与范式变迁

中国食品安全监管权配置问题研究

张磊 著

上海人民出版社

丛书总序

党的十八大召开之后，中国的政治发展重点和外交取向发生了新的重大的变化。一方面，我国坚定不移地走中国特色社会主义的民主政治道路，在继续推进党内民主、深化行政体制改革的同时，明确提出了推进人大制度理论创新与实践创新，更加重视发挥民主协商的命题，为协调推进全面建成小康社会、全面深化改革、全面推进依法治国、全面从严治党提供更好的政治保障。另一方面，党中央统筹国内国际两个大局的思路更开阔、方式更新、力度更大，中国梦与世界各国的梦相通，"一带一路"倡议将中国发展与世界发展深度联结，上海合作组织、二十国集团、金砖国家和亚信会议等新兴国际组织将更多更好的中国声音、中国方案和中国智慧带给国际社会，由此，中国进入了推进改革开放、实现民族复兴、管理国际公共事务、维护与缔造世界和平的新时期。这些变化，正在形塑着中国和世界的面貌和秩序，其影响的深度和速度有时甚至超出了决策界和研究界的预料。

变化的实践需要变化的理论。变化的理论要解释变化了的、正在变化的和即将变化的政治实践，这种实践已经不单是一国的实践，而是具有一定的世界意义。这显然是一个宏大的世界性课题。研究之难，可以想象。它既要继续借鉴又要实质性地突破西方的话语体系，并对国际社会的结构与进程力争作出细致入微的考察；既要认真总结中国政治与行政实践经验，又要对实践起到指导或参考作用；既要坚持问题导向、面向未来，又必须对历史和现实的基本问题作出必要的说明，从而使得学术研究尽可能接近历史、逻辑和现实的统一。开展上述研究，需要中国与外国、中央与地方、政界与学界等各类专家的共同努力，需要政治学、国际关系和行政学等学科的交叉研究。

上海外国语大学有志于这方面的探索。承蒙教育部和上海市的支持和学界的厚爱，上外自 20 世纪 80 年代初在加强外国语言文学研究和区域国别研究的同时，开展了国际问题研究和政治学研究。1987 年在上外召开的全国第一届国际关系理论研讨会，对上外的政治学与国际关系研究起到了重要的推动作用。进入 21 世纪以来，上外的政治学获得了长足的发展，除了国际政治本科专业、国际关系等 6 个专业硕士点之外，政治学一级学科博士点和博士后流动站先后建立起来，中东研究所、《国际观察》杂志等机构获得了全国性声誉，欧盟研究中心、二十国集团研究中心中外文化软实力创新基地等一批教育部和上海市研究基地影响日隆。2014 年，学校决定成立国际关系与公共事务学院，进一步整合政治学研究力量，全面贯通政治学本科、硕士、博士与博士后的人才培养，并确立了在重点发展国际关系（国际政治、外交学）的基础上加快区域国别与比较政治研究、全球治理与国际组织研究、中外文化软实力与国际政治社会学研究的思路，通过发展公共管理支持政治学发展，把国际组织人才培养和区域国别人才培养等摆上了政治学学科建设的新的议事日程。

这套政治学与国际公共管理丛书的宗旨，就是在此背景下为校内学者和校外协同创新专家提供展示上述探索成果的舞台。丛书将重点围绕比较议会、国际公共行政、国际组织（含联合国事务）、区域国别理论、中国学理论等领域，力图突出三个特点：一是紧扣党的十八大以来的中国政治发展和参与或主导国际公共管理的新发展、新趋势这个主题，以新的视角透视中国内政外交的新常态；二是更加注重总结中国政治的成功经验及其中国学意义，包括中央与地方在推进党内民主、创新人大制度、推进民主协商等方面的经验；三是鼓励研究中国参与或主导的国际组织（包括联合国）特别是新兴国际组织的发生发展及生态、文化、卫生、人力资源等相关的国际公共管理问题。为了做好丛书组织编辑工作，我们邀请了有丰富政府工作包括外交工作经验的专家进入编委会，为我们提供指导。我们希望，丛书能够为国际组织和区域国别研究提供理论支持，对从事外交和国际组织工作的同志提供参考，并为更好地在国际比较视野下开展政治学研究和公共管理研究积累经验教训。囿于时间与能力所限，难免在探索中考虑不周、出现差错，不当之处敬请批评指正。

主　编

2015 年 6 月

目　录

第一章

绪　论

第一节　本书的背景与研究意义

一、本书的背景

"民以食为天，食以安为先。"食品安全关系社会公众身体健康和生命安全、经济有序发展、社会和谐稳定，受到社会各界广泛关注。但是，近年来重大食品安全事件频发，不断敲响着食品安全问题的警钟。[1] 从1998 年开始蔓延全国的猪肉瘦肉精事件；2004 年，安徽阜阳奶粉事件、广州散装陈酒事件、龙口粉丝事件、雀巢幼儿奶粉转基因事件；2005年，"苏丹红"工业添加剂事件、光明回奶事件、哈根达斯脏厨房事件、卡夫乐之转基因事件；2006 年，福寿螺致病事件、毒猪油事件、"口水油沸腾鱼"事件、苏丹红鸭蛋事件、"嗑药"多宝鱼事件、陈化粮事件；2007年，思念速冻食品致病菌事件、龙凤速冻食品致病菌事件；2008 年，三鹿奶粉事件、康师傅矿泉水水源污染事件、进口大豆蛋白粉转基因成分事件；2009 年，广州瘦肉精中毒事件、农夫山泉水源污染事件、统一食品"砒霜门"、味全奶粉被检出高危致病菌、雪碧汞毒事件；2010 年，湖南金浩茶油化学物质超标、地沟油事件、小龙虾致病菌事件、银鱼加甲醛事件、五常稻花香毒大米事件，等等，食品安全事故一度呈现井喷状态。

2010 年清华大学媒介调查实验室、中国全面小康研究中心合作对全国 12 个城市"公众安全感调查"的结果显示，能够"放心"购买食品的受访者只占四成[2]。2011 年的调查结果显示，近七成受访者对食品安全状况感到"没有安全感",其中,52.3%的受访者心理状态是"比较不安",15.6%的人表示"特别没有安全感"。[3] 2012年的调查结果显示,80.4%的受访者感到对食品没有安全感,超过50%的受访者认为食品安全状况一年比一年更糟糕。[4]第十一届全国人大常委会在2011年6月29日召开的第21次会议上建议把食品安全与金融安全、粮食安全、能源安全、生态安全并列纳入"国家安全"体系。[5]随着出口日本的"毒饺子事件"、出口美国的"毒生姜事件"的爆发,中国食品安全危机逐步由国内向国际扩散,以致美国华盛顿战略和国际研究中心副主任唐安竹(Drew Thompson)在著名智库詹姆斯敦基金会(Jamestown Foundation)主办的《中国简报》(China Brief)上撰文惊呼:"中国食品安全危机将给全球公共卫生治理带来挑战。"[6]虽然其观点不乏夸大成分,但食品安全问题如此高发,也体现一定时期我国食品安全监管面临的困境和自身的不足。2009年搜狐网的一次对食品安全的调查中,79.44%的受调查者认为,我国食品安全领域的监管能力非常差;55.42%的受调查者认为,食品安全监管体系不健全。[7]

各国食品安全监管的经验表明,一个卓有成效的食品安全监管体制虽然不是培育良好食品安全格局的充分条件,却是遏制食品安全事故频发的必要条件。国务院《关于进一步加强食品安全工作的决定》指出:"现阶段,食品安全问题仍然比较严重,种植养殖、生产加工、市场流通、餐饮消费等方面存在的问题还很突出,食品安全监管体制、法制、标准等方面存在缺陷,地方保护、有法不依、执法不严、监管不力的现象时有发生"[8];"如何以转变政府职能为核心,按照精简、统一、效能原则,明确部门责任、优化资源配置,有效实施统一监督管理,进一步提高食品监管水平,对食品安全监管体制不断完善是相当长时期内的努力方向。"[9]

在食品安全监管体制的横向维度,对于2004—2013年采取的"分段监管模式"[10],诟病声不断,认为这种模式导致食品安全监管部门之间合作困难、职责不清,在监管过程中既有职能重复交叉的地方,又有职能空白的真空地带,是监管效率低下的根本原因。[11]2013年国务院机构改革[12],整合监管职能与机构,组建国家食品药品监管总局,以大部制形式对食品进行统一监督管理。[13]对于监管权的统一行使,长期以来,也有许多学者疑虑重重:"决策与执行高度集中于一个部门,容易巩固部门职责利益化。"[14]"在那种认为食品安全应当交由一个部门来管才能实现权责一致的观点的推动下,建立的新的监管机构,可能权威依然非常有限,反而造成更多的寻租空间,给企业增添更多成本,进一步恶化食品安全状况。"[15]况且,统一监管模式也会带来大部制固有的问题:"政府职能越位又缺位的情况依旧存在,部门内部整合难度大,超级大部把分散的部门利益积聚成整合的更大的部门利益,导致权力过度集中,产生腐败问题。"[16]也有学者举例指出,2006—2007年,包括食药监局局长郑筱萸、国家食药监局医疗器械司司长郝和平、药品审评司司长曹文庄、化学药品处处长卢爱英、国家药典委员会秘书长王国荣在内的国家食药监局的高层官员重大腐败案的根源就在于当时食药监改革之后监管权过于集中,缺乏监督和制约。[17]

在食品安全监管体制的纵向维度,相当多的学者认为提高监管水平的关键是实施垂直管理,因为"地方政府长期以增加GDP为工作重心,食品安全往往为地方招商引资和经济发展让路,食品安全监管工作落实不到实处"[18],"地方保护主义和监管合谋现象是造成大规模食品生产企业生产不安全食品的关键原因"[19]。支持继续维持食品安全监管属地化状态的观点也不在少数,并与垂直化观点针锋相对。其主要理由是:垂直化监管也并非一剂包治百病、立竿见影的良药,和其他领域的垂直管理一样,它自身也会带来一些问题。周振超认为,在权力未受到约束的情况下,任何权力都并不可靠。不能认为地方政府容易出问题,而上级部门必然公正。地方政府会追求地方利益的最大化,上级部门同样会追求本系统利益最大化。如果现行的政治制度不能保证地方领导者正确行使权力,同样也不能保证实行垂直管理的部门能正确使用权力。[20]朱丘祥指出,垂直监管部门由于实施一体化管理,在一定程度上可以说是权力的封闭运行,在保证高效贯彻中央统一意志的同时,也极大地增加了权力专断和腐败的风险。实行垂直监管后,监管部门权限扩张,不再受限于地方政府,其部门利益倾向剧增,地方原有的监督渠道对其难以制约,而其上级部门由于"山高皇帝远"而鞭长莫及,可能会出现垂直监管部门的"部门本位主义",最终产生愈演愈烈的滥权腐败现象,造成所谓的从地方的"块块专政"走向垂直监管部门的"条条专政"。近年来,银行、税务、海关等实行垂直管理的部门发生了不少重大腐败案件就是证明。[21]

对于分段监管还是统一监管,垂直管理还是地方化都存在争议,不同的观点针锋相对,且都理论丰富、论据充分。究竟哪一种监管模式更为合理?

由此可见,许多学者认为,食品安全监管体制完善的关键在于监管权如何配置,正因如此,食品安全监管领域的争议也主要集中于监管权如何配置。因为,无论分段监管还是统一监管,垂直管理还是地方化,其实质都是监管权配置的问题。前两类属于食品安全监管权的横向配置,后两类属于食品安全监管权的纵向配置。其中,横向配置的分段监管与纵向配置的地方化都属于分权化,横向配置的统一监管和纵向配置垂直管理都属于集权化。从这个角度看,监管权如何配置的焦点主要是分权与集权之争。相当长时期内,无论是中央与地方政府间关系,还是政府部门内关系、部门间关系领域,集权与分权始终是一个两难问题。在行政改革过程中,中央机构的精简—膨胀—再精简—再膨胀的怪圈所体现的循环性涨落[22];中央地方关系中"一收就死,一死就叫,一叫就放,一放就乱,一乱就收"[23]的来回往复;行政机构的设置"撤销—恢复—再撤销—再恢复"的"加加减减"现象;行政干预方式"强化集中—分散弱化—再强化集中—再分散弱化"的"强强弱弱"现象,其背后都折射出集权与分权选择的困境。[24]

二、核心问题与研究意义

因此,本书通过研究,力求回答以下几个核心问题:

第一,中国食品安全监管权是如何配置的,配置的逻辑是什么?具体而言,这包括食品安全监管权横向配置的外在表现和纵向配置的外在表现两个部分,也包括食品安全监管权横向配置的逻辑和纵向配置的逻辑两个方面。

第二,中国食品安全监管权配置如何变迁,其变迁的规律是什么,哪些因素导致其变迁?对这个问题的理论预期是希望能够利用既存的理论,形成分析框架,对中国食品安全监管权横向配置和纵向配置中变迁的进程进行描述和解释,发现中国食品安全监管权配置变迁的基本模式。

第三,从监管权配置角度如何进一步完善中国食品安全监管能力?在对前两个问题解答的基础上,运用对第一个问题解答中发现的逻辑和对第二个问题解答中发现的规律,重新审视中国食品安全监管权横向配置和纵向配置的现状,提出进一步完善配置结构的政策建议。

本研究的意义如下:

在理论方面,食品安全监管领域改革是行政体制改革的重要组成部分,2003—2013 年的历次国务院机构改革,都有部分内容涉及食品安全监管领域,特别是监管权配置改革。[25] 但与此同时,对这方面的研究却明显不足。相对关于食品安全问题的泛泛的研究相比,学术界对于食品安全监管权配置的探索才刚刚起步,通过对研究文献的检索,与监管权有关的零星论文大约 3 篇左右。[26] 这些文章或者仅是涉及监管权性质、内容等方面的分析,并不涉及食品安全监管权配置;或者所属学科视角为法律,缺乏从公共行政、公共政策学科出发的研究。到目前为止,尚未有与本主题直接有关的硕士、博士论文,也没有涉及本主题的书籍。因此,本研究在一定程度上是一项开创性工作,有助于填补当前学术空缺,为研究行政体制改革提供某种新的视角。此外,本研究还具有较大的理论空间,在食品安全监管权的横向配置领域涉及部门间关系的相关理论,在纵向配置领域涉及中央与地方关系的相关理论,在监管权配置变迁领域涉及政策范式变迁、政策制定等相关理论,其理论空间包容性强,层次丰富,具有一定的理论纵深感,有利于对众多研究视角的整合,可以为在此领域进一步的研究提供学术积累的平台。

在实践方面,本研究是对日益复杂的食品安全问题和严峻的监管困境的回应。2013 年国务院《关于地方改革完善食品药品监督管理体制的指导意见》中指出："食品药品安全是重大的基本民生问题，党中央、国务院高度重视，人民群众高度关切。改革完善食品监管体制，整合机构和职责，有利于政府职能转变，更好地履行市场监管、社会管理和公共服务职责；有利于理顺部门职责关系，强化和落实监管责任，实现全程无缝监管；有利于形成一体化、广覆盖、专业化、高效率的食品监管体系，形成食品监管社会共治格局，更好地推动解决关系人民群众切身利益的食品安全问题。"[27]改革的实践呼唤理论的指导。如何从监管权配置角度对食品安全监管水平的不断提高出谋划策？如何进一步为完善食品安全监管改革提出建设性的建议？这正是本书努力的方向。

第二节 主要概念界定

本研究的主题是中国食品安全监管权的配置问题。为了内容的进一步展开，有必要对一些主要概念进行界定。

一、食品安全

（一）食品安全的内涵

1974 年 11 月，联合国粮农组织（FAO）发表的《世界粮食安全国际约定》中第一次提出了"食品安全"概念，不过，其内涵更接近于食品的供应安全。[28]1984 年，世界卫生组织（WHO）在名为《食品安全在卫生和发展中的作用》的文件中一度将"食品安全"与"食品卫生"视为同义，定义为："生产、加工、储存、分配和制作食品过程中确保食品安全可靠、有益于健康并且适合人消费的种种必要条件和措施。"直到 1996 年，世界卫生组织才在《加强国家级食品安全计划指南》中加以纠正，认为"食品安全"的内涵比"食品卫生"宽泛，"食品安全"是为了确保食品安全性和适用性，在食物链的所有阶段必须采取的一切条件和措施，而"食品卫生"是对食品按其原定用途进行制作或食用时不会使消费者健康受到损害的一种担保。[29]

在我国,1995 年发布的《食品工业基本术语》(GB15901-95)中的表述是:"食品卫生是为了防止食品被有害物质(包括物理、化学、微生物等方面)污染,使食品有益于人体健康所采取的各种措施。同义词是食品安全。"有学者认为,该术语间接定义了"食品安全",是我国最早使用"食品安全"的文件。2003 年 4 月 25 日,国务院办公厅《关于印发国家食品药品监督管理局主要职责内设机构人员编制规定的通知》(国办发[2003]31 号)明确指出,国家食品药品监督管理局应承担"食品安全"管理的综合监督职能。2004 年 9 月 1 日,国务院《关于进一步加强食品安全工作的决定》(国办发[2004]23 号)使用了涉及"食品安全"的众多术语,包括食品安全工作、食品安全形势、食品安全状况、食品安全问题、食品安全监管、食品安全法律、食品安全制度、食品安全标准等,这标志着"食品安全"的概念得到广泛使用。2005 年 6 月 1 日,国务院办公厅印发的《国家重大安全事故应急预案》第 7 条规定:食品安全,是指食品中不应包含有可能损害或威胁人体健康的有毒、有害物质或不安全因素,不可导致消费者急性、慢性中毒或感染疾病,不能产生危及消费者及其后代健康的隐患。2009 年 2 月 28 日,第十一届全国人大常委会第七次会议通过的《中华人民共和国食品安全法》规定:食品安全,指食品无毒、无害,符合应当有的营养要求,对人体健康不造成任何急性、亚急性或慢性危害。[30]

作为一个内涵丰富的概念,食品安全易与以下概念混淆,因此有必要加以区分。

1. 食品安全与食品供应安全

Food Security 和 Food Safety,在过去都译作食品安全。但实际上,其含义截然不同:Food Security,指食品供应安全或食品保障,强调食品在量方面的安全,即保证人们能够得到为了生存和健康所需的足够食品。要达到食品供应安全,一是确保足够数量的食品,二是最大限度地稳定食品供应,三是确保所有需要食品的人都能获得食品。因此,食品供应安全不仅涉及食品的生产,也与社会分配紧密相连。正如阿马蒂亚·森所指出的,"饥饿是指一些人未能得到足够的食物,而非现实世界中不存在足够的食物"[31],"饥饿是交换权利的函数,而不是粮食供给的函数……不仅仅依赖粮食供给,而且还依赖于食物的分配"。[32]
Food Safety,译作食品安全,强调食品在质方面的安全,即食品质量标准的保证,确保食品消费对人类健康没有直接或潜在的不良影响。从这个意义上而言,食品供应安全(Food Security)涉及自然因素、经济因素、社会制度和基本人权;而食品安全(Food Safety)则主要与公共管理和公共卫生有关。[33]

2. 食品安全与食品卫生

食品安全与食品卫生这两个概念曾一度通用。如前所述,1984年,世界卫生组织(WHO)发表的《食品安全在卫生和发展中的作用》一文中并未将这两个词区分。直到1996年世界卫生组织才在《加强国家级食品安全计划指南》中提出,食品安全的内涵比食品卫生宽泛。食品安全涵盖了食品生产经营的全过程,包括种植、养殖、加工、包装、储藏、运输、销售、消费等各个环节的安全,带有全程治理的色彩;而食品卫生一词很少用在食品源头,不包含种植和养殖环节。[34]食品安全是结果安全和过程安全的完整统一,食品卫生则强调食品在加工、流通环节必须符合饮食卫生标准。[35]由于食品安全的内涵比食品卫生相对丰富,因此许多国家的相关法律经历了从食品卫生法到食品安全法的转变。[36]

3. 食品安全与食品质量

世界卫生组织(WHO)在1996年《加强国家级食品安全计划指南》中把食品质量界定为:食品满足消费者明确的或隐含需要的特性。[37]2006年联合国粮农组织在《强化国家食品控制体系》一文中进一步将食品安全和食品质量做了区分:食品安全涉及食品中导致消费者健康危害的因素;食品质量则包括影响消费者需求的特性,这些特性中有正面的性状如产地、颜色、味道、质地等,也有负面的性状如腐败、变色、变味等。[38]可见,食品安全侧重于接受食品的消费者的健康问题;食品质量关注于食品本身的使用价值和性质。还有一种观点认为食品安全是食品质量性状的一部分。食品质量可以分为3类指标8小类因素,分别是安全性状指标、营养性状指标和外观性状指标。其中,涉及安全性状指标的是3个因素:物理因素、化学因素和生物因素(参见图1.1)。

由此可见,食品质量包含食品安全。

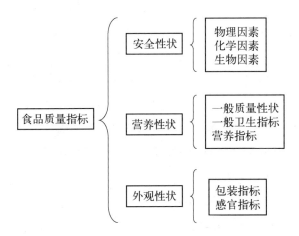

资料来源:刘录民:《我国食品安全监管体系研究》,中国质检出版社 2013 年版,第 19 页。

图 1.1 食品质量指标构成

除此之外,食品安全也不同于生物安全和营养安全。按照联合国粮农组织的定义,生物安全作为一个整体概念,不仅涉及食品安全,还涵盖环境保护、生物多样性的维持、可持续性农业、动植物害虫、转基因产品、外来物种入侵等各种风险性因素。[39]营养安全强调食品在营养和成分方面不对人体健康和长期生存繁衍构成威胁。[40]

(二) 食品安全的特点

丰富的内涵使食品安全呈现众多特点。

1. 动态性

食品安全是个动态概念,随社会、经济的变迁而演变。早期的食品安全关注于量的安全,要求国家能够提供给公众足够的食物,满足人们生存发展和社会稳定的需要;现阶段的食品安全强调质量的安全,要求食品对人体健康不造成任何危害,并获取充足的营养;远期的食品安全注重发展性,即食品的获得要注重与环境保护和资源可持续利用的协调。[41]与此同时,食品安全也与科学日新月异的发展相连,比如转基因问题、克隆生物的食用问题都与此相关。

2. 风险性

风险是一种充满非确定性的情境,会有各种可能的产出,其中某些产出是人们所不期望的。[42]经济学把风险定义为:一件事造成破坏或伤害的概率。[43]社会学认为:风险是一个群体对危险的认知,它是社会结构本身具有的功能,作用是辨别群体所处环境的危险性。[44]食品的风险性是指食品中存在的危害因素对健康发生不良影响的可能性及其程度,即对健康产生不良影响的发生率及影响的程度。用公式表示:风险=危害程度×发生概率。危害大,但发生概率小,风险也小;危害即使不大,但发生概率大,风险也大。[45]

食品安全问题的风险性在于:首先,食品安全问题产生于生物或化学等自然因素,源于自然或人为添加。其次,食品安全问题的认定既有客观的标准,也与人为的风险感知机制有关。因为,食品安全所导致的社会危害事件不仅涉及"物理环境或人类健康由于持续或意外能量、物质或信息的释放所导致的变迁"[46],同时也是"一种充满个人偏好的阐释过程,既包括公众个体对事件发生可能性的主观判断,也包含他们对事件产出结果的主观界定和理解"[47],并在此基础上容易被强化。[48]第三,食品安全问题具有不可计算性或不确定性。食品生产链很长,无法确知在哪个环节产生安全问题,又会如何积累,并由哪些消费者承担。斯洛维克(Slovic)使用心理测量法测量个体对各种风险的感知水平,获得大量实证性数据,在此基础上形成了风险感知维度图(参见图1.2)[49]。在此图中,食品安全风险处于象限2,即未知风险维度。斯洛维克对此进一步量化,他将横坐标设定为-2.00到+2.00,纵坐标也设定为-2.00到+2.00,按照食品安全风险的数据,发现食品风险在纵坐标上处于1.75,横坐标处于-1,这意味着食品风险不可观测、不确定性大,属于科学盲点;同时,具有一定的致命性,控制程度尚可,较易导致恐惧感等特点。

值得一提的是,人们谈到安全与卫生时,潜意识中往往存在一个观念,认为任何行为只要达到一定的标准,就不存在风险。但实际上,这样的标准并不存在。安全性不是一个非有即无的问题,而是一个程度问题。当我们说某种程度的污染是安全的时候,实际上是指剩余的风

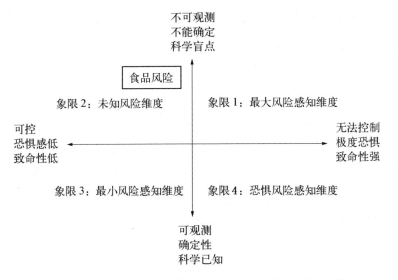

资料来源：Slovic. Perception of Risk，*Science*，1987(236)，p.280.

图 1.2　风险感知维度图中的食品风险

险能够被接受或者可以被容忍，并非指风险不存在。任何活动都有风
险，只不过概率大小不同而已。1979 年，美国学者理查德·威尔森
(Richard Wilson)统计了在现代社会中使每年的死亡率增加了百万分
之一的各种风险，很多看起来似乎没有危险，实际上都有导致死亡的可
能。[50]任何一种风险一旦产生，就不会消失，也不可能完全被规避。人
类只是通过知识体系的发展，在对风险有更深入认识的基础上采取一
些措施，增强某一方面的能力。[51]食品安全也是如此。它是一个相对概
念，在食品生产的每个环节都存在不同程度的风险，零风险仅在零食品
生产的情况下发生。为减少食品安全风险，主要是通过食品安全控制
体系减少食品中自然或人为危害的概率。[52]

3. 社会性

食品安全具有社会性，并非仅涉及个人权益，更与国民的公共利
益息息相关。《世界人权宣言》指出："人人有权享受为维持他本人和
家属的健康和福利所需要的生活水准，包括食物、衣着、住房、医疗和
必要的社会事务。"[53]世界卫生组织和联合国粮农组织的《世界营养
宣言》强调："人人享有获取安全而富有营养的食物的权利。"[54]现代

国家中,政府对社会生活发生影响的过程中必定要向着公共责任、全局利益、政治关怀的方向上发展[55],"食品安全是公众最关心、最直接、最现实的问题,已是各国经济安全、国家安全的重要部分,成为衡量政府执政为民、考验政府执政能力的重要内容"。[56]无论是发达国家还是发展中国家,确保食品安全是政府对社会最基本的责任和必须做出的承诺。[57]对此,国家食品药品监督管理局局长邵明立曾表示:"在食品药品安全这个关系群众切身利益的特殊领域,当公众利益和商业利益发生冲突时,我们必须坚定不移、毫不迟疑地把公众利益放在首位。"[58]

二、监管

(一) 监管的内涵

监管一词作为动词来自英语 regulate,作为名词来自英语 regulation。动词 regulate 有四种意思:管理、控制;调节、调整;校准;使有条理,使整齐。名词 regulation 有三个含义:规则、规章、法规;管理、控制;标准所要求的、正常的、合乎规定的。[59]中文对这个单词译作管制、规制、监管。译法不同,但都是对同一概念的不同表达。也有学者对这三种表达细分,认为,管制突出了公共行政机构的权威性和强制性特征;规制注重管理行为依据一定的法律法规,强调其合法性;监管体现距离感,强调政府的监督作用而非直接命令。[60]我国台湾和香港地区的学者多使用"规管"一词。[61]篇幅所限,本书不就译法深究,统一沿用"监管"的提法。

何为监管? 正如对这一概念译法的多样性,观察视角也各不相同。有的视角注重于监管(管制)在特定产业中的价格决定、市场进入和服务质量控制等方面的作用。《新帕尔格雷夫经济学大辞典》的界定是:"监管(管制),指的是政府为控制企业的价格、销售和生产决策而采取的各种行动,政府公开宣布这些行动是要制止不充分重视'社会利益'的私人决策";"这些监管(管制)活动涉及这样一类机构、委员会或管理局,它们(1)含有政府官僚;和(2)在与私营部门相对立的关系中运转。"[62]经济学家卡恩认为:"监管的本质是以政府命令作为一种基本的制度手段来代替市场竞争机制，以期获得良好的经济绩效。"[63]美国学者马丁·萨佩罗认为：监管是"经济上自由放任与政府控制之间的一个艰难妥协"[64]。

有的视角集中于规则体系及其执行。《牛津法律大辞典》对监管的解释是："广义上指任何旨在规范行为的法律规定，而它通常指政府各部门按照法定权力所发布的各种从属性法律。"[65]《布莱克法律词典》的表达是："它是制定规则或条件的权力，通过遵守这些规则或执行这些条件以决定什么情况下免除义务，什么情况下应课以义务或其他税收。这个权力也包括在它的控制下所有的工具和手段，通过这些工具，商业能够顺利进行。"[66]

还有的视角侧重于监管的行为特征。丹尼尔·史普博认为："监管是由行政机构制定并执行的直接干预市场机制或间接改变企业和消费者供需决策的一般规则或特殊行为。"[67]植草益认为："监管是依据一定的规则，对构成特定经济行为（从事生产性和服务性的经济活动）的经济主体的活动进行规范和限制的行为。"[68]我国学者张帆认为："监管（规制）指政府利用法规对市场进行的制约。"[69]樊纲认为："监管是特指政府对私人经济部门的活动进行的某种规定。"[70]此外，美国行政管理与预算办公室（Office of Management and Budget，OMB）给出了更为直观的定义："监管是指政府监管机构根据法律制定并执行的规章和行为，这些规章或者是一些命令，或者是一些标准，涉及的是个人、企业和其他组织能做什么和不能做什么，目的是解决市场失灵，维持市场秩序，促进市场竞争，扩大公共福利。"[71]

根据对各类概念的梳理，本书把监管界定为：政府依据法律、法规等规范，管理和控制各类微观市场主体，以纠正市场失灵的活动。

（二）公共行政学视野中的监管

在公共行政学中，对于监管（管制）的理解存在不同的层面，分别是宏观、微观和中观。

1. 作为政府职能的监管（管制）

宏观层面的监管（管制），往往是作为政府职能的形式出现。所谓政府职能也被称为行政职能,主要指政府(公共行政系统)在经济与社会生活中、在管理国家和社会公共事务中承担的基本职责和应发挥的功能。[72]现代公共行政自产生以来,政府对社会公共事务管理中的职能包括服务功能、维护功能、扶助功能和监管(管制)功能。[73]张金鉴将政府职能的构成分为六部分:维持职能、保卫职能、扶助职能、监管职能、服务职能、发展职能。[74]政府最重要的角色之一就是对社会进行监管(管制),通过这种监管(管制)最大限度地实现和提升社会福利。[75]公共行政的任务之一就是协调和处理社会各种关系和利益,以在整体上维持社会生活的正常运行。监管(管制)职能是这一协调所必需的,它表现了公共行政机构的权威性特征,以及它所具有的强制性特征,从而使社会的各种活动得以在规范的框架中进行。[76]

2. 作为政策工具的监管(管制)

微观层面的监管(管制),一般是作为政策工具而出现的[77]。政策工具是政府治理的核心[78],即公共政策主体为实现公共政策目标所能采用的各种手段的总称,是政策目标和政策行动之间的联结机制。[79]良好的政策目标必须选择适当的政策工具,而恰当的工具的选择对公共政策的成功有重要作用。迈克尔·霍利特(Howlett)和拉米什(Ramesh)在《公共政策研究》一书中将政策工具按照国家干预程度分为:自愿型工具、强制型工具和混合型工具。[80]监管(管制)属于其中的强制型工具(参见图1.3)。莱斯特·萨拉蒙(Salamon)在《政府

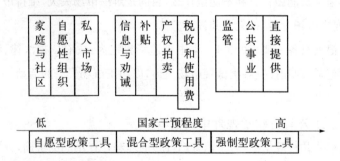

资料来源:[美]迈克尔·霍利特、M.拉米什:《公共政策研究:政策循环与政策子系统》,三联书店2006年版,第144页。

图1.3 政策工具图谱

工具》一书中从产品或活动、供给工具、供给系统三个角度,对公共服务供给制度安全中最常见的政策工具做了划分,分别为:直接行政、社会监管(管制)、经济监管(管制)、合同、拨款、直接贷款、贷款担保、保险、税式支出、收费、负债法、政府公司、凭单制等不同类型;把监管(管制)工具又细分为经济监管(管制)和社会监管(管制),其中经济性监管(管制)是以行动来确保公平价格,其供给工具为规则,供给系统为公共代理机构或监管者。社会性监管(管制)是以命令为活动内容,其供给工具也是规则,供给系统是公共代理机构[81](参见表 1.1)。

表 1.1 政府工具比较表

工具名称	产品或活动	供给工具	供给系统
直接行政	物品或服务	直接提供	公共代理机构
社会性监管(管制)	命令	规则	公共代理机构
经济性监管(管制)	公平价格	规则	公共代理机构/监管者
合 约	物品或服务	合约或现金支付	营利、非营利组织
拨 款	物品或服务	拨款奖励/现金支付	低层次政府、非营利组织
直接贷款	现金	贷款	公共代理机构
贷款担保	现金	贷款	商业银行
保 险	保护	保险政策	公共代理机构
税式支出	现金、激励	税	税收系统
收 费	财务惩罚	税	税收系统
负债法	社会保护		法院系统
政府公司	物品或服务	直接提供贷款	准公共代理机构
凭单制	物品或服务	消费补贴	公共代理机构/消费者

资料来源:Lester Salamon, *The Tools of Government: A Guide of the New Governance*, New York: Oxford University Press, 2002:21.

3. 作为公共政策的监管(管制)

从中观层面来看,监管(管制)是一种公共政策的重要类型。美国政策学者罗威(Lowi)将公共政策分为监管(管制)性政策、分配性政策和重新分配性政策。其中,监管(管制)性政策指政府设定一致性的监管(管制)规划和规范,以指导政府机关和标的团体(Target Groups)从事某项活动和处理不同利益的政策。[82]杰伊·沙夫里茨(Jay Shafritz)提出,监管(管制)是美国公共政策的一块基石[83]:

> 想一下去麦当劳买汉堡或沙拉的行为。你走出按照当地建筑法规——监管(管制)——建造的房子或公寓,上了具备联邦政府法规规定——监管(管制)——的安全性能的汽车。你开车到一个十字路口并且见红灯就停——监管(管制)。在麦当劳,你就会看到门上当地公共卫生机构的贴示,上面提示此店已经检验合格并无虫蚁鼠害——监管(管制),墙上还有框起来的由当地政府部门颁发的营业执照——监管(管制)——来证明此地有权从事商业活动。然后,你向一位店员购买食品,而这位店员的最低工资保障和最大工时要求都由法律规定——监管(管制)。你看,到处都有政府监管(管制)。

本书中对监管(管制)的定位采取的是中观层面的理解,认为监管是公共政策的一种形式。

三、食品安全监管权配置

(一)食品安全监管的界定

如果说监管是政府依据法律、法规,管理和控制各类微观市场主体,以纠正市场失灵的活动,是公共政策的一种形式,那么食品安全监管是监管的一个子概念,其内涵局限于食品问题这个特定的领域。本书对食品安全监管的定义为:政府依据法律、法规,管理和控制各类微观市场主体所涉及的食品安全问题的领域,以纠正市场失灵的政策活动。

值得一提的是,食品安全监管不同于食品安全控制。从学科范围和体系分析,食品安全控制的学科范围比食品安全监管更广,食品安全监管主要涉及行政学中政府公共管理行为、经济学中管制的成本收益分析、法学中相关法律法规的制定和修改等有限的部分；而食品安全控制除此之外，还包括与病理学、公共营养与卫生学、药学、食品原料学、食品微生物学、食品化学、食品科学等所有领域的控制活动。公共营养与卫生领域的食源性疾病控制、生物毒素的检测和控制，食品微生物学领域的微生物控制，化学领域的农药残留控制等，甚至包括传媒学领域的媒体控制，都属于食品安全控制的范畴。[84]

(二) 对食品安全监管权配置的理解

对食品安全监管权的理解与权力的概念紧密相连。监管权是行政权的重要表现[85]，作为一种重要的行政活动，监管"是以限制经济主体的决策为目标而运用的强制力"[86]，"是对构成特定经济行为的经济主体的活动进行规范和限制"[87]，其实质是一种权力的运用，是公权力对市场经济的介入，直接限制市场主体的权利或增加其义务。这种强制性的权力基础就是监管权。它作为现代市场经济条件下政府干预经济，行政职能得以重塑的一个重要制度成果，与宏观调控权和资产管理权一起，共同构成现代立法赋予行政机关行政权中的经济管理权。[88]因此，食品安全监管权，即政府依据法律、法规，管理和控制各类微观市场主体所涉及的食品安全问题的领域，以纠正市场失灵的权力基础。

在保障食品安全的过程中，政府作为食品安全监管主体，发挥着举足轻重的作用。据2009年2月28日十一届全国人大常委会第七次会议审议通过的《食品安全法》和2009年7月8日国务院第七十三次常务会议通过的《食品安全法实施条例》的规定，国家设立国务院食品安全监管机关和县级以上食品安全监管机关作为我国食品安全行政监督主体，并依法享有食品安全监管权。食品安全监管权的行使主要包括食品安全标准的制定与修订权、食品安全风险监测权、食品安全信息公布权、食品安全风险评估权、食品检验机构的资质认定条件和检验规范的制定权、食品安全事故查处权和食品安全监督管理能力建设权等权力。这些食品安全监管权的行使体现了食品安全监管机关作为食品生产经营活动的监管者，对食品生产领域各类微观市场主体实施的干预。

这种干预是由食品安全监管权的本质所决定的,也是确保食品生产经营活动合法、有序发展的必然要求。

因此,食品安全监管权中的各类权力与职能在食品安全监管者之间的分配即为食品安全监管权的配置。

第三节 国内外研究现状

本书的研究重点是食品安全监管权的配置问题,但此问题与食品安全监管研究密不可分。因此这里将对中外学者关于食品安全监管问题的研究进行梳理,然后再考察以食品安全监管权配置问题为内容的文献,通过对这两个方面的文献检索和评论,为本研究提供行动指南,奠定理论基础。

一、食品安全监管研究评述

(一) 西方学者对食品安全监管的研究

在市场经济中,食品领域的生产者的供给和消费者需求是决定食品安全的重要因素,但是“市场机制自身并不足以实现所有的经济职能”[89]。这也为食品安全监管提供了必要的依据。

1. 食品安全监管的依据

市场失灵是政府行为得以合理化的理由之一。[90]欧文·休斯(Owen Hughes) 指出:

离开了政府的市场将无法正常运转,原因如下:首先,必须不存在任何自由准入(市场)障碍,且消费者和生产者都必须具备充分的市场知识,需要有政府监管和其他标准来保证这些条件的实现;其次,当竞争由于高额成本而变得无效时,政府的干预也是必要的;再次,一般来说,若无政府为其提供法律框架进行保护和强化,市场运行所需要的合同性的安排和交易行为将无法进行;最后,会产生“外部性”问题并导致“市场失灵”,这需要通过公共部门制定解决方案。[91]

在食品安全领域的许多方面,存在着市场失灵的状况。瑞森(Ritson)和李(Li)考察了食品供应链的众多环节,认为由于食品安全风险信息具有不对称性和公共物品的属性,增加了食品安全的社会成本,因此市场机制并不能提供最适宜的食品安全保障。[92]郝兰瑞(Holleran)的研究显示,食品市场是典型的"柠檬市场",存在着逆向选择。[93]也就是说,由于消费者与生产者、生产者与生产者之间的信息不对称,会导致高质量食品被低质量食品"淘汰"出去,使得市场中安全食品的有效供给不足。因此,解决食品安全问题的关键就在于制定有效的制度,进行有效监管,以最低的信息成本揭示最多的安全信息,最大幅度减少食品市场的信息不对称。[94]安塔拉(Antler)运用成本函数模型对美国的牛肉、猪肉和鸡肉屠宰加工厂的产出与质量控制成本进行评估,其研究成果表明,竞争性市场条件下,由于产品成本与产品质量的提高呈正比,企业有降低产品质量以节省成本的机会主义倾向。因此,政府监管必不可少。[95]比格雷瑟(Biglaiser)提出,对于一个存在逆向选择机制的市场,需要引入某种权威性力量来解决市场失灵导致的产品配置效率下降的问题。市场失灵力量中的外部性、信息不对称与不确定性的影响,为食品提供过程中政府干预政策提供了理论基础与方法指导。[96]汤姆森(Thomsem)的研究表明,当食品召回在政府监管下进行时,企业在做安全食品投资决策时会将食品的社会成本内部化。[97]

2. 食品安全监管的优化

食品安全监管并非万能,也存在监管失灵的现象。美国学者格埃莉诺·格罗斯文纳(Grosvenor)认为,在食品安全监管领域没有建立协调机制和沟通机制是食品安全问题产生的重要因素。[98]玛丽安·内斯特尔(Nestel)使用"食品政治"这一名词,她认为食品安全问题是一个典型的政治问题,因为它与政府的政策制定及由此带来的利益分配有关。在食品政治过程中,政府、利益集团、公众之间存在分歧,由此,在立法与政策制定方面存在着各种利益的斗争或妥协。内斯特尔以美国为例,指出美国农产品行业对国会的游说削弱了政府的监管能力,阻碍了政府提供健康科学营养的建议,限制了人们的食品的选择。[99]汉森(Hanson)和卡斯维尔(Caswell)的研究表明,食品安全监管政策的选择是国内外消费者、农场主、食品制造商、食品零售商等利益集团博弈的结果,不同利益集团对食品安全监管有不同的观点,对监管的效果也有不同的评判标准。政策制定者不得不设法平衡不同利益集团的利益要求。因此,政府关注的食品安全问题并非是与消费者健康关系最密切的领域。[100]

许多学者提出了对食品安全监管优化性的设计。阿罗(Arrow)等学者认为,食品安全监管政策的选择应该建立在以成本—收益分析法对监管绩效评价的基础之上。[101]卡西(Cash)认为,食品安全监管政策是一种介于科学和信念之间的选择,有必要研究如何降低食品标签制度和食品安全管理标准的实施成本,以进一步提高食品监管体系的有效性。[102]内斯特尔(Nestel)以欧洲为例,强调建立快速有效、协调统一的预警体系是保障食品安全、迅速解决食品危机的重要手段。[103]安塔拉(Antler)提出了一种分析框架以量化监管成本,并讨论目前对监管的成本收益分析法的局限性。[104]也有一些学者指出,应该充分发挥市场机制与政府监管机制的协调,共同处理食品安全问题。格罗斯曼(Grossman)认为,可以通过信誉机制形成一个独特的质量和价格的市场均衡,而不仅仅靠政府来解决食品市场的质量安全问题。[105]夏皮罗研究了企业质量声誉机制的形成过程,提出其关键是重复性博弈。[106]

(二) 中国学者对食品安全监管的研究

随着生活水平的提高,人们对食品安全的要求日益增长,食品安全问题也引起我国学者的关注。综观与食品安全监管有关的文献,数量不少但内容大都集中在两个方面。

1. 对发达国家食品安全监管体制的介绍

许多研究希望通过对发达国家的食品安全监管成功因素的介绍,获得建设性经验,为提高我国食品安全监管水平提供借鉴。李怀系统分析了美国、加拿大、欧盟和日本的食品安全监管制度的设计状况,以此为参照讨论了我国当前食品安全中存在的问题。[107]刘俊华以发达国家的食品安全管理成功经验为例,提出我国的监管体系的发展应实现从对单一产品的监管到对企业和产品的双重监管的转型,从对产品供应链末端的监督检验到对供应链的全程监管的转型。[108]王耀忠分析了西方国家食品安全监管的发展历程,阐释了食品安全监管制度变迁的内在动力产生于社会、经济和技术变化所导致的食品安全危机的压力，并指出世界各国食品安全监管的变革具有趋同性。[109]魏益民、李怀军聚焦澳大利亚、新西兰的食品召回制度，将其与我国目前的食品召回制度加以比较，提出了完善我国召回法规、加强执法监管、规范食品召回程序以及建立完备的食品溯源制度等政策建议。[110]薛庆根依据美国食品安全管理体系的经验，提出了改进我国食品安全管制体制、完善食品安全法律体系、推行食品安全供应链综合管理、健全食品安全标准体系、建立食品安全信息系统等建议。[111]徐楠轩梳理了欧美国家食品安全监管的历史进程，总结其发展规律及变化趋势。[112]何薇、时洪阳从食品安全监管机构设置、法律体系、检验检疫标准程序、对监管者的监管等多方面对发达国家食品安全监管体系进行了介绍。[113]

2. 对我国食品安全监管制度存在问题的分析和建议

王秀清和孙云峰以食品质量的特征为切入点，研究我国食品市场上的质量信号问题，提出政府对食品市场的监管方式应该由传统的对生产过程和产品标准的监管，逐渐转向对质量信息的监管。监管机构通过信息披露、提供公共信息和教育等方式建立有效的质量信号传递机制，确保食品质量安全目标的实现。[114]李光德认为，缺乏统一协调、高效运转、责任明确的政府食品监管体制是造成我国食品安全问题的根本原因。[115]王耀忠指出，食品安全监管领域的改革应该包括：分离产业监管职能与食品安全监管职能；合理归并现有监管机构的职能，实现监管的专业化；统一标准体系；实行垂直一体化监管模式，提高监管效率等措施。[116]李长健和张锋运用动态社会契约理论论证了食品安全监管以多元模式为最有效的形式，并对社会性监管模式、经济性监管模式和行政性监管模式做了比较和分析。[117]周清杰的研究表明，我国当前食品安全监管体系存在的问题包括：法律制度建设滞后、监管职责不明确、监管部门定位不清、分段监管体制弊端明显等，指出强化政府问责、理顺监管体制、强化食品供应链源头和终端监管等措施尤为重要。[118]李丽和王传斌认为，食品监管的效果取决于法律制度环境、监管职能分配、对违规行为的惩罚力度、食品安全标准及信息披露制度等各方面条件，而现阶段我国食品安全监管制度在这些方面都存在缺陷，因此必须对监管制度进行创新,以提高监管效果。[119]李怀将我国食品安全事故频发的原因归结为人治化的监管方式,他提出"搭便车"、政府监管失灵、滥用职权、互相推诿形成了我国食品安全的不良路径依赖,必须转变食品安全监管方式,实现人治监管模式向制度监管模式的转变。[120]

二、食品安全监管权配置研究评述

本书拟对食品安全监管权的配置问题进行研究。为了对这个问题有更清晰的理解,对已有研究进行了检索。分别以"食品安全监管权配置"为"关键词"和"篇名"、"食品安全管制权配置"为"关键词"和"篇名"、"食品安全规制权配置"为"关键词"和"篇名"在"中国知网"进行检索[121],发现并无以此为研究主题的论文。不过有一些论文在内容中零星涉及食品安全监管权配置问题,分别是:宋慧宇和李雪的论文《论食品安全行政监管权的法律规制》,发表于《长春工业大学学报(社会科学版)》2010年第2期;马英娟的论文《大部制改革与监管组织再造》,发表于《中国经济时报》2008年11月5日;喻玲的论文《试论对食品安全监管者的再监管》,发表于《江西财经大学学报》2009年第2期。这些文章或者并不以食品安全监管权配置为研究重心,或者所属学科视角为法律,总体而言,缺乏从公共行政或公共政策学科出发的研究。

在相关学术专著中,虽有大量涉及食品安全监管研究的书籍,但这些作品的研究焦点一般集中于监管部门间协调问题,监管部门与企业、消费者关系问题,食品安全监管政策,食品安全风险管理等四个方面,缺乏以食品安全监管权配置为主题的研究。这些书籍包括:詹承豫的《食品安全监管中的博弈与协调》[122]、颜海娜的《食品安全监管部门间关系研究》[123]、徐景和的《食品安全综合协调与实务》[124]、廖卫东的《食品公共安全规制》[125]、刘亚平的《走向监管国家:以食品安全为例》[126]、文晓巍的《食品安全监管、企业行为与消费决策》。[127]通过对这些专著的检索、阅读,最大的心得是,要研究食品安全监管问题必然会提到监管部门间的协调和监管体系优化问题,而部门间协调和监管体系问题其实只是监管权配置的外在表现,上升到从食品安全监管权配置的理论角度为研究中心的专著却鲜见。可见,食品安全监管权配置问题既是一个重要问题,同时又是理论上的一个空白点,这为本研究提供了较大的创新空间。

三、简要评论

通过对食品安全监管方面的文献梳理,可清晰体察此领域的研究不断深入和系统化的总体趋势。我国学者关于食品安全监管的研究主要集中在对发达国家食品安全监管制度的介绍和对我国食品安全监管制度问题的分析和建议方面。虽取得一些成果,但总体而言,还存在一些不足,表现为:一是对食品安全监管的研究在分析框架和理论构建上建树不多,因而解释力、说服力有限,难以为政策实践提供具有科学性的理论支撑。二是研究方法相对简单,缺乏方法论上的自觉,许多研究尚不深入。对发达国家食品安全监管制度的介绍往往流于表面,知其然不知其所以然。对我国食品安全监管制度存在问题分析和建议简单重复,千篇一律,缺乏新意。三是过于依赖对西方发达国家监管经验和模式的借鉴,立足于我国本土经验的研究不多,对于如何构建符合我国具体实际的食品安全监管体制并缺乏深入思考,得出的结论不具操作性。

监管体制的核心问题是监管权的配置问题。而对食品安全监管权配置问题的研究,大多呈局部与零散状态,缺乏直接以此为主题的研究作品,更无系统性的分析框架和针对性的思考。因此,本书希望在这个主题方面有所开拓,从监管权配置的角度对食品安全监管和监管体系问题做一些的思考,构建初步的分析框架,可以为此领域进一步研究提供学术积累的平台。

第四节　研究方法与本书结构

一、研究方法

(1) 文献研究。

"文献资料是交换和存储信息的专门工具或载体,它包括各种书籍、报刊、档案、信件、日记和图像等。文献研究就是采用科学的方法收集、分析文献资料,对研究对象进行深入考察和分析的方法。"[128] 在本书中采用了几类不同的文献作为研究的基础性资料。

第一类是相关学术文献。通过对国内外有关监管、食品安全、权力配置、监管权配置、部门间关系、中央地方关系等与研究主题具有密切联系的文献的收集、阅读、整理和分析,特别是对食品安全监管有关的文献的研究,把握该研究议题的主要内容、基本方法、争议焦点、发展趋势和不足之处,并据此确定研究议程,同时为研究提供参照系,避免重复。

第二类是涉及食品安全监管及监管权配置的法律、法规、政策。包括《食品卫生管理条例》(1979 年版)、《食品卫生法》(1982 年版)、《食品卫生法》(1995 年版),历年来国务院机构改革的方案、意见和说明,历次国务院办公厅关于实施《国务院机构改革和职能转变方案》的任务分工的通知、历次国务院关于地方改革完善食品药品监督管理体制的指导意见、历次国务院办公厅关于食药监机构主要职责内设机构和人员规定的通知(三定方案),地方政府对国家层面法律、法规、政策的具体实施的通知、规定和方案等。通过对这些规范性文件的解读,了解食品安全监管权配置的细节和食品安全监管改革的变化和趋势,把握地方和各个相关部门对于食品监管制度落实的具体措施和情况。这些法律、法规和政策构成了本研究中关键性概念和基本观点的规范性基础,为理论框架的形成和对现实问题的分析提供了有力支持。

第三类是实证性资料。在研究中,收集、整理和分析大量与本研究有关的实证资料,包括国内医学卫生杂志中的一些食物中毒分析数据、中国统计年鉴、全国卫生事业发展情况统计公报、中国卫生统计年鉴、工作简报、资料汇编、网页资料、活动总结、内部规章制度、研究报告、领导人发言稿、研究报告、新闻稿件、年度总结报告、深入访谈文本等。对这些实证性资料的分析和研究有利于掌握研究主题的历史发展和现实状态,为研究提供了丰富的素材,成为理论构建和思路递进的坚实基础。

(2) 案例研究。

案例研究就是运用单个案例或多个案例,通过探索、描述或解释的手段来发现理论。[129]通过案例研究,人们可以对某些现象、事物进行描述,从而建立系统的理论。[130]由此可见,案例研究具有一定的探索、描述和解释功能。即通过对选择的案例进行微观解剖,以探索、描述和解释为手段,由点及面,由浅入深,得出归纳性的普遍结论[131],使得案例的积累有助于区分某些类型的不同事件,以便采取相应的方法加以解决。[132]

本研究属于对一个特定领域的研究,从这个意义而言,食品安全领域就是一个整体性的案例,通过对这个领域中的监管权配置的外在表现、内在原因和历史变迁的描述和解释,深化对监管权配置问题的理解,并归纳出一些规律。此外,本书中还选择了不少具体案例来解释食品安全监管权横向配置逻辑、食品安全监管权纵向配置逻辑、食品安全监管权配置变迁等问题。本书采用的案例的获取渠道主要有三个:公开的媒体报道,学者的论文和著作,个人通过社会化调查等途径收集的资料。这三者中,前两者居多。

(3)比较研究。

比较研究,又称类比分析法,是指对两个或两个以上的事物或对象加以对比,以找出它们之间的相似性或差异性的一种研究方法。[133]比较研究是人们认识事物的一种基本方法。进行比较研究要遵循可比性原则,即进行比较研究时要注意社会单位的可比性。对此,斯梅尔塞从方法论的角度提出了选择比较分析单位的五条标准:第一,分析单位必须适合于研究者所提出的理论问题;第二,分析单位应该与被研究对象有贴切的因果关系;第三,分析单位应该是不变的,以免掩盖变化的主要根源;第四,分析单位的选择应该反映与这个单位有关资料的可利用程度;第五,只要可能,选择和分类分析单位的决定,应该以标准化的和可以重复的程序为基础,因为这些程序本身不会成为导致错误的重要根源。[134]若选择标准不合适,研究结果会出现较大的误差。比较研究一般分为横向比较和纵向比较。前者是对同一时期的不同对象进行对比分析,也可以在同类事物内部的不同部分之间进行比较;后者是对同一对象在不同时期的状况进行对比分析,主要着眼于其历史发展。[135]在本书中较多运用比较研究的方法,其中包括:对我国食品安全监管权分别从横向配置维度和纵向配置维度进行对比分析；在横向配置中，对分部门型监管模式、分部门协调型监管模式、整合型监管模式进行对比分析；在纵向配置中，对垂直监管、协作监管、地方监管进行对比分析；在配置权变迁方面，对不同时期的食品安全配置的范式进行比较；对我国与其他主要国家的食品安全监管权配置分别在纵向与横向方面进行比较；等等。通过这一系列比较分析，寻找其共性，分辨其差异性，以最大程度接近问题的本质。

二、本书结构

本书围绕着研究的核心问题，展开研究，其结构分为四部分：

第一部分，主要介绍研究背景，包括监管权配置有关的相关理论、食品安全问题的成因和性质、我国食品安全监管制度构架，为后继研究的展开奠定基础。

第二部分，主要回答第一个核心问题，即中国食品安全监管权如何配置，配置的逻辑是什么？此部分采用截面研究，选择了静态分析视角，分为两个观察维度，第一是横向维度，首先分析中国食品安全监管权横向配置外在表现，然后揭示配置的内在逻辑，最后介绍现阶段横向配置所面临的争议与挑战；第二个是纵向维度，首先分析中国食品安全监管权纵向配置外在表现，然后揭示配置的内在逻辑，最后介绍现阶段纵向配置所面临的争议与挑战。

第三部分，主要回答第二个核心问题，即中国食品安全监管权配置如何变迁，变迁的规律是什么，哪些因素导致其变迁？这个部分采用纵贯研究，选择动态视角。首先，依据彼得·霍尔的政策范式变迁框架和其他相关理论，构建起一个观察食品安全监管权配置变迁的分析模型。其次，通过分析模型对食品安全监管权的横向变迁与纵向变迁进程进行描述和分析。再次，对食品安全监管权配置的变迁的规律进行解释和深化。

第四部分，在前面三部分的基础之上，进行系统总结，回答第三个核心问题，即从监管权配置角度就如何改善中国食品安全监管水平提出政策建议，并对未来研究进行展望。

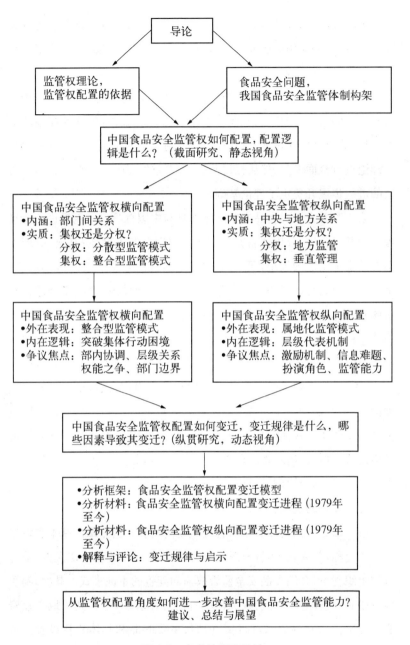

图 1.4 本书的研究设计

基于这样的研究设计,本书的内容安排为七章。

第一章是全书的导论,详细介绍本书的研究背景、研究意义,并提出全书的核心研究问题,对与本研究议题相关的文献进行系统考察和评述,介绍本书采用的研究方法,设计本书的分析框架,并对全书的整体布局谋篇加以说明。

第二章是对监管权与监管权配置的理论进行阐释。首先,分析监管权的内涵、分类与特征,从监管权的合法性基础、对监管权控制的依据、对监管权理解的拓展、监管权研究的新焦点四个视角对监管权的相关理论进行全面考察,然后探讨监管权配置的原则与依据。由此,为研究的进一步展开奠定了理论基础。

第三章着力于对食品安全问题本身与中国食品安全制度进行背景性的勾勒。首先,分析食品安全问题的成因与基本性质;其次,梳理中国食品安全问题的表现,形成了理解中国食品安全问题的基本语境;第三,从食品安全监管机构、食品安全监管法律体系、食品安全监管技术体系、食品安全监管安全标准体系四个方面介绍中国食品安全监管的体系构架。

第四章是中国食品安全监管权的横向配置。这一章的基本逻辑是:首先,以监管权横向配置的必要性和类型为切入点,结合行政组织理论,介绍食品安全监管权横向配置的不同模式。其次,阐明现阶段我国食品安全监管权横向配置的外在表现,探讨其内容、主要职能和具体机构设置。再次,揭示现阶段食品安全监管权横向配置设计的内在逻辑。最后,从部内协调、层级关系、权能之争和部门边界等方面介绍横向配置所面临的挑战与争议。

第五章是中国食品安全监管权的纵向配置。这一章的基本逻辑与上一章对称,首先,以监管权纵向配置的必要性和类型为切入点,结合行政组织理论,介绍食品安全监管权横向配置的不同模式。其次,阐明现阶段我国食品安全监管权纵向配置的外在表现,考察其与地方政府职能与责任之间的关系,探讨其内容、主要职能和具体机构设置。再次,揭示现阶段食品安全监管权横向配置设计的内在逻辑。最后,从多层委托—代理导致激励不足、信息不对称,致使机会主义形成、代理人角色冲突、监管能力不平衡和监管碎片化四个方面介绍纵向配置所面临的挑战与争议。

第六章是对中国食品安全监管权配置的变迁的研究。首先,在已有理论的基础上,形成一个关于食品安全监管权配置变迁的分析模型。其次,运用此分析模型对食品安全监管权横向变迁进程与纵向变迁进程进行描述与分析。再次,总结变迁规律,并进一步解释和深化。

第七章是研究总结。在前几章的基础上,从监管权配置的角度提出进一步改善食品安全监管能力的政策建议。回顾了全文的研究议题与研究过程,分析本书研究局限并对未来的研究进行展望。

综观本研究,其创新之处体现在以下几点:

第一,研究议题新颖,具有一定的创新性。食品安全监管问题涉及监管体系、监管者与监管对象的关系、监管者彼此关系等多个方面。但是无论哪个方面,其背后的主导性影响力量是监管权的配置问题。对于这个重要议题的研究,国内学术界尚处于起步阶段,缺乏从监管权配置的角度对食品安全监管问题的探索。从这个意义而言,本书的选题较为新颖,一定程度上是一项开创性工作,为从公共行政视角对作为公共问题的食品安全问题进行探索提供了进一步拓展的空间。

第二,注重不同研究视角、多种研究方法相结合、理论与实际相结合的原则。首先,本研究致力于将微观问题与宏观视角相结合,既有微观层面的主体间互动,又有宏观层面的配置格局和范式变迁。其次,本书将截面研究的静态分析视角与纵贯研究的动态研究视角相结合。通过截面研究,分析现阶段食品安全监管权配置的状态;通过纵贯研究,勾勒食品安全监管权配置变迁的整体图景。在研究方法方面综合运用案例研究、文献研究、比较研究等多种手段,既有理论方面的解释、演绎,也有针对现实问题的政策建议。

第三,通过研究,有了一些新的发现。首先,本书依据行政组织理论将食品安全监管权的横向配置分为"分部门型监管模式"、"分部门协调型监管模式"和"整合型监管模式"三种模式;将食品安全监管权的纵向配置分为"中央一体垂直监管"、"中央派出垂直监管"、"协作化监管"、"省内垂直监管"和"属地监管"五类模式。根据这两个划分,对现阶段,我国食品安全监管权的横向和纵向配置进行定位,描述其外在表现,解释其内在原因。其次,将政策范式理论、制度变迁理论、政策源流理论等众多视角有机结合，形成观察食品安全监管权配置变迁的分析框架。此框架的结构，由外至内，由具体配置、监管权属性、政策总体目标三层组成，其变迁的动力机制由议题流、政策流和政治流组成。依据此框架，描述了从 1979 年至今食品安全监管权配置变迁的表现，解释其变迁的机制。再次，发现了中国食品安全监管权配置变迁的范式是从"卫生监督"范式到"安全管理"范式的转移过程，提出其发展的趋势是从"安全管理"范式走向"安全治理"范式。

注释

1. 程景民：《中国食品安全监管体制》，军事医学科学出版社 2013 年版，序言。

2. 中国全面小康研究中心：《中国人安全感大调查》，载《小康》，2010 年第 7 期，第 54 页。

3. 中国全面小康研究中心：《2010—2011 消费者信心报告》，载《小康》，2011 年第 1 期，第 42 页。

4. 中国全面小康研究中心：《2011—2012 中国饮食安全报告》，载《小康》，2012 年第 1 期，第 46 页。

5. 吴林海等：《中国食品安全发展报告 2012》，北京大学出版社 2012 年版，导论。

6. Drew Thompson, "China's Food Safety Crisis: A Challenge to Global Health Governance", *China Brief*, 2007(7).

7. 颜海娜：《食品安全监管部门间关系研究》，社会科学出版社 2010 年版，第 9 页。

8. 国务院《关于进一步加强食品安全工作的决定》（国发[2004]23 号）。

9. 国务院《关于地方改革完善食品药品监督管理体制的指导意见》（国发[2013]18 号）。

10. 也称作"分环节监管模式"。2004 年 9 月国务院颁布《国务院关于进一步加强食品安全工作的决定》，在监管体制上明确提出"按照一个监管环节一个部门监管的原则，采取分段监管为主、品种监管为辅的方式"。

11. 孙宝国等：《中国食品安全监管策略研究》，科学出版社 2013 年版，第 26 页。

12. 《国务院机构改革与职能转变方案》（2013 年）。

13. 2013 年两会后的食药监改革被确认为大部制改革，参见张康之：《走向服务型政府的大部制改革》，载《中国行政管理》，2013 年第 5 期，第 7 页。

14. 颜海娜：《食品安全监管部门间关系研究》，中国社会科学出版社 2010 年版，第 309 页。

15. 刘亚平：《走向监管国家》，中央编译出版社 2011 年版，第 170—172 页。

16. 沈荣华：《政府大部制改革》，社会科学文献出版社 2012 年版，第 85—90 页。

17. 刘鹏：《转型中的监管型国家建设》，中国社会科学出版社 2011 年版，第 328 页。

18. 孙宝国等：《中国食品安全监管策略研究》，科学出版社 2013 年版，第 26 页。

19. 杨合岭、王彩霞：《食品安全事故频发的成因及对策》，《统计与决策》，2010 年第 4 期。

20. 周振超：《当代中国政府条块关系研究》，天津人民出版社 2009 年版，第 216 页。

21. 朱丘祥：《从行政分权到法律分权》，中国政法大学出版社 2013 年版，第 27 页。

22. 计划经济时代，行政体制改革的重点是机构精简，1949 年政务院原有 35 个部门，1956 随着管理范围扩大，机构增加到 81 个，成为建国后第一个高峰。1958 年进行精简，国务院机构减少为 60 个，由于权力下放导致各自为政，中央重新强调集权，1965 年，机构增至 79 个，又回到 1956 年的规模。这种体制内的调整只能导致经济发展的周期性兴衰以及相伴而来的行政机构的循环性涨落。

23. 薛暮桥：《经济体制改革问题讲话》，经济管理出版社 1984 年版，第 288 页。

24. 计划经济时代，中央政府既要领导地方政府，又要直接管理各种企事业单位，形成权力向上集中的"条条"管理体制。此模式下，中央过分集权造成地方积极性受到极大抑制。为此，1956 年毛泽东在《论十大关系》中指出："要扩大一点地方的权力"；"我们的国家这样大，人口这样多，情况这样复杂，有中央和地方两个积极性，比只有一个积极性好。"于是 1958 年开始的行政体制改革便围绕中央向地方放权让利展开，把以中央部门的"条条"管理为主改为以地方的"块块"管理为主。国务院通过撤销和合并使机构减少到 60 个。但没多久，权力下放的副作用显现：地方政府各自为政，特别是在"大跃进"等"左"的思潮干扰下，地方政府不顾经济运行的客观规律，重复建设，浪费资源，使经济陷入严重困难。面对严峻局面，中央重新强调集权，1960 年在"调整、巩固、充实、提高"八字方针的指导下收回了下放的权力，形成"一收就死，一死就叫，一叫就放，一放就乱，一乱就收"的死结。

25. 2003 年国务院机构改革方案，在国家药品监督管理局的基础上组建国家食品药品监督管理局，作为国务院直属机构。2008 年国务院机构改革方案将国家食品药品监督管理局改由卫生部管理，并相应对食品安全监管队伍进行整合。2013 国务院改革方案组建国家食品药品监督管理总局。

26. 分别是宋慧宇和李雪的论文《论食品安全行政监管权的法律规制》，发表于《长春工业大学学报（社会科学版）》2010 年第 2 期；马英娟的论文《大部制改革与监管组织再造》，发表于《中国经济时报》2008 年 11 月 5 日；喻玲的论文《试论对食品安全监管者的再监管》，发表于《江西财经大学学报》2009 年第 2 期。

27. 国务院《关于地方改革完善食品药品监督管理体制的指导意见》（国发〔2013〕18 号）。

28.《世界粮食安全国际约定》具体表达为："保证世界上随时供应足够的食品……以免严重的粮食短缺……保证稳步地扩大粮食生产以及减少产量和价格的波动。"李援：《中华人民共和国食品安全法解释与应用》，人民出版社 2009 年版，第 1 页。

29. 刘录民：《我国食品安全监管体系研究》，中国质检出版社 2013 年版，第 16 页。

30.《中华人民共和国食品安全法》第 99 条。

31. ［美］阿马蒂亚·森：《贫困与饥荒》，商务印书馆 2001 年版，第 5 页。

32. 同上书，第 14 页。

33. 魏益民、刘卫军、潘家荣：《中国食品安全控制研究》，科学出版社 2010 年版，第 18 页。

34. 徐景和：《食品安全综合协调与实务》，中国劳动保障出版社 2010 年版，第 3 页。

35. 石扬令、常平凡：《中国食品消费分析与预测》，中国农业出版社 2004 年版，第 34 页。

36. 比如，日本的《食品卫生法》最终被《食品安全基准法》所取代，我国 1995 年公布的《食品卫生法》在 2009 年被《食品安全法》取代。

37. 任峰：《食品安全监管中的政府责任》，吉林大学博士学位论文，2011 年版，第 11 页。

38. Strengthening national food control systems: guidelines to assess capacity building needs. 2007:3, ftp://ftp.fao.org/docrep/fao/009/a0601e/a0601e00.pdf, 2013 年 8 月 12 日访问。

39. Biosecurity for agriculture and food production，www.fao.org/biosecurity，最后

访问时间 2013 年 8 月 14 日。

40. 魏益民、刘卫军、潘家荣:《中国食品安全控制研究》,科学出版社 2010 年版,第 21 页。

41. 李援:《中华人民共和国食品安全法解释与应用》,人民出版社 2009 年版,第 1 页。

42. 张毅强:《风险感知、社会学习与范式转移》,复旦大学出版社 2011 年版,第 45 页。

43. Mary Douglass, *Risk Acceptability According to the Social Sciences*, London: Routledge, 2003, p.20.

44. Mary Douglass, A.Wildavsky, *Risk and Culture*, Berkeley: University of California Press, 1982, p.5.

45. 刘畅:《日本食品安全规制研究》,吉林大学博士学位论文,2010 年第 37 页。

46. J.Kasperson et al., "The Social Amplification of Risk: Assessing Fifteen Years of Research and Theory", In: Nick Pidgeon et al., *The Social Amplification of Risk*, Cambridge: Cambridge University Press, 2003, p.154.

47. M. Merkhofer, *Decision Science and Social Risk Management: A Comparative Evaluation of Costbenefit Analysis, Decision Analysis and Other Formal Decision-Aiding Approaches*, Dordrecht: D.Reidel Publishing Company, 1986, p.21.

48. 张毅强:《风险感知、社会学习与范式转移》,复旦大学出版社 2011 年版,第 47—50 页。

49. P.Slovic, "Perception of Risk", *Science*, 1987, 236(4799), pp.280—285.

50. 这些风险包括:每人每天抽 1.4 根烟,自行车旅行 10 英里,喝一年迈阿密的饮用水等。傅蔚冈:《我们需要什么样的社会性规制》,参见傅蔚冈等:《规制研究(第一辑)》,上海人民出版社 2008 年版,第 2 页。

51. 李瑞昌:《风险、知识与公共决策》,天津人民出版社 2006 年版,第 47 页。

52. 周小梅等:《食品安全管制长效机制》,中国经济出版社 2011 年版,第 12 页。

53. 1948 年《世界人权宣言》第 25 条第 1 款,白桂梅、李红云:《国际法参考资料》,北京大学出版社 2002 年版,第 92 页。

54. 1992 年《世界营养宣言》序言部分。

55. 孙关宏等:《政治学概论》,复旦大学出版社 2003 年版,第 196 页。

56. 徐景和:《食品安全综合协调和实务》,中国劳动社会保障出版社 2010 年版,第 5 页。

57. 有学者曾指出:"饮食是一个政治问题"。[美]玛丽恩·内斯特尔:《食品政治》,社会科学文献出版社 2004 年版,第 26 页。

58. 邵明立:《当前我国食品药品安全形势分析》,参见唐明浩:《食品药品安全与监管政策研究报告(2011)》,社会科学文献出版社 2011 年版,第 9 页。

59. [美]盖瑞德·达尔基斯:《韦氏高阶美语英汉双解词典》,外语教学与研究出版社 2006 年版,第 1623 页。

60. 谢地:《规制下的和谐社会》,经济科学出版社 2008 年版,第 4 页。沈博平:《管制、规制和监管:一个文献综述》,《改革》,2006 年第 6 期,第 118—120 页。

61. 刘鹏:《转型中的监管型国家建设》,中国社会科学出版社 2011 年版,第 22 页。

62. [英]约翰·伊特韦尔等:《新帕尔格雷夫经济学大辞典(第四卷)》,经济科学出版社 1996 年版,第 136 页。

63. Alfred, Kahn, *The Economics of Regulation: Principles and Institutions*, The MIT Press, 1988, p.23.

64. Martin Shapiro, *The Supreme Court and Administrative Age*, New Yorker: The Free Press, 1968, p.260.

65. 〔英〕戴维·沃克:《牛津法律大辞典》,法律出版社 2003 年版,第 954 页。

66. Henry Campbell Black, *Black's Law Dictionary*, West Publishing, 1891, p.1009.

67. 〔美〕丹尼尔·史普博:《管制与市场》,三联书店 1999 年版,第 45 页。

68. 〔日〕植草益:《微观规制经济学》,中国发展出版社 1992 年版,第 1 页。

69. 张帆:《规制理论与实践》,参见《经济学与中国经济改革》,上海人民出版社 1995 年版,第 154—156 页。

70. 樊纲:《市场机制与经济效率》,上海三联书店 1995 年版,第 173 页。

71. 席涛:《美国管制:从命令控制到成本收益分析》,中国社会科学出版社 2006 年版,第 43 页。

72. 严强:《公共行政学》,高等教育出版社 2009 年版,第 69 页。

73. 竺乾威:《公共行政学》,复旦大学出版社 2003 年版,第 4—5 页。

74. 张金鉴:《行政学典范》,中国行政学会 1992 年版,第 103—104 页。

75. 〔美〕杰伊·沙夫里茨等:《公共行政导论(第六版)》,中国人民大学出版社 2011 年版,第 279 页。

76. 竺乾威:《公共行政学》,复旦大学出版社 2003 年版,第 4 页。

77. 政策工具(public policy instrument)也被称为政府工具(governmental tools)、治理工具(governing tools),参见陈振明:《政府工具论》,北京大学出版社 2009 年版,第 1 页。

78. 张福成、党秀云:《公共管理学》,中国人民大学出版社 2007 年版,第 61 页。

79. 对于政策工具,目前学界还没有形成统一的定义。不过政策工具与政府计划、行政工具、公共政策是有区别的,划清其界限是正确理解政策工具概念的必要前提。其区别可参见朱春奎:《政策网络与政策工具》,复旦大学出版社 2011 年版,第 126—127 页。

80. Michael Howlett, M.Ramesh, *Studying Public Policy: Policy Cycles and Policy Subsystems*, Oxford University Press, 1955, p.82.

81. Lester Salamon, *The Tools of Government: A Guide of the New Governance*, New York: Oxford University Press, 2002, p.21.

82. 张福成、党秀云:《公共管理学》,中国人民大学出版社 2007 年版,第 97 页。

83. 〔美〕杰伊·沙夫里茨等:《公共行政导论(第六版)》,中国人民大学出版社 2011 年版,第 279 页。

84. 魏益民、刘卫军、潘家荣:《中国食品安全控制研究》,科学出版社 2010 年版,第 21 页。

85. 在我国传统的国家权力架构中并没有监管权的位置,监管权的兴起是近十多年的事。虽然,立法并未明确对监管做出定义,但从立法上赋予某些机构以监管职能并授予相应的权限却是事实。按照公权力的分类标准,监管权属于行政权。参见盛学军:《政府监管权的法律定位》,《社会科学研究》,2006 年第 1 期,第 100 页。

86. W.Vernon, J.Harrington, *Economics of Regulation and Antitrust*, Cambridge: The MIT Press, 1995:295.

87. 〔日〕植草益:《微观规制经济学》,中国发展出版社 1992 年版,第 1 页。

88. 盛学军:《政府监管权的法律定位》,《社会科学研究》,2006 年第 1 期,第 100 页。

89. Musgrave Richard etc., *Public Finance in Theory and Practice*, New York: McGraw Hill, 1989, p.5.

90. Walsh Kieron, *Public Services and Market Mechanisms*, London: Macmillan,

1995，p.6.

91. ［美］欧文·休斯:《公共管理导论》,中国人民大学出版社 2001 年版,第 112 页。

92. Ritson C. Li W. M., "The Economics of Food Safety", *Nutrition* &. *Food Science*, 1998(5): 253—259.

93. 逆向选择(adverse selection)和柠檬市场(lemons market)问题基于阿克罗夫(Akerlof)对旧车市场的现象分析。其解释了在市场经济条件下,由于信息不对称,合约双方一方利用私有信息来达到自己的私利,而对合约另一方的利益带来不利影响的现象。这种现象的实质是由于信息不对称所带来的投机行为。参见 Akerlof A., "*The Market for Lemons*: *Quality*, *Uncertainty and the Market Mechanism*"; *The Quarterly Journal of Economic*, 1970(84), pp.488—500.周雪光:《组织社会学十讲》,社会科学文献出版社 2003 年版,第 49 页。［美］曼昆:《经济学原理(微观经济学分册)》,北京大学出版社 2006 年版,第 487 页。另外,张维迎的解释也非常清晰,他提出,当人们进行交易的时候,如果相关信息在交易双方之间是对称的,此时人们会选择合适的商品或合适的交易对象,通过谈判达成一个对双方都有利的交易条件,任何潜在的帕累托改进都可以实现。但是,如果相关的信息在交易时是非对称的,如买方不了解商品质量信息但卖方知道,此事,人们可能会发现选择的商品或交易对象未必是自己希望的,由于单向受骗上当,好东西未必能卖出好价钱,好人未必有好报。这种情况,我们称之为逆向选择。参见张维迎:《博弈与社会》,北京大学出版社 2013 年版,第 181 页。

94. 徐立青、孟菲:《中国食品安全研究报告(2011)》,科学出版社 2012 年版,第36 页。

95. Antler A., John M., "Benefits and Cost of Food Safety Regulation", *Food Policy*, 1999(24), pp.605—623.

96. Biglaiser G., "*Middlemen as Experts*", *The RAND Journal of Economics*, 1993(2), pp.37—59.

97. Thomsen M.K. et al., "Market Incentives for Sate Foods: An Examination of Shareholder Losses From Meat and Poultry Recalls", *American Journal of Agricultural Economics*, 2001, 83(3), pp.526—537.

98. 廖卫东:《食品安全公共规制》,经济管理出版社 2011 年版,第 9 页。

99. Marion Nestle, *Food Politics*: *How the Food Industry Influences Nutrition and Health*, The University Californian Press, 2002.

100. Hanson S., Caswell J., "Food Safety Regulation: An Overview of Contemporary Issues", *Food Policy*, 1999(24), pp.589—603.

101. Arrow K.J. et al., *Benefits-cost Analysis in Environmental Health and Safety Regulation*: *A Statement of Principles*, Washington: the AEI Press, 1996.

102. 廖卫东:《食品安全公共规制》,经济管理出版社 2011 年版,第 9 页。

103. Marion Nestle, *Food Politics*: *How the Food Industry Influences Nutrition and Health*, The University Californian Press, 2002.

104. Antler A., John M., "Benefits and Cost of Food Safety Regulation", *Food Policy*, 1999(24), pp.605—623.

105. Grossman S.J., "The Information Role of Warranties and Private Disclosure about Product Quality", *Journal of Law and Economic*, 1981.

106. Shapiro C., "Premiums for High Quality Products as Returns to Reputations", *Quarterly Journal of Economics*, 1983(98).

107. 李怀:《中国食品公共安全规制的制度分析》,《天津商学院学报》,2005 年第1 期。

108. 刘俊华等:《我国食品监督管理体系的建设研究》,《世界标准化与质量管理》,2003 年第 5 期。

109. 王耀忠:《食品安全监管的横向和纵向配置:食品安全监管的国际比较与启示》,《中国工业经济》,2005 年第 12 期。

110. 魏益民等:《食品安全管理与科技研究进展》,《中国农业科技导报》,2005 年 7 月 5 日。

111. 薛庆根:《美国食品安全体系及对我国的启示》,《经济纵横》,2006 年第 2 期。

112. 徐楠轩:《外国食品安全监管模式的现状及借鉴》,《中国卫生法制》,2007 年第 2 期。

113. 何薇、时洪阳:《日本食品安全贸易安全规制分析及对我国的启示》,《经济与法》,2009 年第 2 期。

114. 王秀清、孙云峰:《我国食品市场上的质量信号问题》,《中国农村经济》,2002 年第 5 期。

115. 李光德:《中国食品安全卫生社会性规制变迁的新制度经济学分析》,《当代财经》,2004 年第 7 期。

116. 王耀忠:《食品安全监管的横向和纵向配置:食品安全监管的国际比较与启示》,《中国工业经济》,2005 年第 12 期。

117. 李长健、张锋:《社会性监管模式:中国食品安全监管模式研究》,《广西大学学报(哲学社会科学版)》,2006 年第 5 期。

118. 周清杰、徐菲菲:《第三方检测与我国食品安全监管体制优化》,《食品科技》,2010 年第 2 期。

119. 李丽、王传斌:《规制效果与我国食品安全规制制度创新》,《中国卫生事业管理》,2009 年第 5 期。

120. 李怀、赵万里:《中国食品安全规制问题及规制政策转变研究》,《首都经济贸易大学学报》,2010 年第 2 期。

121. 网址为:www.cnki.net,检索时间为 2013 年 8 月 25 日。

122. 詹承豫:《食品安全监管中的博弈与协调》,中国社会出版社 2009 年版。

123. 颜海娜:《食品安全监管部门间关系研究》,中国社会科学出版社 2010 年版。

124. 徐景和:《食品安全综合协调与实务》,中国劳动社会保障出版社 2010 年版。

125. 廖卫东:《食品公共安全规制》,经济管理出版社 2011 年版。

126. 刘亚平:《走向监管国家:以食品安全为例》,中国编译出版社 2011 年版。

127. 文晓巍:《食品安全监管、企业行为与消费决策》,中国农业出版社 2013 年版。

128. 仇立平:《社会研究方法》,重庆大学出版社 2008 年版,第 239 页。

129. [美]罗伯特·殷:《案例研究方法的应用》,重庆大学出版社 2009 年版,第 11—12 页。

130. 李瑞昌:《中国公共政策实施中的"政策空传"现象》,《公共行政评论》,2012 年第 3 期。

131. 吴建南:《公共管理研究方法导论》,科学出版社 2006 年版,第 173 页。

132. 竺乾威:《公共行政学》,复旦大学出版社 2003 年版,第 20 页。

133. 林聚任等:《社会科学研究方法》,山东人民出版社 2008 年版,第 169 页。

134. [美]尼尔·斯梅尔塞:《社会科学的比较方法》,社会科学文献出版社 1992 年版,第 190—191 页。

135. 林聚任等:《社会科学研究方法》,山东人民出版社 2008 年版,第 177 页。

第二章

监管权与监管权的配置

"中国食品安全监管权配置"作为研究主题,有两个关键性的题眼:一个是监管权与监管权的配置问题;另一个是食品安全问题及中国食品安全监管。为了对本书的研究主题进行深入探索,有必要先对这两个关键点进行阐释,这是本研究的基础性工作。本章主要考察了监管权与监管权的配置问题。首先,介绍了监管权的内涵、类型与特征;其次,展示了监管权的相关理论,揭示出监管权的合法性基础、对监管权控制的依据,对监管权理解的拓展等问题;再次,聚焦于监管权配置的基本原则和配置的基本依据。

第一节 监管权溯源

一、监管权的内涵

监管制度体现着政府与市场的关系问题,其核心是政府对市场的干预,因此监管权的实质是政府对市场,特别是对市场微观主体干预的权力基础。

在人类社会生活中,凡是有组织的地方就存在权力现象。权力是根据行使者的目的去影响他人的能力,可以分为政治权力、经济权力、社会权力等,其中行政权力是政治权力中的一种。[1]行政学理论认为,一切行政活动都是通过行政权力的运行来实现的,行政权力是一切行政现象的基础。所谓行政权力,是指国家行政机关或被授予行政管理权限的其他社会组织,为有效执行国家意志,依法对社会化公共事务进行组织和管理的一种能力。[2]

在我国传统国家权力结构中并没有监管权的位置,随着市场经济的建立和发展,监管权概念才逐渐建立。近 10 年来比较典型的涉及监管制度的立法包括:《反不正当竞争法》(1993 年)、《电力法》(1995年)、《食品卫生法》(1995 年)、《中国人民银行法》(1995)、《保险法》(1995 年)、《证券法》(1998 年)、《电信条例》(2000 年)等。虽然这些法律法规并未对监管权一词作出明确定义,但从立法上确定一些机构拥有监管职能并授予相应的监管权却是事实。按照公权力的基本分类标准,监管权在理论上是基于政府履行微观监管的职能而行使的一种行政权[3],是一般行政权的具体化[4],但在实践中逐渐具有一定的独立性。

《牛津法律大辞典》对监管的解释是:"广义上指任何旨在规范行为的法律规定,而它通常指政府各部门按照法定权力所发布的各种从属性法律。"[5]《布莱克法律词典》的表达是:"它是制定规则或条件的权力,通过遵守这些规则或执行这些条件以决定什么情况下免除义务,什么情况下应课以义务或其他税收。这个权力也包括在它的控制下所有的工具和手段,通过这些工具,商业能够顺利进行,通过这些手段可以扶持和鼓励商业。"[6]从这些概念看来,监管活动的基础是一种权力。在前文中我们提出,监管是政府依据法律、法规,管理和控制各类微观市场主体,以纠正市场失灵的活动。据此,我们把监管权界定为:政府依据法律、法规,管理和控制各类微观市场主体,纠正市场失灵的活动的权力基础。

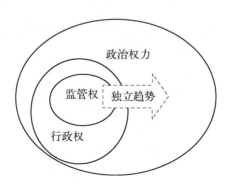

图 2.1　监管权的定位

以下我们从监管权的主体、对象、依据和根本目标加以解释：

(1) 监管权的主体有狭义和广义之分。

狭义的监管权的主体指政治学意义上狭义的政府，即行政机关。行政机关被以立法或其他形式授予监管的权力，成为监管者。从这个意义而言，监管也被称作政府监管。[7]广义的监管权主体范围较大。[8]植草益认为，监管权的主体有私人和公共机构两种形式。由私人进行的监管[9]，比如父母约束子女，比如总公司作为私人部门，设定规则对具备独立法人资格的子公司的决策进行引导，以期达到理想绩效。公共机构进行的监管，由司法机关、行政机关、独立监管机构以及立法机关实施。[10]其中，立法机关主要负责制定与监管有关的法律、法规；司法机关主要负责解决监管实施中出现的纠纷；在许多国家，也可包括依据法律、法规建立起来的独立监管机构。以美国为例，联邦政府的第一个独立监管机构是根据《州际商业法》于 1887 年建立的州际商业委员会 (Interstate Commerce Commission，ICC)[11]，以后陆续建立了联邦储备、贸易、电讯、证券交易、劳工关系等委员会。它们从事的监管行为涉及国民经济的各个方面。[12]

(2) 监管权的客体是监管权指向的对象。

现实中，监管权的客体是各类微观市场行为者，包括法人与自然人，通常被称为监管对象或被监管者。监管不同于宏观调控，后者是政府通过总量上的控制，借助财政、货币等政策工具，调节、控制宏观经济的运行，以达到充分就业、经济增长、物价稳定和国际收支平衡等政策目标。它对于微观市场主体的影响是整体性、间接性的。[13]而监管则借助法律、法规直接作用于微观市场主体。

(3) 监管权的依据是法律、法规。

监管的制度基础是法治，是基于规则的活动。监管机构的设置、范围、权限、手段、途径、程序都有相应的法律依据。法治赋予监管行为相对的普适性和平等性，体现在空间上，政府的管理和约束一视同仁地作用于作为监管对象的所有微观市场主体，无论中资企业还是外资企业，不管国有企业还是非国有企业；在时间上，监管行为也折射出法律、法规的稳定性，在相对长的时期内给社会成员们提供一种稳定的预期。

正如博登海默所指出的："一个不具稳定性的规则,只能是一系列仅为了对付一时性变故而制定的特定措施。它会缺乏逻辑上的自洽性和连续性,这样人们在为将来安排交易或制订计划的时候,就会无从确定昨天的法律是否会成为明天的法律,它就为成为一纸空话。"[14]

（4）监管权行使的根本目标是为了纠正市场失灵。

市场失灵是由于市场机制内在的缺陷而导致的无效或低效的资源配置。对此市场机制往往不能自动纠正,所以改善、弥补市场弊端的重担就落在被认为是社会公共利益代表的政府身上。这一目标,也是监管与计划经济体制下政府经济管理的分水岭。监管以市场机制为前提,是对市场机制的补充和完善;而计划经济体制下政府的经济管理则不顾市场规律,否定市场,强调指令性计划,政府同时兼有市场主体的所有者、经营者、管理者和分配者等多重角色。[15]

二、监管权的类型

对监管可以从不同角度进行分类:以监管对象为标准,可分为对企业的监管、对个人的监管、对非营利组织的监管;以监管的程度为标准,可分为直接监管和间接监管;以监管的手段为标准,可分为消极性监管和激励性监管。而使用最多的分类是按照监管内容为标准,将其分为经济性监管和社会性监管。因此,与经济性监管和社会性监管的分类相对应,监管权也可分为经济性监管权和社会性监管权。

黑夫兰(Heffron)认为,经济性监管涉及产业行为的市场方面。[16]丹尼尔·史普博指出,经济性监管主要集中在某些特殊行业的价格和进入控制上,包括公用事业(电力、管道运输)、通讯、交通(公路货运、铁路、航空)与金融(银行、保险、证券)等。[17]植草益认为,经济性监管是指在自然垄断和存在信息偏在的领域,主要为了防止发生资源配置低效率和确保使用者的公平利用。政府机关用法律权限,通过许可和认可等手段,对企业的进入和退出、价格、服务的数量和质量、投资、财务会计等有关行为加以监管。[18]

与经济性监管相比,社会性监管的概念出现得较晚。[19]虽然早在

20世纪初美国就有了对于食品、药品质量的规范,但直到20世纪80年代,社会性监管概念才逐渐被广泛使用。马丁·费尔德斯认为,社会性监管是政府控制生产过程产生的污染,规定生产和工作场所的健康和安全标准,限制销售者通过广告或其他传媒给消费者提供产品信息的范围,建立保护购买者的法律。这些法律保护消费者免受销售者的欺诈、歧视或不合格行为的伤害。[20]植草益进一步明确:"社会性监管是指以保障劳动者和消费者的安全、健康、卫生、环境保护、防止灾害为目的,对物品和服务的质量和伴随着它们而产生的各种活动制定一定标准,并禁止、限制特定行为的监管。"[21]他根据日本社会性监管的政策实践,将其按内容分为三类:第一类是为了保障健康、卫生,由药物法、医疗法等产生的监管;第二类是为了保障安全,由劳动安全环境法、保护消费者权益法、建设标准法、消防法等产生的监管;第三类是为了防止公害和环境保护,由公害对策基本法、防止大气污染法、防止噪声法、自然环境保护法、禁止高压煤气法、国土利用计划法等产生的监管。[22]美国学界对社会监管的分类也是这三种,简称为 HSE(Health, Safety and Environmental Regulation)。[23]我国将社会性监管细分为五类:(1)规范市场秩序、培育和发展竞争性市场的监管;(2)保护消费者的监管;(3)协调社会成员利益,建立健全社会保障的监管;(4)保护生态和环境的监管;(5)维护民族经济利益,促进国内产业发展的监管。[24]

社会性监管与经济性监管之间的诸多区别,也使得社会性监管权与经济性监管权在许多方面截然不同:

首先,经济监管权行使的具体目标和社会性监管权不同。虽然它们最终都是为了纠正市场失灵,但前者是为了克服自然垄断和选择信息不对称引起的市场失灵,其宗旨是实现自由配置效率的同时确保服务供给的公平性。社会性监管权行使的具体目标为了克服外部性和内部性信息不对称引起的市场失灵,其宗旨是减少风险、保护安全和健康。

其次,经济性监管权与社会性监管权作用的范围不同。经济性监管权的行使范围往往针对某一个特定产业,如垄断行业、金融业等,是根据这一产业有针对性地采取监管政策,是政府依据产业行为的一种纵向制约机制。而社会性监管权行使的范围并非针对某一特定产业，而是指向所有可能产生危害健康、安全和公害问题的产业。任何市场主体的行为只要不利于社会或个人的健康安全，损害环境质量，破坏社会福利，都要受到相应的社会性监管的制约与规范。因此，社会性监管是一种跨产业、跨领域的横向制约机制。

再次，经济性监管权和社会性监管权行使的具体手段不同。经济性监管权行使的手段主要是价格监管和进入监管。相对而言，社会性监管内容比较宽泛，涉及面广，其手段比较复杂。植草益列举了至少五种：禁止特定行为；对营业活动进行限制；资格制度；检查鉴定制度；基准认证制度。[25]王健概括出八种，包括：禁止特定行为；对商业活动的限制；资格制度；信息公开制度；收费补偿制度；检查、鉴定制度；基准、认证制度、激励性监管。[26]萨拉蒙（Lester Salamon）也曾将经济性监管权和社会性监管权的区别做了归纳。

表 2.1　经济性监管权和社会性监管权的区别

	经济性监管权	社会性监管权
行使的理论基础	纠正市场失灵	克服法制过于机械的缺点，规避社会风险
行使的目标	确保竞争性的市场条件	限制可能直接危害到公共健康、公共安全或社会福利的行为
体现政策工具	市场进入控制、价格调控、产量调控	制度设置、确立标准、奖惩机制、执行系统
对象	公司企业行为	个人、公司企业以及低层级地方政府的行为
领域	电信、航空、邮政等产业	药品食品安全、控制环境污染、生产安全

资料来源：作者改编自 Lester Salamon, *The Tools of Government：A Guide to the New Governance*, Oxford, New York：Oxford University Press, 2002，p.117。

由此，本书所要研究的食品安全监管权属于典型的社会性监管权。

除此之外，还可以从监管权的具体内容可将其分为：（1）监管规范制定权、（2）监管许可权、（3）监管调查权、（4）监管命令权、（5）监管处罚权、（6）监管强制执行权、（7）监管监督权；既然监管权是行政权的一种形式,也可将其依据行政三分法分为:(1)监管决策权,包含前一分类中的监管规范制定权、监管许可权;(2)监管执行权,包含监管命令权、监管处罚权和监管强制执行权;(3)监管监督权。

三、监管权的特征

诺顿·朗指出,行政管理的生命线是权力;权力的获得、保持、增长、削弱和丧失都是行政实践者和研究者所不能忽视的。忽视这一点,其后果肯定是丧失了现实性并导致失败。[27]在此领域内,监管权也体现出一些鲜明的特征。

(一) 监管权的来源是法律授权,须经授权才能成立

监管是一种强制力,是对作为市场微观主体的个人或组织自由决策的一种强制性限制。[28]作为强制力源泉的监管权,其合法性基础在于法律授权。按照行政法的解释,这种授权是指通过法定方式将行政职权的一部分或全部授予某个组织的法律行为。[29]监管权授权缘于两个主要因素:其一,处理复杂公共事务的需要。以美国为例,由于国会无法完全制定实现各种监管目标所需的详细规则,只好将一部分监管领域的规则制定权授予行政机构。[30]其二,由完成监管任务所引起的建立行政组织的需要。如在美国的职业安全领域,《职业安全与健康法》授权成立三个重要的监管机构,其中"职业安全与健康管理局"负责制定职业安全和健康领域的相关标准,并有权对工作场所实行强制监察;"国家职业安全与健康研究所"主要负责对职业安全与健康问题进行研究,并对"职业安全与健康管理局"考虑和可能采用的新标准的制定提出建议;"职业安全与健康审查委员会"是一个独立机构负责评判在强制安全健康监察过程中与雇主产生的矛盾。制定标准、研究和建议、裁决三个方面相辅相成,共同实现监管目标。

监管权的授权与其他行政授权一样,必须符合一些必备条件:首先,监管权的授权必须要有法律、法规的明文规定或立法机关、上级机关的专门决议为依据。相对大多来源于宪法和组织法的"一般授权",

监管权的授权也叫做"特别授权"[31]。其次,监管权的授权必须符合法定的方式。有时是法律、法规直接授权,有时是法律、法规规定由特定的行政机关授予职权。第三,监管权授权的法律后果,是被授权组织取得了所授予监管权的主体资格,或使其原有监管权主体的职权范围扩大、职权内容增加。

美国第一个独立监管机构州际商业委员会的建立,源于1877年《州际商业法》的授权;负责环境问题监管的环境质量委员会和环境保护局的建立,源于1969年《国家环境政策法》的授权;全国高速公路交通安全管理局的建立,源于1966年《全国交通和汽车安全法》的授权;空气保护委员会的建立,源于1970年《清洁空气法案修正案》的授权;消费品安全委员会的建立,源于1972年《消费品安全法》的授权。在我国,根据1998年国务院《中国证券监督管理委员会职能配置、内设机构和人员编制规定》,成立中国证监会;根据2002年国务院《关于印发电力体制改革方案的通知》,成立国家电力监管委员会;根据2003《中国银行业监督管理委员会主要职责、内设机构和人员编制规定》,成立中国银行业监督管理委员会。

在食品安全领域的监管机构也是如此,1938年美国依据《联邦药品、食品与化妆品法》的授权对食品安全监管体制作了较大的调整,扩大了食品药品监督管理局在食品安全监管方面的权力,将其定位为"对食品药品进行全天候监测的监管机构",使联邦政府对企业的监管能力大大加强。我国《食品安全法》第4条规定:"国务院设立食品安全委员会……国务院质量监督、工商行政管理和国家食品药品监督管理部门依照本法和国务院规定的职责,分别对食品生产、食品流通、餐饮服务活动实施监督管理。"2013年,依据第十二届全国人民代表大会第一次会议审议通过的《国务院机构改革和职能转变方案》,建立食品药品监管总局。

(二) 监管权的内容包括准立法权、执行权与准司法权

史普博在谈到美国监管机构的时候指出:"国会在监管过程中附加了多重目标,其结果是使得监管机构拥有广泛的权力及执行其政令的

多种手段。"[32]罗斯福新政时期,国会创建了许多新的联邦监管机构,并通过开放的法律授予它们非常宽泛的权力,以至于它们被抨击为违宪的政府"第四分支",[33]其原因是监管机构的权力和程序与政府立法、行政及司法三权机关的权力和程序相似。[34]

（1）准立法权。

这里的准立法一词是相对于立法机关的立法功能而言的。一般立法机关的立法内容范围广泛,而监管机构的准立法权规范的内容相对具体。杰伊·沙夫里茨认为,监管源于立法,但立法不能对任何问题都规定得那么具体,这就需要用监管的准立法来处理这些成文法中没有明确的细节问题。因而,监管机构具有行政法规的制定权,并且这种权力完全具有法律效力。[35]

监管机构拥有的准立法权主要包括[36]:第一,制定行政法规。这种权力也被称作委任立法,因为它是根据立法机关授权或依法律授权而制定的,所以不能同法律相抵触。监管机构所处理的事务大都具有复杂性、技术性和多变性,立法机关制定法律时无法详细规定,往往只规定一般的政策和目标,由监管机构根据授权制定详细法规。第二,制定

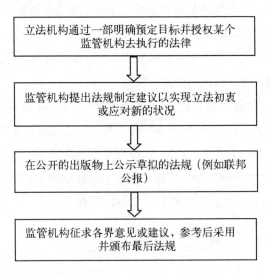

资料来源:作者改编自[美]杰伊·沙夫里茨等:《公共行政导论》,中国人民大学出版社 2011 年版,第 280 页。

图 2.2 美国监管机构准立法权行使程序

标准。立法机构对监管机构管辖的事务制定一个意义广泛的普遍性标准,由监管机构制定更加具体的执行标准。例如,美国的法律规定铁路运输的收费必须公平合理,按照这个普遍标准,州际委员会制定各种运输的收费标准。第三,提出立法建议。立法机构在赋予监管机构监管权的法律中通常规定,监管机构就管辖的事务应向立法机构提出制定法律或修改法律的建议。

在我国,《宪法》和《立法法》将准立法权赋予监管主体。根据《宪法》第 89 条,《国务院组织法》第 3 条,《地方组织法》第 51 条,《立法法》第 9 条、第 56 条、第 71 条、第 73 条的规定,国务院和国务院所属各部委、中国人民银行、审计署和具有行政管理职能的直属机构拥有行政立法权。这些法条是我国监管机构拥有准立法权的主要依据。

准立法权行使的程序,往往是监管机构首先获得立法委任权,然后它再把这种立法委任权转化为政策制定、法规要求、处罚和执行条款。美国监管机构的准立法权的行使程序就是一个典型的例子见图 2.2。

（2）执行权。

执行权是指监管权的行使不限于制定抽象的规则,更多的是处理具体事务。将抽象的规则适用于具体的事件,是监管主体的重要的行政职责所在。[37]例如,监管主体可以要求被管辖的对象提出报告,对其进行调查,批准其某些行为,禁止其某些行为,追究其某些行为。如果没有这些具体的执行行为,监管权无法实现。[38]

以社会性监管为例,执行权具体表现为:禁止特定行为,即直接禁止法律规定可能对社会成员造成危害或不良结果的行为。例如,国家为保护野生动物及其生存环境,禁止任何单位和个人非法捕猎或破坏;对营业活动的限制,即通过批准、认可制度对与提供公共产品或准公共产品、非价值物品有关的从业者及有可能产生外部不经济或内部不经济的行为者进行营业活动的限制,例如,国家对生产军械、城市煤气等经营活动进行一定的限制;资格制度,即行为者若要从事确保个人健康、安全及环境方面的业务,必须要由监管机构对其专业知识、经验、技能等指标进行认定和证明的制度;检查、鉴定制度,即为了确保产品的安全性,规定从事该项活动的行为者有接受各种检查义务的制度;信息公开,即监管机构有权要求那些有可能存在信息不对称的企业或其他经济主体向消费者尽量详尽地公开与其产品或服务相关的各项说明和资料信息的权力;收费补偿,即对引起火灾、损害环境以及利用自然资源的经济行为征收定额费用和资源补偿费;认证,即为了确保产品、设备操作以及管理的安全性,对其结构、强度、爆炸性、可燃性等规定其安全标准,凡没有经过检查、鉴定的一律禁止其销售和利用。

(3) 准司法权。

准司法权是指监管主体对被监管者是否违反法律,不仅有追诉的权力,而且有裁决的权力。[39]这里的准司法权是相对于司法机关的司法功能而言的,司法机关的司法活动范围(内容)广泛,而监管机构的准司法权裁决的范围(内容)相对具体。例如,美国的州际商业委员有权对铁路公司的某些收费是否公平、是否违反规定标准进行裁决。这种权力就具有准司法权性质。本来裁决属于法院管辖范围,但由于监管主体管辖事务具有高度技术性和专业性,一般法官缺乏相关的专业知识。因此,立法机关通过立法,把这些法律争端授权委托给监管机构处理,学术上称这种权力为准司法权或行政司法权。准司法权的实质依然是司法权,只是行使的机关不同。对此,史普博写道:"与此同时,国会还让监管机构承担司法任务。这一方面反映在监管机构对特殊案件的具体裁决过程上,另一方面反映在监管机构具有法院的功能之上。确实,按照行政程序法,规则制定过程的本身,在正式的文书记录和来自原被告及证人的证据方面,都具有法院诉讼的性质。"[40]

(三) 监管权的定位是独立性与可控性的平衡

西方政治制度的一个重要原则是"分权制衡"。分权即权力分立,指国家权力不集中在国家机构的某个部门或一部分人,而应当合理地分割成若干部分,由宪法赋予不同的机构或部门的不同的人所执掌。制衡指分立为不同部分的权力之间形成彼此制约的关系,其中任何一部分权力都不能占优势。[41]一般而言,分权制衡机制中把国家权力分为立法、行政和司法权,并在其间加以制衡。但监管机构却非常独特,一方面三权混合,兼具准立法权、行政执行权和准司法权;另一方面具有很强的独立性。这里的独立性,主要是指行使监管权的主体具有明确的法律地位以确保其自行处理监管活动,而监管事务本身不受包括国家机关在内的其他因素的影响。[42]

具体而言,监管权的独立性表现在设置方面,监管机构相对独立于政府其他行政部门,监管权的行使不受其他因素影响和干涉。监管机构通常有两种形式:一种是政府内部设立的相对独立的监管机构,如美国的环境质量委员会。这类监管机构不能完全摆脱行政首长的影响,但是法律给予它们很大的独立权力,在一定范围内可以单独地决定政策,首长对它们的控制不能像对部内其他部门一样强。另一种是设立于政府行政系统之外的独立监管机构,如美国联邦储备委员会。这类监管机构根据立法机构的相关立法而成立,负责人虽经总统任命,但任期大多长于总统任期,因而其人事变动不受总统换届的影响,总统对其负责人不能随意免职。而且,这类机构往往极少受到政党因素的影响。按照法律规定,一个政党在同一独立监管机构中的人数必须受到限制,以便保持该机构的超党派性。基于这些特征,此类监管机构常被称为行政、立法、司法部门之外的"第四部门"。

对于监管权保持独立的原因,主要是:(1)可以摆脱政治的影响,因为监管权管辖的事务具有专业性,应当由专家处理,避免政治影响;(2)准司法的特性决定的,司法权的行使基础是独立性,而监管权中包括准司法权,因此与司法机构相同,其行使不应受外界影响;(3)政策的一致性。监管权的独立性可以保持政策一致性。许多监管机构往往采取合议制,其决定需多数委员同意,容易保持政策一致性。

"监管机构的权力和程序与政府立法、行政及司法三权机关的权力和程序相似。经常有人指出,这种功能的混合起码在原则上违反了权力分立和授权的宪法目标。"[43]"这些机构的授权范围实在太宽泛了,以至于给了它们大量的自由裁量权,产生了明显的民主欠缺和专横权力的威胁。"[44]因此,在保持监管权的独立性的同时,也必须对其进行一定的控制,只不过这种可控性与独立性之间需要保持一种良好的平衡。

如何保持这样的平衡是一件非常微妙的事。如前所述,监管权与其他行政活动一样,其基础是法治,监管权的运作是基于规则的活动,

所以,对其独立性控制的基本依据只能是法治原则。法治原则对监管权的控制主要体现在以下三个方面:

(1) 监管权及其运作必须具有合法性,即依法监管。

具体而言,监管权必须基于法律授权才能存在,监管权的行使必须依据法律。在美国,监管机构通过授权获得监管权,但此权力的运作具有一定限制,第一,它是一种从属权力,受授权法的制约;[45] 第二,立法机关授权时也规定了行使权力的标准和明确的限度;第三,立法机关对监管权的行使具有否决权;第四,司法机关也可以通过事后审查的方式与立法机关事前审查的方式互相补充,共同对监管权进行制约,这种审查包括:审查立法机关对监管机构授权是否违宪;依行政相对人的起诉裁判监管机构的监管行为是否合法;审查监管法规和监管裁判是否合法等。

(2) 监管权的行使必须具有适当性。

监管领域和监管对象的行为纷繁复杂,呈现多样化。在这种情况下,要求法律对所有的监管活动都以细微、缜密的规范予以明确规定是不可能的,因此就需要监管机构对自身具有一定的自律规则,以确保监管权行使的适当性。这种自律体现为职能分离,即监管机构内部决策、执行、监督、裁判必须分解,由不同部门或人员行使,并保持独立性,甚至实现相互制衡。其形式或者为完全分离,比如美国职业安全领域的监管权一分为三,由职业安全与健康管理局、国家职业安全与健康研究所、职业安全与健康审查委员会三个部分分别行使;或者为内部分工,即决策、执行、监督、裁判职能虽归同一监管机构,但必须由机构内不同的部门和不同的实际工作人员行使。

(3) 监管权的行使必须具有公开性。

即除了法律明确规定的豁免情况之外[46],监管活动对社会公开,这是行政公开原则在监管权领域的体现。行政公开是公民民主参与管理,监督行政机关及其工作人员,防止行政权力滥用,维护自身权利不受非法侵犯的前提。监管权的行使也不例外,其公开性主要体现在监管的过程、监管法规制定、监管裁判的公开等各方面。第一,监管的过程必须开放、透明和具有可预测性。第二,监管法规的制定应该与其他公共政策的制定一样,使公民有正当参与和影响的途径。因为"根据现代公共决策理念,在监管的过程中,不应将公众视为监管对象,而应该视为共同参与决策的合作伙伴,应该更加关注大部分民众的利益,或者扩大监管行政的社会代表性"。[47]第三,监管裁决必须公开。监管裁决大多是对监管对象行为的禁止和权利的剥夺,因此,法律通常会对其规定严格的保护和程序性要求。对于监管裁决,"人们或许可以将这些程序性规则归纳为向相对人提供最低限度的程序预期……(监管机关)往往需要遵循以下的程序约束:必须事先对将要实施的行为进行通告;必须为其行为提供理由及向公众说明支持性证据;必须允许利害关系人提出主张和证据;必须通过主张和证据来说明其立场的合理性,以满足审查的要求"。[48]

在监管权的定位中,独立性与可控性往往是互相矛盾的两个方面,监管权的独立性表现在设置方面,监管机构独立于政府其他行政部门,监管权的行使不受其他因素影响和干涉。可控性主要通过法治原则加以实现,体现在监管依法、监管自律和监管公开。王名扬教授以美国监管制度中独立性与可控性的关系为例,指出独立性主要表现为总统对独立监管机构的权力受到很大限制,但在受国会和法院的控制方面,独立监管机构和其他行政机关并无区别。[49]而对于备受争议的监管权中准立法权、执行权与准司法权三权混合的问题,美国最高法院对独立监管机构的权力混合的支持态度可以给我们提供一些启发,美国最高法院认为[50]:

第一,最高法院一贯对分权原则采取灵活解释,因为宪法一方面规定分权,一方面又规定某些例外。例如,总统具有某些立法权力,国会具有某些行政权力,可以认为宪法从未承认严格的、绝对的分权原则。最高法院不从抽象观念解释分权原则,而是从具体处罚,认定是否有某种权力交错的必要。

第二,最高法院认为监管机构同时具有三种权力是基于实际的需要。因为受控对象是大企业,它们力量雄厚、适应性强,不受分权原则的限制。政府为了控制它们,也必须集中力量,迅速反应,采取分权原则不能达到控制目的。

第三,独立监管机构行使权力处在法院监督之下,它们侵害人民的自由和权利时,法院可以撤销它们的决定。它们的权力混合不产生权力不受限制的问题,不需要求助于分权原则。法院已经掌握司法审查这个有力工具。

第四,权力混合不仅存在于监管机构,隶属于总统的各部也同时具有立法、行政、司法三种权力。分权原则显然不能作为反对监管机构的理由。

第五,监管机构侵害个人自由和权利没有其他法律可以适用时,法院可以审查它是否遵守宪法规定的正当法律程序。分权原则只适用最上层政府机关之间,正当法律程序则适用于全部行政机关,适用的范围比分权原则广。

第二节　监管权的相关理论

100 多年来,政府与市场的关系一直是社会科学研究的焦点之一。作为政府干预市场的重要方式,监管政策经历了数翻起伏。人们对监管权的理解往往与对监管的思考紧密相连,在监管理论的递进发展进程中,人们对监管权的认识日益深化。传统意义上,人们认为监管权的合法性来源于其公共利益取向。随着实证主义的发展,学者们基于利益集团理论而提出对监管权的控制。制度主义拓展了对监管权的理解。社会性监管理论成为监管权合法性的新的基础。

一、监管权的合法性基础:公共利益视角

监管权公共利益视角的核心是公共利益理论(Public Interest Theory),其发轫于 19 世纪中期,成型于 20 世纪 70 年代。此理论的核心观点为:政府是公共利益的代表。公共利益理论强调:市场经济会导致经济偏离一般均衡状态,产生市场失灵,政府作为公共利益的代表,为了维护公共利益,应该对微观经济活动进行监管,以纠正市场失灵、提高市场效率和增加社会福利。

公共利益理论自 19 世纪中后期已散见于微观经济学、福利经济学、产业组织理论等著作与文献中。当时,随着产业革命的深化,新技术新发明被运用到生产过程中,生产力迅速发展,但自由放任的市场经济也暴露出自身无法解决的弊端,特别是垄断、外部性等问题导致不公平竞争,损害消费者利益和竞争行业生产者利益,市场配置资源的效率下降,公众不满情绪积聚,引发了人们对自由放任主义政策的质疑。1848 年,约翰·穆勒(Mill)在对自然垄断问题进行研究后认为,市场经济条件下,自由竞争导致资本集中和垄断,微观经济主体在追求自身利益最大化的同时并不能自动实现社会公共利益的最大化。[51] 因此,穆勒主张政府应该对微观经济领域进行监管。[52] 福利经济学的代表人物庇古(Pigou)也从规范意义上指出市场失灵是政府监管的主要原因,他认为由于垄断和外部性的存在,没有监管的市场将呈现"频繁的失败"。[53] 实际上,穆勒和庇古已接触到监管权的合法性问题。随后,马歇尔、帕累托等学者都分析过自然垄断和监管的问题,但直到 20 世纪 70 年代,才由芝加哥学派的理查德·波斯纳正式提出"监管权的公共利益理论"这一概念。波斯纳认为,公共利益理论建立在两大假设的基础之上:第一,自由放任的市场极端脆弱,其自行运转会失灵,表现为垄断和外部性等问题;第二,政府是仁慈的,并且政府监管的交易成本为零。在波斯纳研究的基础上,乔斯科、维斯库斯、约翰·弗农、小约瑟夫·哈林顿、彼得·阿伦桑等学者也对监管的公共利益理论进行深入而系统的研究,阐明了该理论的主体内容、性质和归属等问题,从而使其成为一个成熟、系统化的理论。[54] 公共利益与作为监管权行使目标的社会公正、公平具有密切联系,因而构成监管权的合法性基础。同时,公共利益理论对监管的功能、基础、手段也具有较大的解释力。举例来说,信息不对称是市场失灵的重要表现之一,而现实生活中像食品安全、药品安全、医疗服务质量等一些专业性很强的领域里,消费者几乎完全处于信息不对称状态中,因此,政府作为独立于厂商和消费者之外的第三方机构,可以通过监管行为,强化对交易中信息处于弱势地位的消费者的信息转移,从而缓解信息不对称,达到资源的有效配置,实现公正和公平,以维护公共利益。[55]

不过,公共利益理论也存在着难以克服的缺陷。首先,理论体系缺乏完备性。公共利益理论虽敏锐地指出公众为取得社会福利而产生监管的需求,但对公众需求是如何转化为政府对监管的实际执行过程的论述却模糊不清,即缺乏对立法行动以及监管的完成机制的分析。其次,理论假设存在错误。公共利益理论假设政府是仁慈的,并且政府监管的交易成本为零;但现实中,政府监管并非没有成本,甚至有些时候,由政府监管产生的社会福利损失和成本可能大于市场失灵的成本。与此同时,政府官员同市场主体一样,也是经济人,都是以个人利益最大化为行为的根本原则,这种自利性甚至会损害他人利益和公共利益。再次,公共利益理论缺乏事实的支持。乔治·施蒂格勒和克莱尔·弗瑞兰德对监管进行了大约 15 年的实证性研究,结果表明监管与市场失灵的改善并不总呈正相关性。监管实际绩效与公共利益理论分析不相符合。[56]

二、对监管权控制的依据:利益集团视角

利益集团视角为对监管权控制提供了理论依据,此理论是对传统利益集团理论的进一步拓展和深化。

(1) 传统利益集团理论。

长久以来,公共利益理论一直主导着监管与监管权的研究领域,直到利益集团理论(Interest Group Theory)的崛起。1908 年,阿瑟·本特利(Bentley)在《政府的程序》一书中最先提出利益集团的概念。他认为公共利益只是一种虚构,现实中存在利益集团,集团压力是许多政策制定的决定因素。[57]戴维·杜鲁门(David Truman)指出,有共同利益的个人组成的利益集团追求的是集团的共同利益;有组织的利益集团为了维护自身利益会给政府施加压力,以实现集团利益最大化;在利益集团的压力下,政府制定有利于利益集团的政策。[58]格雷(Gray)提出,利益集团破坏或利用原本为公共利益服务设计的政治程序,被监管产业的利益集团收买和控制了政府监管部门和立法机构,从而形成了有利于利益集团的监管政策和监管法案。[59]

（2）"俘获"理论。

20 世纪六七十年代,以美国芝加哥学派(Chicago School)和弗吉尼亚学派(Virginian School)为代表的一批学者进一步对公共利益理论的基本假设提出质疑。其中,经济学家乔治·斯蒂格勒(Stigler)分别于1962 年和 1971 年先后发表《管制者能管制什么——电力部门实例》和《经济管制的理论》,这两篇论文通过实证研究,为监管领域中的利益集团理论的创建作出了开创性的贡献。之后,佩尔茨曼(Peltzman)、麦克肯斯尼(McChesney)、蒂索托(De Soto)、威尔(Will)、麦克库宾斯(McCubbins)、克若雷(Croley)等学者加以发展和充实,形成了监管与监管权研究的一个新的视角。

斯蒂格勒的研究集中在以下两个方面:

第一,监管权行使的绩效问题。从这个角度,斯蒂格勒在《管制者能管制什么——电力部门实例》一文中提出了三个问题:什么样的厂商受到监管? 我们应研究哪些监管效果,以及怎样测量它们? 怎样解释我们的发现? 他通过实证性的研究方法,通过对受监管和不受监管的供电企业的规模和经营活动进行比较分析,得出结论:监管对电力公用事业并没有显著效果。原因何在? 他认为监管权行使的绩效与环境有关,第一种环境是,监管的前提不成立,即受监管的企业不是垄断企业。单个电力企业还未有强大的力量垄断市场,也面临竞争的压力,所以即使不受监管,也不能索取垄断高价。第二种环境是,监管没有达到预期的效果。监管权行使的目的是要将垄断企业的垄断价格降低到平均价格,使其边际成本等于边际收益。监管机构又如何能够识别垄断企业的边际成本和边际收益? 这是一个很现实的问题。即使假定监管机构识别了垄断企业的边际成本和边际收益,垄断企业也可能通过降低服务,使利润回升到接近没有监管时的水平。[60]

第二,监管权的合法性基础,即监管存在的原因。也就是说,既然监管并没有显著效果,政府为什么还要进行监管? 在《经济管制的理论》一文中,斯蒂格勒认为,要解答这个问题必须考察"谁从监管得益、谁因监管受损,监管采取什么形式,以及监管对资源配置的影响"。为此,他开创性地运用了经济学中的"供给—需求"研究框架,一针见血地指出,监管的供给者和需求者都是理性行为人,具有利己动机,并通过行为来谋求自身的最大效用。监管的本质是某些产业利益集团与拥有监管权的政府以及政治家们为谋求自身利益的交换过程。在这个过程中,监管主体的需求是从产业利益集团那里取得选票与资源,监管主体的供给是"政府能够通过政治过程赋予产业利益集团获得相关的监管政策"。这些政策包括"政府对特定产业的税收优惠和直接的货币补贴、控制产业收入、控制替代品和互补品的生产、价格控制",通过这些监管政策实施,达到"运用公共权力或资源能够提升某些经济集团的经济地位"的目的。[61]斯蒂格勒发现,在这个过程中,监管权的行使几乎能采取任何手段满足产业利益集团的欲望,增加它们的获利能力,从而得出结论:"政府监管权的存在与其说是保护消费者免受剥削,不如说是保护了产业利益集团免受竞争的压力,因此,监管是产业争取来的,而且其设计和实施都是为了使该产业获得更大的利益。"[62]

1976年,芝加哥学派的经济学家萨姆·佩尔兹曼(Peltzman)在《走向更一般的监管理论》一文中进一步发展了斯蒂格勒的理论,构建了佩尔兹曼监管模型。如果说斯蒂格勒强调的是利益集团净收益的影响,佩尔兹曼则以认为边际替代关系更为重要,即政治家所选择的监管政策,不仅要满足选票数的最大化,还将使政治的边际替代率等于企业利润与消费者盈余之间互相转移的边际替代率,从而达到一种均衡,而这个价格一定在竞争性价格与垄断性价格之间。斯蒂格勒用定性方法指出,政府监管权行使的过程会受到多个利益集团影响,而佩尔兹曼在其基础上进一步用定量方法将多集团势力的影响转化为政治支持函数的形式,并提出,最优监管政策就是在利润和价格函数约束下的政治支持函数的最大值。[63]盖瑞·贝克尔(Becker)受佩尔兹曼模型的启发,将讨论重点置于利益集团之间的竞争过程,他用回归分析技术验证了政治均衡模型及其基本结论。[64]他指出,利益集团对政治过程的影响决定了政府是实施监管还是取消监管、是加强监管还是放松监管。而且,影响监管决策的是所有利益集团的相对影响力,而不是某个集团的绝对影响力。也就是说,在一定的市场和政治条件下,不同的利益集团为了增加自身的收益而影响政治过程,导致监管权行使活动产生或加强。

当市场和政治条件发生变化后,在监管均衡与产业放松监管之间的差距越来越小或可供分配的收益越来越少以至于难以支付影响政治过程的成本时,就会放松监管。[65]贝克尔的理论具有较强解释力,既深刻揭示了 20 世纪 70—80 年代放松监管浪潮出现的原因,也合理解释了 20 世纪 90 年代为何有些行业持续放松监管,同时另一些行业却在加强监管和放松监管之间摇摆不定。

由斯蒂格勒的开创性研究,经佩尔兹曼和贝克尔的完善,利益集团理论的解释力不断加强。他们的监管和监管权理论的焦点集中于产业或部门利益集团,因此也被称为部门利益理论(Sectional Interest Theory of Regulation)。同时,他们核心观点在于:作为监管对象的产业集团对监管权主体有着强大的影响力,作为监管权主体的政府及政治家具有自利动机,在互动过程中,监管机构最终将被利益集团所控制或俘获,于是也有了一个形象的名字:"俘获"理论[66](the Capture Theory of Regulation)。

(3)"过桥收费"理论。

如果说"俘获"理论强调对监管权的影响可以为有关产业及其利益集团带来收益,麦克切斯内(McChesney)、蒂索托(De Soto)、施莱佛与维什尼(Shleifer and Vishny)等学者则指出监管权的另一个侧面,即政治家和行政官员们也希望通过行使监管权来实现自己的利益。从这个角度来看,政府繁琐的审批程序、严格的准入限制、以各种名义的收费就是他们手中的权力,政治家和行政官员运用这些权力,为了满足自己的利益,一方面积极地创租(rent creation),另一方面利用各种途径向利益集团抽租(rent extraction)。麦克切斯内(McChesney)分析道,在寻租社会中,政治家不仅仅是面对竞争性的需求进行财富再分配的经济人,政治家也有他自己的需求,"政治家自己积极地寻求选票,竞选捐款和其他形式的报酬,并通过协议从私人那里获得商品或服务的供给,这些供给是根据政治家的需求来提供的"[67]。蒂索托(DeSoto)通过对秘鲁监管与监管权问题的研究,发现腐败政府的监管不仅不能够达到弥补市场失灵的问题,而且还会造成监管权的自我强化,提高社会成本。蒂建科夫等(Djankov)收集了近 85 个国家申请创立企业时的相关监管程序的数据,发现严格的准入监管并没有带来政府高质量的服务;相反,引发了大量的腐败和大规模的地下经济。在高速公路的建设、大型建筑的招标及许多需行政部门审核与批准的项目中,若不向政府官员行贿就几乎争取不到项目。这一切致使监管政策在实施过程中偏离了最初设计时的效率目标,政治家和行政官员基于对监管权占有为自己提供了寻租的机会,就好比高速公路上的收费站,不交费就难以通行,这类观点因此也被称作"过桥收费视角"(The Tollbooth View of Regulation)。

(4)"铁三角"理论。

"俘获"理论和"过桥收费视角"分别聚焦于监管权行使过程中的两个侧面,从一个侧面观察,监管为相关产业和利益集团所利用,成为其牟利工具,在此过程中,政治家和行政官员被动成为俘虏;从另一个侧面来看,监管权的运用成为政治家和行政官员获利的手段,产业和利益集团成为被宰割的鱼肉。

与这种侧重监管者和被监管者彼此对立性的观点不同,威尔(Will)、麦克库宾斯(McCubbins)等学者却认为,围绕着监管权的集体行动使他们实现了某种程度的联合,形成所谓的"铁三角",并以此获利。"铁三角"的三端分别是政治家(国会议员)、行政官员(监管机构)和相关产业利益集团。其中,国会议员批准法律或项目,监管机构的官吏执行法律或项目,产业利益集团从监管中获利,共同的利益关系使他们捆绑在一起。"铁三角"关系在运转过程中,进一步编织和构建成庞大的"政策网络"(Issue Network)[68],即在产业利益集团的领袖们、国会议员和他们的手下工作人员、行政机构官员、律师、咨询顾问、院外活动者、基金会和智囊团领域的人员之间,形成了一种彼此频繁交往和互通信息的人际关系网络,这个网络被产业集团的大亨们以现金和未来的收益回报的引诱所推动,制定出一个又一个有利于产业集团大亨们的法律法规。"铁三角"在给产业集团创造丰厚利润的同时,也为政治家和行政官员离任后提供了一个稳定的工作和一份高的薪酬,在他们离开政治舞台之后,便跨进了那些曾被监管的产业的大门,作为院外活动者或咨询顾问。他们利用以前在政府部门积累的知识、经验和巨大的"政策网络"关系，代表某一个产业利益集团，转向他们从前工作过的领域，又将原来在政府机构一起工作过的同事或新一届官员变成俘虏，这种现象的研究被称为监管的"旋转门"（revolving door）现象。

对监管与监管权研究的利益集团视角是建立在对公共利益理论的批判和反思基础之上的，运用经济学和定量研究等实证性手段，完成了对传统监管理论的超越。在对传统利益集团理论拓展的基础上，对监管和监管权的理解逐渐深入：从对监管权的"俘获理论"到"过桥收费视角"揭示了监管过程中监管者和被监管的利益集团围绕监管权的行使所体现的行为特征和互动过程，而"铁三角"理论则进一步拓展了前两者观点，将利益集团、政治家和监管主体纳入了一个以监管权联结的互相依存的整体。在此基础上，"旋转门"视角则是对稳定的"铁三角"关系的超越，形成一种对未来的关照，即利益集团、政治家和行政官员的彼此的利益关系是一种可持续性的指向未来的过程。由此，监管权利益集团理论的几个分支共同完成了对现实现象完整洞察，打破了监管权的公共利益理论的幼稚假设，较好地解释了不同社会系统中监管权运用失灵的现象，为以后制约监管权、放松监管（De-regulation）的改革运动奠定了理论依据。

当然，对监管权的利益集团理论也不乏批评之声，波斯纳（Richard Posner）曾指出其缺陷所在，包括解释范围过于宽泛、经验研究的非系统性等。[69]马蒂莫得（David Martimort）也认为，利益集团理论对监管权运用失效现象的解释有一定说服力，但它只是把监管过程看作是一个黑匣子，无法回答"对自利的监管者的捕获是如何进行的？利益集团的影响是如何随着时间演进的？监管制度在约束这种影响中起着什么作用？"等问题。[70]其实，公共利益理论最致命的逻辑悖论在于，既然监管对于监管者和监管对象都是有益的，那么双方都应该支持加大监管力度，但20世纪七八十年代后许多西方国家进行了一场约束监管权、放松监管的改革运动，在此运动中，政府与产业集团都希望减少不必要的监管，这似乎与该理论的自利性的核心假设相冲突。

三、对监管权理解的拓展：制度主义视角

20世纪80年代，美国、日本、英国等国家对电信、运输、金融、能源等产业都实行了约束监管权、放松监管的政策，将行业禁入改为自由进入，并引入竞争机制，促进企业提高效率、改进服务，减少监管成本。与此同时，也有一些学者认为完全放弃对微观经济的监管、对公用事业部门实行私有化也存在诸多弊端。人们对监管权的理解进一步加深，以制度主义为基础，形成了以下几种典型理论：

（1）新制度主义理论。

监管权的利益集团研究视角中，无论是传统利益集团理论、"俘获"理论、"过桥收费"理论，还是"铁三角"理论都有其共同特征，即方法论上的个体主义和本体论上的理性主义色彩。方法论上的个体主义是从个体到集体的研究方法[71]，它以个体作为分析的基本单位[72]，据此理解集体行为和结果。[73]本体论上的理性主义以理性或有限理性为个体行为的基本逻辑，强调个体在作出决策的时候总是受利己动机的驱使，深思熟虑地对各种可能的抉择权衡比较，力图以最小的代价去追逐和获取最大的利益。[74]对此，一些学者提出了反对意见，他们认为，围绕监管权行使产生问题展开的并非仅仅是个体意义上个人或集团之间的行为[75]，应该视为个体与制度互动的结果。以往的监管研究都"忽视了监管权产生和运作的更宽泛的制度框架"。[76]

传统制度主义指出，由于监管权运用的实质是政府通过干预来解决市场失灵问题，所以不可避免要研究政府的各种制度。约翰·斯考茨（John Scholz）写道："总统、国会和法院不仅决定监管代理机构的一般任务和组织形式，而且通过各种监督权力机构直接控制它们的执行活动。即使不进行有规则的控制，潜在的控制也被认为足以使官员对中央政治变化作出回应。量化的经验型研究表明官僚会对国会委员会中发生的主要政治重组、不同总统体制引起的任期重组、几个联邦机构内的更多变化等作出反应"。[77]

在新制度主义者看来，监管权的行使是一种政治行为，既不是由单纯的公共利益观所驱动，也不仅仅是各利益集团之间谈判、交易的

均衡,而是特定制度环境下的产物,行动主体的偏好来源于一定制度环境的塑造,因此,研究政府监管权的起源及运用过程、正式的制度安排、组织形式和非正式的文化观念、历史传统都不可或缺。[78] 兰恩·汉区(Leigh Hancher)和迈克尔·马龙(Michael Moran)提出"监管空间"(Regulatory Space)概念,认为不能简单从公共利益和私人利益来研究监管与监管权,而是应该从一个制度化视角出发,对各种行为主体在制度化的"监管空间"中的相对位置进行研究。监管空间包含制度安排、组织资源、价值观念等众多要素,是制约监管权行使过程的根本要素。[79] 马切伦·伊斯纳(Marchallen Eisner)系统分析了从1880年到20世纪末美国联邦监管体制的发展,从制度变迁的角度寻找监管体制(regulatory regimes)演化的规律。她认为体制是制度的重要组成部分,是界定社会利益、国家与经济行动者关系的政治制度安排。监管体制与监管政策之间存在着互相塑造关系,"体制在形塑政策中起着重要作用,同时,政策也形塑着制度"[80]。安东尼奥·埃斯特奇(Antonio Estache)和戴维·马梯莫特(David Martimort)则研究了监管权行使的制度设计问题,他们认为,为了设计出最优的监管制度,不仅需要从委托—代理理论的组织设计角度吸取经验和教训,更需进一步理解政府内部的组织结构,以评估负责执行监管权的组织的重要性。他们指出,当考虑交易成本时,在以监管为基础的激励机制设计中,需要注意以下几点:首先,监管权配置结构会影响监管结果。监管权配置结构包括监管权在不同层级政府间的配置、给代理人设定的目标、挑选政治负责人的程序等,所有这些都会影响监管决策。监管权配置结构作出的不同监管决策之间可能存在冲突。其次,监管权运作的过程也会影响监管结果。其中,政府干预时机的选择、监管的时间与广度、监管过程中的信息流通等因素都会对监管结果产生巨大作用。[81] 马奇(Majone)和史蒂·芬沃洛克(Stephen Woolock)的视野则超越了一国范围,他们通过对欧盟国家一系列的监管权运作问题的研究表明,除了国内的制度因素之外,国际关系层面国家间的"监管竞争"(regulatory competition)也会成为影响监管改革的结构性变量。[82]

（2）公共实施理论。

公共实施理论（也译作公共强制理论、监管型国家理论）源于制度主义中的比较经济学。如果说传统比较经济学的研究重点在于计划经济与市场经济的差异，新比较经济学则将监管与监管权问题纳入自己的学术视野中。达捷夫、西蒙和爱德华·格拉瑟等比较经济学家提出了"制度可能性边界"（IPE）的观点。他们认为，一种好的经济制度必须能比较有效地保护产权，对产权的威胁主要来自无序与专制。所谓无序，是指私人当事人损害他人利益的能力，即私人掠夺（private expropriation）；所谓专制，指政府和官员损害私人当事人利益的能力，即政府掠夺（state expropriation）。必须在无序和独裁之间寻求中平衡。基于此理念，社会治理模式可分为四类：私人秩序（private order）、独立执法（independent judge）（也称为私人诉讼）、监管型国家（regulatory state）、国家所有制（state ownership）。这四种不同的治理模式形成完整谱系，从私人秩序到独立执法、监管型国家、国家所有制，政府权力逐渐上升，私人权力逐渐下降；相应地，无序的社会成本减少，专制的社会成本增加。由此形成一条连续的光滑曲线，此即"制度可能性边界"。[83]

安德烈·施莱弗（Andrei Schleifer）在"制度可能性边界"的基础上进一步加深了对监管权的理解，把监管型国家称作公共实施，将其与私人秩序、独立执法、国家所有制进行比较，[84]指出只有在无序的程度太高、令私人秩序甚至法院都不能加以有效控制的情况下，监管才是必需的。在民主不发达和官员太强势的国家，公权被滥用的风险较大，这种情况下监管权的行使会产生一系列负面效应。[85]之后，他与哈佛大学的爱德华·格莱泽共同建立了一个在事后诉讼和事前监管之间进行执法制度选择的模型。通过对模型的阐释，公共实施理论认为，首先，政府既非公共利益理论所认为的无私和仁慈，也非利益集团理论所描述的绝对自私自利、完全是利益集团的俘虏，对政府动机的假设应该秉持中性。其次，现实中既存在私人掠夺的无序，也存在政府掠夺的专制，两者是一定的替代关系，一定的文明资本存量决定着两者在什么水平上达到均衡。[86]第三，政府实施能力在由私人秩序、独立执法、监管型国家、国家所有制组成的"制度可能性边界"上分布,不同时期不同国家的能力不同,取决于相应的制度结构及其变动。

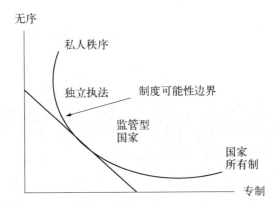

资料来源:[美]安德烈·施莱弗:《理解监管》,参见吴敬琏:《比较》第16辑,中信出版社 2005 年版,第 109 页。

图2.3　制度可能性曲线

施莱弗和格莱泽认为,社会控制模式的实施的关键因素是社会中的法律和秩序。[87]在低程度的法律和秩序环境下,最优的政府政策就是不加干预,因为当政府的管理能力非常有限,其法官和监管者容易受到恐吓和腐败影响时,接受现有市场的失灵和客观性可能比通过行政或司法手段解决它们更适宜;在中等程度的法律和秩序体制内,监管策略更加适宜,因为在司法诉讼责任体制罚金过高更易遭到破坏,而简单但却可执行的监管体系与完善但却不可执行的责任体系相比更为有效;具有高水平法律和秩序的社会应该更依赖于私人诉讼而不是监管,因为司法体制在没有被破坏的情况下要比监管具有更高的效率。

一些学者也阐述和深化了基于公共实施的监管型国家的内涵和特征。比如,克里斯托弗·胡德、科林·斯考特等学者认为监管型国家的出现表明现代国家正在越来越多地强调用权威、规则和标准来取代之前通过国家所有、公共补助和直接供给提供的服务。[88]西尔维娅·沃拜认为,监管型国家的监管权常常是通过监管框架而不是垄断暴力或提供福利得以体现的。[89]迈克尔·马龙将监管型国家的特征归纳为:"政府介入经济活动的目标定位于修正市场失灵,维护有效竞争以及减少社会风险；介入经济活动的方式从直接的市场干预转变为间接的政策调控；政府相对于产业利益具有独立性，国家与市场的关系特征是多元主义而非合作主义；在市场经济中，政府角色是裁判员而非运动员；国内市场对于海外企业开放，经济民族主义色彩减弱"[90]。

（3）监管政治理论。

这种理论认为，国家在监管过程中能够保持其相对的自主性和独立性，政府监管权的存在基础既非服务于纯粹的公共利益，也不会完全被利益集团所俘获，而是在利益集团、公共利益、政府自身利益之间寻求策略性平衡。[91]詹姆斯·威尔逊（James Wilson）根据监管的成本收益分布，将监管政治分为多数主义政治、利益集团政治、代理人政治和企业家政治四类，利益集团理论只是其中一部分而已。[92]斯蒂芬·沃格（Steven Vogel）的研究指出，政府主体在运用监管权的过程中，明显带有意识形态倾向和政治考量，也盘算着自己的政策议程。[93]

四、监管权研究的新焦点：社会性监管视角

在监管与监管权研究领域，社会监管问题日益得到重视。20 世纪 70 年代中期，西方国家经济受到了低增长和高通货膨胀的双重打击，滞涨问题向政府过度干预提出了严峻挑战。在现实压力下，许多西方国家开始约束监管权、放松监管。但是放松监管运动的高歌猛进只涉及经济监管领域，相反，社会性监管却在大幅度增长。"因为社会监管关系到国民健康、环境保护、消费者合法权益和弱势群体的公平待遇，恰恰在这方面，市场显得比较无力。因此，社会监管往往有比经济监管更广泛的群众基础，拥有更多社会阶层的支持"。[94]对于社会监管，研究重点主要集中在以下几个方面：

（1）社会性监管权的合法性依据。

社会性监管权的合法性依据是指社会性监管权存在的基础，即为什么需要社会性监管权。对此，从欧通（Utton）布雷耶（Breyer）、施蒂格勒（Stigler）到威登保尔（Weidenbaun）等学者都认为，社会性监管权的合法性依据在于矫正市场失灵。具体而言，史普博强调社会性监管

权的运用主要针对的是外部性问题与内部性问题。他划分了三种市场失灵,分别是阻碍性交易(进入壁垒)、缺乏必备条件的交易(外部性)以及产生低效率的交易权属(内部性)所造成的成本。[95]其中外部性和内部性是社会性监管所针对的对象。史普博提出,外部性的存在,比如环境污染,通常被认为是市场失灵的一个源泉,倘若不对外部性水平进行适当调整,市场均衡就不会达到帕累托最优。[96]外部性往往发生在受害者和施害者之间不存在契约关系的条件下,监管所寻求的是减轻对第三方的损害。[97]而内部性与此不同,它往往发生在受害者与施害者之间的契约关系已经存在并明确规定的条件下,典型的例子是产品质量问题和工作场所安全问题。内部性产生的原因在于代价高昂的意外性合同、道德风险和逆向选择。[98]植草益研究了导致市场失灵的几种原因,指出其中外部性、公共性物品、信息偏在等问题是产生社会性监管的理论基础。公共性物品很难通过市场来供给;外部性中的负外部性意味着某一经济主体不支付代价而提高另一经济主体的支出;信息偏在中交易一方使另一方处在不确定的环境。[99]因此,社会性监管权的运用就是社会公共机构针对以上市场失灵现象对企业的活动进行的限制和干预。

(2)社会性监管权行使的绩效。

社会性监管权行使的绩效研究最初源于经济学领域的成本收益分析。马歇尔、庇古、帕累托都曾使用成本收益分析中边际分析方法来分析社会福利最大化的产出问题。[100]霍特林在《有关税收问题和铁路公用事业价格问题的一般福利》一文中,也用成本收益分析的方法论证了政府应该给予一些产业予以补贴。[101]施蒂格勒从福利经济学的角度分析了监管权行使的成本和收益,他把监管权行使的成本分为垄断者承担的服从成本和公众承担的实施成本。监管权行使的收益可通过消费者剩余和生产者剩余的变化来表示。如果成本小于消费者剩余的增量与生产者剩余增量的之和,则监管增加了福利;反之,则社会福利减少。只有当监管权行使的成本大于收益时,监管才具有收益。[102]植草益也从监管失灵的角度分析了监管权行使的成本,他认为之所以出现监管失灵,主要原因是传统监管方式具有企业内部发生无效率、有关监管的成本负担加重、发生寻租成本等问题。[103] 此外,W.吉帕·维斯库斯、约翰·弗农等学者也都从成本收益的角度考虑社会性监管权行使的绩效评估标准,他们写道:"我们的任务是使这些监管对社会的净收益最大化。这种考虑要求我们估计监管政策的收益和成本并试图使其差额最大化。如果社会中的所有群体都获得同等对待,那么这种收益—成本计算就代表了经济效率直接的最大化。"[104]

(3) 社会性监管权行使的具体领域。

社会性监管权行使的具体领域集中在环境、健康和安全领域。[105]戴尔斯(Dale)在《污染、产权和价格》一书中以科斯定理为基础,从外部性的特点入手,提出了将政府监管和市场机制相结合的手段控制环境污染问题的思路。[106]史普博研究了环境污染监管问题,他认为环境监管权的行使主要建立在总的外部性水平的标准上,并对这些标准作了详细分析,探讨了监管执行中的博弈问题;然后考察了产品质量和工作场所安全领域中的内部性监管,分析造成内部性的原因包括代价高昂的意外性合同、道德风险及逆向选择。他认为这些因素也是妨碍监管效果的共同因素。[107]丹尼尔·柯伦(Daniel Curran)以煤矿安全为视角,研究了社会监管领域的健康与安全问题。他系统考察了使 1910 年、1941 年、1952 年、1966 年、1969 年与煤矿安全有关的联邦法案得以通过的具体因素,认为单凭煤矿事故本身并不能使相关社会性监管得以制定,这些监管的目的与其说是为了保护矿工,倒不如说是为了平息反抗。[108]布雷耶(Breyer)对社会性监管权行使的具体领域,比如环境污染、产品质量和工作场所安全控制所需的具体指标的颁布与执行进行研究,并提出一系列传统监管的替代和改革的方式。[109]W.吉帕·维斯库斯、约翰·弗农等学者也从科斯定理、囚徒困境、交易成本等不同角度分析了环境监管的原理、实施和绩效;从制造前的甄别、对产品安全监管的行为反应、产品责任的增加等角度考察了产品安全监管的现状及改进。

五、简要评论

监管作为一种从 19 世纪中期出现的重要的社会现象,作为政府对市场的干预形式,与市场经济紧密相连。从产生之日起,就备受人们关注和重视。随着监管从产生到强化,再从强化到细分,人们对监管权的认识也日益深刻和全面,并经历着理论的演进和视角的更替:传统研究视角强调监管权的合法性在于政府对公共利益的维护,其功能是为了纠正市场失灵,通过监管权运用能提高市场效率,增进社会福利。然而,传统视角的缺陷逐渐暴露,特别是它过于乐观的对政府仁慈性和价值中立的前提假设,与现实中政府部门及政府官员作为"经济人"的自利行为之间存在无法调和的矛盾。因此,以实证主义为精神内涵的利益集团研究视角开始兴起,它将经济学中的"经济人"假设引入监管和监管权研究,以对利益集团问题的探索为切入点,采用实证性研究方法,通过"俘获"理论和"过桥收费视角"揭示了监管权运作过程中监管者和被监管者的行为特征和互动过程,并以"铁三角"理论和"过桥收费"理论拓宽了解释空间。但是随着20世纪七八十年代后许多西方国家约束监管权、放松监管运动的异军突起,对监管权研究的利益集团视角无法解释既然监管权的运用对于监管者和监管对象都是有益的,但现实中为什么双方都不约而同地希望减少监管?现实的逼问促使研究视角的进一步打开,学者们尝试从以更开阔的视野来加深对监管问题的理解:监管权研究的制度主义理论强调监管权行使与制度结构之间的互动,而且随着全球化的发展,除了国内的制度因素之外,国际上的众多因素也会成为影响政府监管行为的重要变量;监管权的公共实施理论以"制度可能性边界"为分析手段,提出了"监管型国家"概念,并将其与私人秩序、独立执法、国家所有制进行比较,为政府监管权的行使设定清晰的界限,寻找合适的理论定位;监管政治理论突出了国家在监管权运用过程中具有自主性和独立性,力求在利益集团、公共利益、政府自身利益之间寻求策略性平衡。

在众多对监管权的研究视角中,社会性监管越来越受到重视。这折射出经济高速增长之后健康、环境和社会安全问题日益严重的现实。公众们随着生活水平的提高,也更加关注生活质量和生命价值,因而对生活质量和工作安全提出了更高的要求。作为社会性监管领域的食品安全监管问题,在此背景下也成为研究热点之一。

我国学者对监管和监管权的研究起步较晚,翻译和引进了部分西方监管问题研究的重要著作,并对发达国家的监管体制、监管机构、监管历史做了一定程度的介绍。与此同时,对监管和监管的基础理论的探索也逐渐开展,并对我国一些具体监管领域进行了运用性的解释。但总体而言,"研究还处于初始阶段,在许多方面需要结合我国实际进行深入研究"[110]。无论是论文还是专著在数量和质量上都不尽如人意,尚存在诸多研究空白点。

第三节 监管权配置的理据

一、监管权配置的原则

监管权与其他行政权一样,目的的可分性和结构的层次性决定其不可能铁板一块地进行活动,它需要划分为若干系统和层次,并在此基础上进行分工,这就必然带来权力和职能的分配问题。从这个意义而言,食品安全监管权配置就是食品安全监管权力和职能的分配。

监管权的配置如同其他行政权的配置,理论上一般要遵循相应的配置原则,主要有:

(1)合法性。

监管权的配置必须严格按照合法的规则进行。只有如此,监管权才能有明确的法律依据,也才能获得被监管者乃至全社会的认可和接受,从而获得足够的权威。

(2)明确性。

在监管权分配过程中,每一层次、每一部门的职权都要做出明确无误的规定。权限划分既要考虑监管机构内部上级权力的控制能力和下级权力的承受能力,又要考虑监管领域的具体范围。功能定位也要清晰,如综合统筹部门、工具性执行部门、辅助协调部门的角色需清晰化。常规性事务、临时性事务、合作性事务在各部门之间的基本划分,要与各主体的监管目标、具体职能相结合。

（3）权责一致性。

监管权来自公民和立法机关的授权，也来自上级行政机关的授权，因此，要对授权主体负责。监管权的行使机构所要负起的责任既包括政治层面的责任，也包括管理层面的责任。在监管权配置过程中必须防止权责分离的状况，同时具体职权的大小也必须同责任的大小相一致。

二、监管权配置的依据

（一）权力关系模式与监管权的配置

从监管机构同其他行政机构的关系角度而言，其权力配置主要有以下三种模式：

（1）合一模式。

即监管机构与传统行政机构合一，行政权包含监管权，由传统行政部门统一行使。

（2）完全独立模式。

即监管机构完全独立于行政系统之外，如美国政治制度中某些独立监管机构直接向议会负责，独立于总统所在的行政部门。它们也被称为独立的控制委员会，比较典型的是州际商业委员会、联邦贸易委员会、证券交易委员会、国家劳动关系委员会、联邦电讯委员会、联邦储备委员会、联邦海事委员会。对于这些监管机构的设置，在美国朝野长期具有争议之声，批评者往往称它们为联邦政府中无头的第四部门，即立法、行政、司法以外的部门。[111]

（3）相对独立模式。

即监管机构属于传统行政部门，但具有一定的独立性。

目前，我国不存在完全独立的监管机构。主要以合一模式与相对独立模式为主。合一模式比较典型的例子是交通部和以前的铁道部，行政权完全包含监管权。相对独立模式中又分为以下两类：

一类是直属型。即监管机构直属于国务院，并与国务院各部委呈现平行状态，如国家工商行政管理总局、国家安全生产监督管理总局、中国证监会、中国保监会、中国电监会等。在美国,也有一些类似机构,称作直属于总统的独立机构,它们对内阁其他部门完全独立,但仍然直属于总统所领导的行政部门。比较典型的是环境保护局、国家航空和宇航空间局。它们的负责人由总统任命和免职,活动直接向总统提出报告。法律规定这类机构可以免受内阁其他部的组织束缚,且带有跨部门色彩。

另一类是隶属型。[112]即监管部门以部内司、局等形式隶属于国务院各部委内,如隶属于国务院卫生部管理的国家中医药管理局,隶属于国家发改委管理的国家烟草专卖局和国家粮食局。在美国,这类监管机构也被称为部内独立机构。它们存在于内阁部内,不能完全摆脱部长的影响但法律给予较大的独立权力,在一定范围内可以单独决定监管政策,部长对它们的控制不能像对部内其他单位一样广泛。例如,食品和药物管理局隶属于卫生和公众服务部,职业安全和健康局隶属于劳动部。这些部内独立机构的负责人或者由部长任命,或者由总统任命。

表 2.2 监管权与其他行政权的关系一览

监管机构同其他行政机构的关系模式	内　　涵	典　　型
合一模式	监管机构与传统行政机构合一	我国交通部、工信部、铁道部(2013 年之前)等
完全独立模式	监管机构完全独立于行政系统之外	美国州际商业委员会、美国联邦贸易委员会、美国证券交易委员会、美国国家劳动关系委员会、美国联邦电讯委员会、美国联邦储备委员会、美国联邦海事委员会等
相对独立模式	监管机构属于传统行政部门,但具有一定的独立性	直属型:中国证监会、中国保监会、中国电监会;美国环境保护局、美国国家航空和宇航空间局隶属型:中国国家中医药管理局(隶属于卫生部)、中国国家烟草专卖局(隶属于国家发改委);美国食品和药物管理局(隶属于卫生和公众服务部)、美国职业安全和健康局(隶属于劳动部)

资料来源:作者自制。

(二) 监管权具体内容与监管权配置

按照监管权具体内容,可以就将监管权进一步细分。

(1) 监管规范制定权。

即监管机构在监管领域制定具有约束力的规范性文件和监管标准的权力。其中,规范性文件从我国法律类型的角度应该属于行政法法规或规章[113];监管标准是对商品及服务提供者行为的控制规范,被广泛地运用在监管领域。标准可分为三类,代表三种不同的干预程度,分别是目标标准、性能标准和规格标准。[114]当被监管者的服务或提供的商品不符合标准时将受到处罚。

(2) 监管许可权。

即监管机关根据被监管方的申请,允许其从事某种行为或确定其某种权利、授予其某种资格的权力,如金融机构许可证发放、证券发行的核准、电信运营牌照的发放等。

(3) 监管调查权。

其主要目的是获得信息,是行使其他监管权力的基础。从各国的做法看,法律一般规定有以下四种调查权:第一,要求受监管方制作记录,包括文件和档案;第二,要求受监管方定期提出报告;第三,签发传票,要求被调查者出席作证,或提供账簿、文件和档案;第四,对当事人的生活住宅和企业住所进行检查。我国目前对调查权的规定散见于单行法律、法规之中,对调查权的主体、范围、手段以及程序都没有明确规定。[115]

(4) 监管命令权。

即监管机关在监管活动中有权通过书面或口头的行政决定,要求被监管者作出一定行为和不作一定行为,而被监管者必须服从的权力。例如,反垄断中的分拆企业、金融市场中的接管、监管机构对监管领域价格的制定或干预等。

(5) 监管处罚权。

即监管机构对违反监管法规者实施制裁的权力。例如罚款、限制行为能力。处罚权具有制裁性,其行使将使被监管者处于不利地位,因此在英美法系国家,监管机关要申请法院对违法者给予民事制裁或刑事制裁。而在大陆法系国家,处罚权则被认为是监管权的组成部分,主要由监管机构实施。我国也承袭了大陆法系的这一传统,但也需依照《行政处罚法》的法定原则。

(6) 监管强制执行权。

即监管机关为预防、纠正违法和确保监管法规上义务的履行而采取强制措施的权力。在普通法系国家,原则上这一权力归属于法院,以便该权力的运作得到更多的程序保障;在大陆法系国家,除了法院强制执行外,基于效率的考虑,法律也把某些强制执行权赋予监管机关。

(7) 监管监督权。

即监管机构对被监管领域及行为者的行为进行监督的权力。

在此细分的基础上,按照监管权的具体内容或配置给监管部门内的不同部分,或配置给不同部门由它们共同承担。

(三) 政策工具与监管权配置

政策工具(Public Policy Instrument)也被称为政府工具(Governmental Tools)、治理工具(Governing Tools)[116],是政府治理的核心。[117]豪利特(Howlett)和拉米什(Ramesh)认为,政策工具时政府赖以推行政策的手段,是政府部署和贯彻政策时拥有的实际方法和手段。[118]朱春奎认为,政策工具就是政策目标和政策行动之间的联结机制,在本质上已包含了目标和行动的概念。[119]由于政策工具的属性不同,因而形成不同的类型。

迈克尔·霍利特(Howlett)和拉米什(Ramesh)在将政策工具按照政府干预程度分为自愿型工具、强制型工具和混合型工具,其形态类似光谱。[120]莱斯特·萨拉蒙(Salamon)基于政府介入的情况,从产品或活动、供给工具、供给系统三个角度,对公共服务供给制度安全中最常见的政策工具做了划分,分别为直接行政、社会监管、经济监管、合同、拨款、直接贷款、贷款担保、保险、税式支出、收费、负债法、政府公司、凭单制等不同类型。[121]萨瓦斯(Savas)按介入和强制程度从低到高,将政策工具分为志愿服务、用户付费、自我服务、市场化、凭单制、补助、特许经营、契约、政府间协议、政府服务等。[122]

按照政策工具理论中的工具主义的视角,政策工具本身的属性和特征具有预设性,它们构造了政策过程并对政策效果起到决定性作用。因此,关键是弄清楚各类政策工具的属性和特点,从中寻找一系列具有普遍适用性的原则和科学的政策工具使用理论(即"工具箱"),以指导现实中政策工具的选择与应用。也就是说,手段是依据目标做出的选择,可以通过对政策工具的良好选择、应用、配合,以实现目标和手段关系的最优化。詹姆斯·米德在此基础上提出了政策工具组合的观点。他指出:"在开放经济下,一种政策工具只能用来对付一种政策目标,当两个互相矛盾的政策目标出现时,就必须同时运用两种或两种以上的政策工具并加以适当的搭配,才能达到预期效果。"[123]

丁伯根将其运用到监管问题。他提出,现实中监管的政策目标具有多重性,要想同时实现不同的政策目标,监管者需要运用相同数量的监管政策工具。在理论上,如果明确指导每种监管政策工具对每种监管政策目标的效应的方向和程度,要达到一组特定的监管政策目标的值,解一个线性方程组就可以得出各种监管政策工具应取之值。政府根据该值将相应的监管政策工具予以调整,就可以同时实现既定目标。此观点被称为"丁伯根法则"[124]。蒙代尔提出,对于每一个监管目标而言,不同监管工具影响力不同,每一个监管目标都应该指派给它影响力最大、最具优势的监管工具。如果每一个工具都能够被合理指派,并在该政策目标偏离最佳水平使调整,就可以在分散决策下实现最佳政策效果。此观点被称为蒙代尔法则。[125]

在监管领域,监管目标的多重性非常多见。一般而言,监管目标可以包括:培育和发展竞争性市场,保护消费者,协调社会成员利益,保护生态环境,提供公共产品,规范市场秩序,维护民族经济利益等。

与此同时,监管政策工具也呈现多样性,包括:(1)价格控制,即政府对关系国计民生的产品或服务确定最高限价,对过度竞争产品或服务规定最低保护价;(2)规定市场准入或退出条件;(3)监督市场主体的经营和运营;(4)数量控制,即在监管者确定的价格水平上规定企业等市场主体应该提供产品和服务的数量;(5)确定标准,通过确定产品或服务的质量标准,以保证产品的质量和消费者安全;(6)反垄断,即限制垄断企业的规模和利润率,分离规模过大的垄断企业;(7)其他,如投资项目审批、制定反倾销反补贴措施以保护国内产业等。

监管权配置理论与政策工具的选择、组合紧密相连。按照政策工具理论视角,可以按照不同的监管目标,通过监管权的合理配置,使监管政策工具能够有效组合,达到最佳政策效果。

(四) 组织结构—功能分化与监管权配置

从组织的结构功能角度来看,监管机构的权力配置可分为结构性配置与功能性配置。

结构性配置的维度为纵向,也被称为监管权的纵向配置、垂直配置。结构性配置是根据行政权力的层次性而对其所作的纵向分割。这种配置所形成的结果是行政组织的结构。结构权力使得行政主体呈现层级性差别。结构性权力的大小一般与其所在的权力层次的高低呈正比,层次越高,权力越大。

功能性配置的维度为横向,也被称为监管权的横向配置、水平配置。行政权力的配置方式中功能性配置是根据行政权力所承担的任务及其客体的状况而对它进行的横向水平分割。这种分配所形成的结果是行政组织的功能性权力。功能性权力使得行政主体呈现职能上的差别。功能性权力的大小往往同功能本身的重要程度呈正比,功能越重要,权力就越大。行政权力的功能性配置在具体的行政组织中,就表现为行政机构设置中部门与部门之间关系安排。[126]

本书研究的食品安全监管权的配置问题将依托以上一系列相关依据展开:食品安全监管权也存在结构分化和功能分割问题,其外在表现形式是监管机构的设置和职能分配。研究中对食品安全监管配置的分析维度将按照"组织结构—功能分化"视角,把监管权分为纵向权力配置(垂直配置)和横向权力配置(水平配置);食品安全监管权配置的前提是对监管权属性的准确认定,监管权与其他行政权的关系直接影响食品安全监管权配置形式和配置效果,其依据就是"权力关系"视角中的各类模式。食品安全监管权配置的内容其实就是将各种监管具体内容赋予在同一个机构还是不同机构以及如何赋予的问题。食品安全监管权配置也会带来各种监管政策工具的选择和组合。因此,本研究也将结合"监管内容"和"政策工具"视角进行分析。

第四节　本章小结

首先,本章对监管权进行界定,指出监管权是政府依据法律、法规,管理和控制各类微观市场主体,以纠正市场失灵的活动的权力基础。其次,从监管权的主体、对象、依据和根本目标的角度解释其内涵。第三,阐释监管权的三大特征:监管权的来源是法律授权,须经授权才能成立;监管权的内容包括准立法权、执行权与准司法权;监管权的定位是独立性与可控性的平衡。第四,从公共利益视角、利益集团视角、制度主义视角、社会性监管视角介绍了监管权的相关理论。最后,从权力关系模式、监管权具体内容、政策工具、组织结构—功能分化等角度,展现了监管权配置的理据。

本章的内容为后续研究的展开奠定理论基础。本书所要研究的食品安全监管权的配置问题主要按照"组织结构—功能分化"视角,分为纵向权力配置(垂直配置)和横向权力配置(水平配置)。在此基础上,研究也将结合"监管权与其他行政权的关系"、"监管权具体内容"、"政策工具组合"等不同视角,共同构建食品安全监管权配置问题的基本分析框架。

注释

1. 张国庆:《公共行政学》,北京大学出版社 2007 年版,第 88 页。

2. 丁煌:《行政学原理》,武汉大学出版社 2007 年版,第 210 页。

3. 盛学军:《政府监管权的法律定位》,《社会科学研究》,2006 年第 1 期,第 100—101 页。

4. 陈太清:《市场规制权的调整路径分析:一个经济法与行政法交叉的视角》,《云南大学学报法学版》,2011 年第 1 期,第 30 页。

5. [英]戴维·沃克:《牛津法律大辞典》,李双元等译,法律出版社 2003 年版,第 954 页。

6. Henry Campbell Black, M. A., *Black's Law Dictionary*, West Publishing, 1891:1009.

7. 许多关于监管的理论著作都使用政府监管这个提法,可参见谢地:《政府规制经济学》,高等教育出版社 2005 年版,第 3 页。

8. 有学者对监管主体的理解比较宽泛,他们认为,除了政治学意义上的作为政府的行政、立法、司法和独立监管机构之外,还应该包括非政府组织等其他公共机构或公共部门,因此管制也被称为公共管制。安东尼·奥格斯使用监管(规制)概念的时候,回避了政府这个词,他认为,监管是"公共机构对社会共同体认为重要的活动所施加的持续且集中的控制",并且强调:"它是一个含义广泛的词汇,有的时候被用来指称任何形式的行为控制,无论其本源如何。"参见[英]安东尼·奥格斯:《规制:法律形式与经济学理论》,中国人民大学出版社 2008 年版,第 1 页。从这个意义上,"政府不是唯一的公共部门,公共监管的主体是多元化的"。参见史璐:《政府管制经济学》,知识产权出版社 2012 年版,第6 页。对此,杨炳霖的解释比较全面,他认为,传统的经济学和法律视角倾向于狭义理解,因为国家拥有颁布具有强制力法律的绝对权力。但随着社会法学和建构主义的发展,对监管的思考进一步拓展。以国家为主体的狭义监管有三个前提,这三个前提都发生了重要的变化。第一个前提是国家是解决公共事务的主要载体。但是,近年来,越来越多的非政府组织开始成为社会调控的来源和利益相关者进行对话的平台。第二个前提是国家是具有最终权力的自上而下的统治机构,但现在治理的概念越来越普及,呈现多中心治理局面。以欧盟为例,主权国家之上的欧盟监管机构和主权国家机关之下的地方机构和非政府组织在很多监管事务中发挥了越来越大的作用。第三个前提是法律法规在影响人为方面处于中心地位。但现实中,人们开始认识到,在法律之外还有很多其他控制手段存在,比如社会习俗和文化等。参见杨炳霖:《回应性管制》,中国知识产权出版社 2012 年版,第 8—9 页。有学者以行业协会为例,认为行业标准也是一种监管手段。行业协会在会员同意的基础上通过行业标准,很多是通过自愿协议来实施的,并没有很多的强制执行的机制,也和国家没有很大的关系。甚至有学者提出了监管去中心化理论(当然,监管的去中心化并不意味着监管完全不需要国家或监管中法律作用的消亡,而是强调在国家或法律之外,其他社会组织和社会控制手段的作用,以及它们与国家、法律的关系)。这些社会法学角度研究监管的学者更倾向于从广义的角度来理解监管。参见 Black J., "Decentring Regulation: the Role of Regulation and Self-regulation in A Post Regulatory World", *Current Legal Problems*, 2001, 54(1), pp.103—146. 虽然越来越多的学者开始接受公共监管中宽泛的主体观念,但是无论主体范围如何扩大,有一点非常清晰,政府依旧在监管主体中占据中心地位。

9. 这个私人并非仅仅指日常生活中所说的私人,它强调的是私法意义上的个体,如自然人和法人都属于私人的范畴,与公法意义上的公共机构、公共组织相对。

10. [日]植草益:《微观规制经济学》,中国发展出版社 1992 年版,第 1 页。

11. 作为独立的监管委员会和历史上第一个监管机构,州际商业委员会被授予广泛的权力,包括委任立法权、维护市场秩序的行政权和处理市场民事纠纷的准司法权,其目标是保障市场健康运行。可以说,《州际商业法》的颁布和州际商业委员会的成立,既是美国政府监管历史的开端,也是世界监管历史上的一个重要里程碑。

12. 李道揆:《美国政府和政治》,商务印书馆 1999 年版,第 456 页。

13. 宋承先:《现代西方经济学(宏观经济学)》,复旦大学出版社 1994 年版,第792 页。

14. [美]博登海默:《法理学:法律哲学与法律方法》,中国政法大学出版社 1999 年版,第 326 页。

15. 关于计划经济中政府与市场主体的关系参见吴敬琏:《当代中国经济改革》,上海远东出版社 2004 年版,第 18—24 页。

16. Florence Heffron, *The Administrative Regulatory Process*, Longman, 1983, p.349.

17. [美]丹尼尔·史普博:《管制与市场》,上海三联书店 1999 年版,第 27 页。

18. ［日］植草益：《微观规制经济学》，中国发展出版社 1992 年版，第 27 页。

19. 相对经济监管而言，社会监管在这个阶段发展比较缓慢。社会性监管的萌芽出现在 18 世纪末，最初集中在自然环境的立法保护领域。其中包括：1785 年第一个关于土地保护的法令、1787 年第一个关于河流保护的法令、1894 年第一个关于保护野生动物的法令。19 世纪末，工业化和城市化迅速发展，既推动了经济迅速发展，也产生了大量的环境污染、职业安全和产品安全问题。这些问题使民众日益关注自身作为消费者的权利，迫使政府加强对市场的治理。1906 年《食品与药品法》(The Pure Food and DrugAct) 颁布，基于此法案成立美国农业部化学物质局。这部法案是现代意义上社会监管的开始。此后，在产品安全、环境污染和职业安全领域的社会监管逐渐展开。

20. ［美］马丁·费尔德斯坦：《20 世纪 80 年代美国经济政策》，经济科学出版社 2000 年版，第 320 页。

21. ［日］植草益：《微观规制经济学》，中国发展出版社 1992 年版，第 22 页。

22. ［日］植草益：《微观规制经济学》，中国发展出版社 1992 年版，第 23 页。

23. Gruenspechl, Lave, "The Economics of Health, Safety and Environmental Regulation", In: Schmalensee and Willig, *Handbook of Industrial Organization*, Amsterdam: North-Holland, 1989.

24. 王健：《中国政府规制理论与政策》，经济科学出版社 2008 年版，第 173 页。

25. ［日］植草益：《微观规制经济学》，中国发展出版社 1992 年版，第 287 页。

26. 王健：《中国政府规制理论与政策》，经济科学出版社 2008 年版，第 176 页。

27. ［美］理查德·斯蒂尔曼二世：《公共行政学：概念与案例》，中国人民大学出版社 2004 年版，第 158 页。

28. W. Vernon, J. Harrington, *Economics of Regulation and Antitrust*, Cambridge: The MIT Press, 1995, p.295.

29. 罗豪才：《行政法》，北京大学出版社 1996 年版，第 76 页。

30. ［美］丹尼尔·史普博：《管制与市场》，三联书店 1999 年版，第 89 页。

31. 茅铭晨：《政府管制法学原论》，上海财经大学出版社 2005 年版，第 7 页。

32. ［美］丹尼尔·史普博：《管制与市场》，三联书店 1999 年版，第 88 页。

33. ［美］理查德·斯图尔特：《走入 21 世纪的美国行政法》，《南京大学法律评论》，2003(秋季号)第 3 页。

34. ［美］丹尼尔·史普博：《管制与市场》，三联书店 1999 年版，第 88 页。

35. ［美］杰伊·沙夫里茨等：《公共行政导论》，中国人民大学出版社 2011 年版，第 280 页。

36. 王名扬：《美国行政法》，中国法制出版社 2005 年版，第 176—177 页。

37. 王名扬：《美国行政法》，中国法制出版社 2005 年版，第 177 页。

38. 按照行政法理论，根据行政行为实施的对象及适用力不同，可以将行政行为分为抽象行政行为和具体行政行为。抽象行政行为指行政机关针对不确定对象作出的具有普遍约束力的行政规范行为，即制定行政法规、作出决定、发布命令和制作其他规范性文件的行为。抽象行政行为对应于监管权中的准立法权。具体行政行为指行政机关对特定对象，作出影响对方权益的具体决定和措施的行为。具体行政行为对应于监管权中的执行权，包括行政处罚、行政强制措施、行政许可、行政征收和征用等。

39. 王名扬：《美国行政法》，中国法制出版社 2005 年版，第 177 页。

40. ［美］丹尼尔·史普博：《管制与市场》，三联书店 1999 年版，第 89 页。

41. 曹沛霖等：《比较政治制度》，高等教育出版社 2005 年版，第 102—103 页。

42. 盛学军：《政府监管权的法律定位》，《社会科学研究》，2006 年第 1 期，第 102 页。

43. ［美］丹尼尔·史普博：《管制与市场》，三联书店 1999 年版，第 88 页。

44. ［美］理查德·斯图尔特:《走入 21 世纪的美国行政法》,《南京大学法律评论》,2003(秋季号)第 3 页。

45. ［美］伯纳德·施瓦茨:《行政法》,群众出版社 1986 年版,第 7 页。

46. 一般情况下,豁免范围包括国家机密、商业秘密和个人隐私等。

47. 唐要家:《试析政府管制的行政过程与控制机制》,《天津社会科学》,2008 年第 4 期,第 79 页。

48. ［美］奥内斯特·吉尔霍恩等:《美国行政法和行政程序》,吉林大学出版社 1990 年版,第 38 页。

49. 王名扬:《美国行政法》,中国法制出版社 2005 年版,第 177 页。

50. 同上书,第 179 页。

51. 参见 Mill, *Principles of Political Economy*, London: Longmans, 1926。

52. 王健:《中国政府规制:理论与政策》,经济科学出版社 2008 年版,第 21 页。

53. 汤在新:《近代西方经济学史》,上海人民出版社 1990 年版,第 610—613 页。

54. 关于公共利益理论可参见以下文献:Barry Mitnick, *The Political Economy of Regulation*, New York: Columbia University Press, 1980; Stephen Breyer, *Regulation and Its Reform*, Cambridge: Harvard University Press, 1982; Thomas McCraw, *Prophets of Regulation*, Cambridge: Harvard University Press, 1986; Ernest Gellhorn and Richard Pierce Jr., *Regulated Industries in a Nutshell*, St. Paul: West Publishing Company, 1987; Roger Sherman, *The Regulation of Monopoly*, Cambridge: Cambridge University Press, 1987; Cass Sunstein, *After the Rights Revolution: Reconceiving the Regulatory State*, Cambridge: Harvard University Press, 1990; Anthony Ogus, *Regulations: Legal For and Economic Theory*, Oxford: Oxford University Press, 1884.

55. Michael Darby, Edi Karni, "Free Competition and Optimal Amount of Fraud", *Journal of Law and Economic*, 1973(1):67—88.

56. George Stigler, "The Theory of Economic Regulation", *Bell Journal of Economics*, 1971(2):3.

57. Bentley, *The Process of Government*, Chicago: University of Chicago Press, 1908.

58. ［美］戴维·杜鲁门:《政治过程:政治利益与公共舆论》,天津人民出版社 2005 年版。

59. Gray, "The Passing of Public Utility Concept", *Journal of Land and Public Utility Economics*, 1940, 16(1):8—12.

60. 席涛:《美国管制:从命令控制到成本收益分析》,中国社会科学院研究生院 2003 年版,第 4 页。

61. George Stigler, "The Theory of Economic Regulation", *Bell Journal of Economics*, 1971(2):3.

62. Ibid.

63. Sam Peltzman, "Toward a More General Theory of Regulation", *Bell Journal of Economics*, 1971, 19(2), pp.221—241.

64. Gray Becker, "A Theory of Competition among Pressure Groups for Political Influence Quarterly", *Journal of Economics*, 1983, 98(3), pp.371—400.

65. Gray Becker, "The Public Interest Hypothesis Revisited: A New Test of Peltzman's Theory of Regulation", *Public Choice*, 1986(49), pp.223—234.

66. Viscusi Kip, John Vernon, Joseph Harrington. Jr., *Economics of Regulation and Antitrust*, Boston: The MIT Press, 1995, p.34.

67. Fred McChesney, "Rent Extraction and Rent Creation in the Economic Theory of Regulation", *Journal of Legal Studies*, 1987(1), pp.101—118.

68. 政策网络是解释利益集团与政府关系的一个有用的分析视角, 但对于政策网络有不同的理解。相关问题可参见竺乾威:《公共行政理论》,复旦大学出版社 2008 年版, 第 351—371 页。朱春奎:《政策网络与政策工具》,复旦大学出版社 2011 年版, 第 3—121 页。H. Heclo, "Issue Networks and the Executive Establishment," in A. King, "The New American Political System", Washington: American Enterprise Institute For Public Policy, 1978, pp.87—124; R. Rohodes, *Understanding Governance: Policy Networks, Governance, Reflexivity and Accountability*, Buckingham: Open University Press, 1997; Grant Paterson, C. Whitson. Government and Chemical Industry: A Comparative Study of Britain and West Germany[M]. Oxford: Clarendon Press, 1988 等。

69. Richard Posner, "Theories of Economic Regulation", *The Bell Journal of Economics and Management Science*, Vol.5, No.2, pp.352—355.

70. David Martimort, "Public Choice Issues in Social Regulation", *Economic Affairs*, 1994, 14(4), pp.12—17.

71. 苏长和:《全球公共问题与国际合作:一种制度的分析》,上海人民出版社 2000 年版,第 26 页。

72. 个体为分析单位, 此个体强调的是一种化约主义(reductionism), 相对整体(collective)、体系(System)而言, 既可以指某个个人, 也包括以集团、国家等共同体。

73. 方法论上的个体主义是熊彼特在 1908 年首先使用的, 米赛斯则给其下了明确的定义:"一切行为都是人的行为, 在个体成员行为被排除在外后, 就不会有社会团体的存在和现实性。"参见 Ludwig Edler von Mises: *Human Action: A Treatise on Economics*, Chicago: Regnery, 1966, p.42;哈耶克也对个体主义分析路径的优势推崇备至, 他认为:"我们在理解社会现象时没有其他更好的方法, 只有通过对那些作用于其他人并且由其预期行为所引起的个人活动的理解来理解社会现象", "正是通过研究个人活动的综合影响, 才使我们发现, 人类赖以取得成就的许多伟大规章, 已经在没有计划和指导思想的情况下参与, 并且正在发挥作用"。参见哈耶克:《个人主义与经济秩序》,北京经济学院出版社 1989 年版, 第 6—7 页;公共选择理论也把个人作为最基本的分析单位, 认为应当根据个人来解释社会和政治, 而不是相反。布坎南曾经把公共悬着理论看作是"政治过程的个人主义理论"。参见方福前:《公共选择理论:政治的经济学》,中国人民大学出版社 2000 年版,第 17 页。

74. 理性主义是经济学最基本的思维方式, 亚当·斯密在《国民财富的性质和原因研究》一书就提出了"经济人假设", 瓦尔拉(Leon Walras)和帕累托(Velfredo Pareto)的著作也多次提到。现代经济学认为, 人在经济决策时, 在不同方案中比较, 以寻求最小成本最大收益。"理性行为也可表述为'产生最优化的行为', 这对消费者来说, 就是花费一定金钱买进的一种或多种消费品所提供的总效用为极大值;对厂商来说, 就是利润极大化。"参见宋承先:《现代西方经济学》,复旦大学出版社 1994 年版, 第 31 页。

75. 个体为分析单位与以个人为分析单位不同, 它既可以指某个个人, 也包括以集团、国家等共同体, 参见竺乾威:《公共行政学》,复旦大学出版社 2003 年版, 第 4 页。

76. Dan Wood, James Anderson, *American Political Science Review*, 1984, Vol.78(3), pp.734—749.

77. John Scholz, "Regulatory Enforcement in a Federalist System", *American Political Science Review*, 1986, Vol.80(4), pp.1249—1270.

78. 监管的制度分析可参见 James March, Johan Olsen, "The New Institutionalism: Organizational Factors in Political Life", *American Political Science Review*, 1984,

Vol.78(3)，pp.734—749.

79. Leigh Hancher，Michael Moran，"Organizing Regulatory Space"，In：Leigh Hancher，Michael Moran，*Capitalism*，*Culture and Economic Regulation*，Oxford：Clarendon Press，1989，pp.271—299.

80. Marchallen Eisner，*Regulatory Politics in Transition*，Baltimore and London：The Johns Hopkins University Press，2000，p.2.

81. Antonio Estache，David Martimort，"Politics，Transaction Costs and the Design of Regulatory Institutions"，http：//www.worldbank.org/wbi/governance/pdf/wps2073.pdf，2012.5.5.

82. Stephen Woolock，"Competition among Rules in the Single European Market"，In：William Bratton，*International Regulatory Competition and Coordination：Perspectives on Economic Regulation in Europe and the United State*，New York：Oxford University，1996，pp.289—322.也可参见：G.Majone.*Regulating Europe*，London：Routldge，1996.

83. Djankov，Simeon，Edward Glaeser etc.，"The New Comparative Economics"，*Journal of Comparative Economic*，2003(31)，pp.595—619.

84. ［美］安德烈·施德弗：《理解监管》，参见吴敬琏：《比较》，中信出版社 2005 年版，第 109 页。

85. 徐德信：《规制实施者的多样性》，傅蔚冈、宋华琳：《规制研究（第一辑）》，世纪出版集团 2008 年版，第 254 页。

86. 文明资本(civic capital)是公共实施理论创造的一个概念，与社会资本相比，内涵有交错但外延更广泛，文明资本包括人力资本和传统文化意义上的社会资本，但不含关系资本。决定文明资本的因素有产品生产技术方式、传统文化、种族异质性及其冲突、资源禀赋和地理环境、人力资本等。参见徐德信：《规制实施者的多样性》，傅蔚冈、宋华琳：《规制研究（第一辑）》，世纪出版集团 2008 年版，第 253 页。

87. ［美］爱德华·格莱泽、安德烈·施莱弗：《监管型政府的崛起》，吴敬琏：《比较（第 2 辑）》，中信出版社 2002 年版，第 69 页。

88. Christopher Hood，Colin Scott etc.，"Regulation Inside Government：Waste-Watchers"，In：Christopher Hood etc.，*Quality Police，and Sleaze-Busters*，Oxford：Oxford University Press，1999，p.3.

89. Sylvia Walby，"The New Regulatory State：the Social Power of the European Union"，*British Journal of Sociology*，1999，Vol.50(1)，pp.118—140.

90. Michael Moran，"Review Article：Understanding the Regulatory State"，*British Journal of Political Science*，2002，Vol.32，pp.411—412.

91. 刘鹏：《转型中的监管国家建设》，中国社会科学出版社 2011 年版，第 29 页。

92. James Wilson，*The Politics of Regulation*，New York：Basic Books，1980，pp.357—394.

93. Steven Vogel，*Free Markets，More Rules：Regulatory Reform In Advanced Countries*，Ithaca and London：Cornel University Press，1996，p.268.

94. 徐邦友：《自负的制度：政府管制的政治学研究》，学林出版社 2008 年版，第 352 页。

95. ［美］丹尼尔·史普博：《管制与市场》，上海三联书店 1999 年版，第 26 页。

96. 同上书，第 427 页。

97. 一般而言，外部性分为正外部性和负外部性，史普博所指的是负外部性。所谓负外部性是外部性的一个方面，是经济主体为其活动所付出的私人成本小于该活动所造成的社会成本,即生产者或消费者的经济活动给社会上其他成员带来了危害,但他自己却没有因此而支付足够抵偿这种危害的成本。参见谢地:《政府规制经济学》,高等教育出版社 2003 年版,第 130 页。

98. 〔美〕丹尼尔·史普博:《管制与市场》,上海三联书店 1999 年版,第 498 页。

99. 〔日〕植草益:《微观规制经济学》,中国发展出版社 1992 年版,第 8—14 页。

100. 王健:《中国政府规制:理论与政策》,经济科学出版社 2008 年版,第 50 页。

101. Hotelling, "The General Welfare in Relation to Problems of Taxation and of Railway and Utility Rates",转引自王健:《中国政府规制:理论与政策》,经济科学出版社 2008 年版,第 50 页。

102. 〔美〕乔治·施蒂格勒:《产业组织和政府管制》,上海三联书店 1989 年版,第 245 页。

103. 〔日〕植草益:《微观规制经济学》,中国发展出版社 1992 年版,第 167 页。

104. 〔美〕W.吉帕·维斯库斯等:《管制经济学》,机械工业出版社 2004 年版,第 7 页。

105. 参见概念界定,社会性监管也被称为 Health, Safety and Environmental Regulation。

106. Dale J., *Pollution*, *Properties and Price*, University of Toronto Press, 1986. 转引自郑秉文:《市场缺陷分析》,辽宁人民出版社 1993 年版,第 185—186 页。

107. 〔美〕丹尼尔·史普博:《管制与市场》,上海三联书店 1999 年版。

108. Daniel Curran, *Dead Laws for Dead Men: The Politics of Federal Coal Mine Health and Safety Legislation*, Pittsburgh: University of Pittsburgh Press, 1993.

109. Stephen Breyer, *Regulation and its Reform*, Cambridge: Harvard University Press, 1982.

110. 王俊豪:《政府管制经济学导论》,商务印书馆 2001 年版,导言,第 5 页。

111. 王名扬:《美国行政法》,中国法制出版社 2005 年版,第 172 页。

112. 隶属关系是指在类目表中下位类一定要带有上位类的属性,上位类一定能包含它所属的各级下位类。它们之间的关系是属种关系。

113. 张世信:《行政法总论》,复旦大学出版社 2002 年版,第 4—5 页。

114. 〔英〕安东尼·奥格斯:《规则:法律形式与经济学理论》,中国人民大学出版社 2008 年版,第 153 页。

115. 盛学军、陈开琦:《论市场规制权》,《现代法学》,2007 年第 4 期,第 89 页。

116. 陈振明:《政府工具论》,北京大学出版社 2009 年版,第 1 页。

117. 张晨福、党秀云:《公共管理学》,中国人民大学出版社 2007 年版,第 61 页。

118. 〔美〕迈克尔·豪利特·M.拉米什:《公共政策研究:政策循环与政策子系统》,三联书店 2006 年版,第 141 页。

119. 朱春奎:《政策网络与政策工具》,复旦大学出版社 2011 年版,第 128 页。

120. Michael Howlett and M.Ramesh, *Studying Public Policy: Policy Cycles and Policy Subsystems*, Oxford: Oxford University Press, 1955, p.82.

121. Lester Salamon, *The Tools of Government: A Guide of the New Governance*, New York: Oxford University Press, 2002, p.21.

122. 〔美〕萨瓦斯:《民营化与公私部门的伙伴关系》,中国人民大学 2002 年版,第 92 页。

123. 姜波克:《开放经济下的宏观调控和政策搭配》,《中国社会科学》1995 年第 6 期,第 14 页。

124. 黄达:《全球经济调整中的中国经济增长与宏观调控体系研究》,经济科学出版社 2009 年版,第 253 页。

125. 同上书,第 254 页。

126. 张国庆:《公共行政学》,北京大学出版社 2007 年版,第 107 页。

第三章

食品安全问题与中国食品安全监管体制构架

监管权与监管权配置是一个比较宏观的问题,本书需将此问题设置在一个特定的研究背景中加以分析。此研究背景由两部分组成,一是食品安全领域,二是中国的语境。因此,本章首先分析食品安全问题的成因和基本性质。其次,将研究问题置于中国食品安全的语境之中,分析中国食品安全问题的外在表现。第三,监管权配置是监管体制内在的主导性力量。所以,需要对中国食品安全监管体制的大体结构做整体性的介绍。

第一节　食品安全问题的缘起

一、食品安全问题的成因

所谓"问题"是指实际状况与期望之间的差距[1],这种差距源于需求、价值或机会,也许可以通过公共行动加以改善或实现[2]。美国学者金赛(Kinsey)将食品安全问题的成因归纳为七个方面,包括:(1)水、土壤、空气等农业环境资源的污染;(2)种植业和养殖业生产过程中使用化肥、农药、生产激素,致使有害化学物质在农产品中的残留;(3)农产品加工和储藏过程中违规或超量使用食品添加剂(防腐剂);(4)微生物引起的食源性疾病;(5)新原料、新工艺带来的食品安全性问题,如转基因食品的安全性;(6)市场和政府监管失灵;(7)科技进步对食品安全的控制和技术带来新的挑战[3]。英国学者费雪(Fisher)认为许多食品安全问题与环境密切相关(参见表3.1),他列出引起食品安全问题的六大类别:营养失控、微生物致病、自然毒素、环境污染物、人为加入食物链的有害物质和其他不确定的饮食风险,其中有四类问题直接或间接地与环境有关。[4]联合国粮农组织(FAO)和世界卫生组织(WHO)在2006年《加强国家级食品安全计划指南》中指出,食品生产方式的工业化、食品贸易的全球化、食品消费的便利化造成越来越多的风险,主要是微生物危害、农药残留物、滥用食品添加剂、化学污染物(包括生物毒素)、人为掺假五大类。[5]国内学者陈君石[6]、任丽梅[7]、吴苏燕[8]等也从类似角度分析了引起食品安全主要因素,认为影响我国食品安全的众多因素中,主要的是微生物污染所导致的食源性疾病,其次是农药、兽药等农业化学药品的不当使用,导致残留超标。

表3.1　食品安全问题类别与环境的相关性

食品安全问题类别	与环境的相关性
营养失控	
微生物致病	间接相关
自然毒素	间接相关
环境污染物	直接相关
人为加入食物链的有害物质	直接相关
其他不确定的饮食风险	

资料来源:王华书:《食品安全的经济分析与管理研究》,南京农业大学博士学位论文,2004年,第11页。

也有学者从更综合的角度将影响食品安全的因素归为四类。[9]

(1)环境因素。

环境是对某一特定生物体(或群体)产生影响的一切外在事物的总和。环境中的有害物质或者通过生物食物链传递并浓缩于食品中,或者直接作用于农产品生产环节。因此,环境质量决定着食品安全水平,环境问题的产生必然导致食品问题的发生。[10]环境对食品安全的影响主要有两方面:首先是宏观环境状况,如生物圈、大气圈、水圈对食品生产、流通方面的广泛意义上的影响;其次是作为农产品生产环节直接要素的环境因素,如农用土壤、农用水源及农产区大气对食品安全的影响。

（2）技术因素。

技术是根据生产实践经验的总结或科学原理在实践中的应用而形成的，作用于自然界或特定物质的操作方法与技能。技术进步在提高资源利用率、促进生产力提高的同时，也会对食品安全产生威胁，如化肥、农药的过量使用，生物转基因技术的潜在威胁等。

（3）制度因素。

制度是人们制定的规则[11]，其内涵至少包含三个方面：一是制度抑制着人际交往中可能出现的任意行为和机会主义；二是制度与人的动机、行为有着内在联系。历史上的任何制度都体现当时的人们的利益，是其选择的结果；三是制度是一种公共产品，并非针对某人，而是规范共同体中的每个人。制度为一个共同体所共有，并总是依靠某种惩罚或激励而得以贯彻，由此将人类行为引至可合理预期的轨道。[12]因此，一个国家关于食品方面的制度设计和安排，如食品领域的法律、政策、标准的建立与完善，对保障与促进食品安全产生着重要影响。

（4）观念因素。

观念作为"经验的对象"或"知觉"，影响着人类与外界事物之间的关系及其形成过程。体现在食品安全问题上，表现为人类认识和改善与食品相关事物（包括食品生产环境、技术、制度等）之间的关系。随着收入水平的提高，人们的消费观念发生变化。消费者对食品的关注已从对食品数量的满足，过渡到对食品口味、营养和安全的需求。对于健康的关切，追求安全食品的消费，已成为主流观念，由此对食品安全的生产和监管提出了更高的要求，这些观念成分成为影响食品安全的重要因素之一。

随着人类生产和生活方式的变化，与食品安全问题相关的因素还会进一步增加。世界卫生组织报告显示，由于世界各国免疫缺陷人群和老龄人口的增加、高抗药性新病菌的出现、食品处理和储藏方式的改变、人口和食品跨国流动的上升，与食品相关的疾病的爆发将变得更为频繁。与此同时，随着科学技术的进步，也有更多尚不为人知的潜在食品安全风险因素被逐渐揭示，因此，食品安全问题的边界仍处于变动和扩张中。[13]

二、食品安全问题的基本性质

社会领域的问题可以分为私人问题和公共问题两类。私人问题指某些个体的期望与实际状况存在差距,私人问题涉及的范围有限。[14]但当这个社会相当部分人群感到这种差距,并且其有进一步扩大的趋势,则构成公共问题或社会问题。[15]现代社会中的食品流通无法脱离市场经济,食品安全问题之所以成为公共问题而与市场经济密切相关,是因为食品安全问题基于市场而显现并扩散。从这个角度来看,对食品安全问题基本性质的思考,必须置于其作为市场经济中商品的语境下才能更好地理解。

(一) 信息不对称

本书中的市场是某种物品或劳务的买者与卖者组成的一个群体。[16]供给与需求这两个术语描述了人们在竞争性市场上互相交易时的行为。买者作为一个群体决定了一种产品的需求,而卖者作为一个群体决定了一种产品的供给。[17]传统经济理论假定,在完全竞争的市场上,信息内含于市场活动中,即作为买者与卖者的经济主体在进行经济活动之前,对市场已经充分认识,拥有一切做出正确决策所需的信息。生产者充分了解生产的技术条件方面的信息、投入要素的价格信息、产品的市场价格信息、消费者对产品需求的信息;消费者充分了解自己的偏好函数、市场上所有产品的价格信息、产品的质量信息、产品的新能和用途信息。由于经济主体掌握了完备的信息,保证了完全竞争市场能达到最高的经济效率,实现社会资源配置的帕累托最优。但上述关于完备信息的假定并不符合实际,现实经济活动中,大量存在的是市场交易者之间的信息不对称现象(Information Asymmetry)。[18]信息不对称就是相互对应的经济主体之间对于某些事件所掌握的信息具有不对称性。由于信息不对称,有关交易的信息在参与经济活动的主体之间呈现非对称分布,其中占有较多相关信息的一方处于信息优势地位,而对应的占有较少信息的一方则处于信息劣势地位。[19]一旦预期价格与市场价格发生背离,就意味着人们要根据错误的市场价格信号去配置资源,其结果明显无法达到最优。从这个意义而言,信息不对称是非常典型的市场失灵的表现。[20]

食品安全问题的基本的性质就是信息不对称。在理想的市场经济模型中,食品信息充分而完全。一方面,食品生产者对市场充分认识,拥有一切做出正确决策所需的信息,充分了解生产的技术条件方面的信息、投入要素的价格信息、产品的市场价格信息、消费者对产品需求的信息等,并将食品的安全、营养和体现各种特征的信息加以标示。另一方面,食品消费者充分了解自己的偏好函数、市场上所有产品的价格信息、产品的质量信息、产品的性能和用途等信息,能够根据这些知识和生产者的食品标示进行理性选择。与此同时,市场处于完全竞争状态,食品生产厂商能够通过自由竞争进入生产领域,优胜劣汰,市场价格反映食品安全、营养等特征的差异。在这些条件之下,市场机制可以有效发挥作用,食品安全问题将不复存在。

但现实中这些条件并不具备。食品生产者拥有的关于食品生产加工、环境、使用原材料等方面的信息往往超过消费者,具有足够的信息优势。例如,蔬菜瓜果的生产者非常清楚种植过程中使用了哪些杀虫剂或催熟剂等化学投入品,甚至也可能清楚这些化学投入品对人体健康会产生的问题,但普通消费者却无法了解这些信息。肉食品的生产者非常清楚饲养过程中使用了哪些饲料添加剂或给肉类牲畜防病注射了哪些抗生素,但普通消费者却无从知悉这些信息。如果从食品产业链的角度分析,这种信息不对称更为复杂。生产—加工—流通—销售—消费的每个环节的信息都呈不对称状态。举例来说,肉类加工厂企业可能对加工环节的信息了如指掌,但它对于上游的肉类生产环节也处于信息劣势。而且,这种信息不对称状态并没有通过企业的加工过程得到控制;相反,其模糊性和不对称性将随着流通和销售环节的展开进一步加强,最终不安全因素将累积在消费环节。因此,在漫长的食品产业链中,尽管食品生产者、加工者、运输者、销售者通常比消费者更了解产品加工过程,但他们对自身环节的了解并不意味着其充分了解食品全部的安全特征。

导致信息不对称的原因众多,其主要有:

（1）分工和专业化的结果。

信息不对称是分工和专业化在信息领域的具体表现。随着社会经济的发展，各社会主体分工愈明确、专业更细化，从事业务活动的特定性增强，这有利于他们全面掌握自己活动领域的专业知识，但同时阻碍他们对非专业领域的全面了解。使不同专业之间、专业人员与非专业人员之间信息和知识的鸿沟不断扩大。在食品领域，食品生产者、加工者、运输者、销售者之间也呈现这种状态。

（2）搜索成本。

施蒂格勒指出，由于价格在所有市场都以不同的频率发生着变化，市场主体（买主或卖主）必须与其他市场主体进行多次接触、详细探讨之后，才能确定对自己最有利的价格，这种现象叫做搜索。[21] 在食品领域，价格的分散性和食品质量及安全性的差异也决定了消费者需进行一定的搜索活动。通过搜索有利于处于信息劣势的消费者扩大选择的空间，改善自己的不利状况。但信息的搜索是有成本的。对于消费者而言，"其搜索成本与其所接触的买主数量呈正比。这种成本不一定对所有的消费者都完全相同，因为除了偏好的差异之外，收入高的人的时间价值自然也会较高"[22]。所以当消费者认为信息成本大于获得信息的收益时，就会停止搜索行为。现实中，要获得食品安全的完全信息，付出的成本非常巨大，绝大多数情况下，极少有普通消费者具有支付这笔成本的能力，因此在信息非对称的情况下进行购买行为是一种常态。

（3）信息拥有者的垄断。

在市场经济活动中，处于信息优势的一方比处于信息劣势的一方更容易取得主动权，这会使得信息优势方在利益最大化的驱使下产生垄断真实信息的动机。一旦信息被垄断，其他人对真实信息的搜索成本必然剧增。这类现象在食品市场中也不例外。

（二）食品安全领域信息不对称的表现

食品安全领域的信息不对称是食品安全问题产生的内在根源，其表现有三种。

（1）内部性。

"内部性是指由交易者所经受的，但没有在交易条款中说明的交易的成本和效益。其中，不反映在合约安排中的内部效益是正的内部性，不反映在合约安排中的内部成本是负的内部性。"[23]正内部性使一方主体获益，负内部性使一方主体受损。[24]在日常生活中，负内部性比正内部性更为普遍，[25]如生产场所的安全隐患对劳动者的安全带来危害，但这种危害的种类、程度、可能性和赔偿救济方法等问题当初并没有在劳动合约中明确写明，这意味着厂商以生产者的安全损失为代价来获取交易中存在的潜在利益。从这个角度而言，在负内部性存在的交易中，一方可能承受的潜在的损害事先并未在交易合同中写明，无法在交易价格中得到反映。其实质是，信息优势方通过信息不对称的交易攫取潜在利益，使信息劣势方遭受潜在损失。[26]食品市场中，这类现象非常多见，消费者购买了假冒伪劣或具有安全隐患的食品，因而蒙受财产、健康和精神损失，这种危害的可能性以及损失的赔偿救济方法往往没有在当初交易合同中体现。此即典型的内部性现象。

（2）逆向选择。

逆向选择（adverse selection，也称作逆向淘汰）指交易双方在信息不对称的情况下，买方基于价格权衡而购买质量差的商品的行为，致使质量好的商品在市场上无法生存。最终，劣质商品把优质商品驱逐出市场的现象[27]，即所谓"劣币驱良币"现象。逆向选择的最终结果是市场变成一个"柠檬市场"（market for lemons）[28]，充斥着低质量商品。

1970年，美国学者乔治·阿克罗夫（George Akelof）在著名的论文《柠檬市场：质量不确定与市场机制》中通过旧车市场模型最先揭示了逆向选择问题。[29]在旧车市场中[30]，卖家比买家拥有更多的信息，两者之间的信息非对称。面对这种非对称性，即使卖家说得天花乱坠，作为理性人的买者不会相信，其策略是压低价格以最大程度减少信息不对称带来的风险损失。过低的价格最终使得卖者不愿意提供高质量的产品，低质品充斥市场，高质品被逐出市场，最后导致旧车市场萎缩。[31]

在食品市场上，高质量食品的生产成本往往比低质量的食品高。

由于消费者拥有的信息有限,无法从外表上区分食品的质量高低。在此情况下,绝大多数普通消费者对价格的考虑占主导,此时就会出现低质量食品驱逐高质量食品的逆向选择现象。举例来说,消费者希望购买高质量、安全的"绿色蔬菜",但种植蔬菜时使用的化肥和农药等信息对消费者而言是典型的不对称信息。在"绿色蔬菜"真伪难辨的情况下,消费者大多选择价格便宜的蔬菜。有的菜农说,他把用农家肥和高效低毒、无残留的生物农药生产的"绿色蔬菜"运到集市出售,本希望凭借"绿色、安全、优质"卖个好价钱,但消费者无法分辨蔬菜是否使用生物农药和农家肥,因而不能接受"绿色蔬菜"的高价格。最后,"绿色蔬菜"亏本,市场上只留下价格便宜的普通蔬菜。因为,从成本来看,蔬菜使用化学农药的成本是每亩 5—6 元,若使用生物农药成本每亩要达 10 多元,生物农药价格比化学农药要高 1—2 倍。[32] 这就是食品市场中典型的逆向选择。可见,由于信息的不对称性,使食品的安全和质量在理论上除了价格差异之外无法区分,在这种情况下,消费者只能按照市场平均水平的预期价格进行交易,因而使得市场无法依据"质量高则价格高"的原则来激励生产者把更多的资源用于生产高质量、高安全性的食品,最终高质量、高安全性食品的生产逐渐萎缩,而低质量、低安全性产品过度供给,食品安全问题由此产生。

(3) 道德风险。

道德风险(Moral Hazard,也被称为败德行为),指市场交易的一方无法观察到另一方的行动时,知情方故意不采取谨慎行为,损害对方利益使自己获利的行为。[33]

道德风险典型的例子是保险市场,许多人投保以后不再采取措施预防风险发生,有些人甚至采取更冒风险的行为,从而使发生风险的概率大大提高。例如,买了汽车之后,会有车被盗的风险,若没买保险,则会万分小心,采取诸如安装防盗锁等防护措施。但若对汽车投了保险,知道汽车被盗后保险公司会全额赔付,谨慎心会下降,不采取相应防盗措施甚至随意停放,其结果是汽车被盗概率上升。在这种情况下,保险公司被迫提高保费,面对提高的保费,只有败德行为更加严重者才会继续投保,由此恶性循环产生,社会效率被浪费。在保险市场中,买了医疗险的人会让医生多开不必要的药；买了家庭财产险的人不愿花钱装置加固锁；买了火灾险的大楼主人不再费心查看灭火设备。从更广义的角度，吃"大锅饭"的人不愿卖力工作；在许多国家，失业救济金较高，使失业者不急于找工作。

道德风险是在信息不对称的条件下产生的问题[34]，其根源是经济活动中一方的信息优势。信息优势分为"隐蔽行动"（hidden action）和"隐蔽信息"（hidden information）[35]，前者是信息优势方有不能为他人准确观察或了解信息的行动，后者是从事经济活动的人对事态的性质有某些信息，这些信息足以决定他们的行动是恰当的，但别人则不能完全观察到。在机会主义的驱使下，个人具有实现自身效益最大化的愿望，加上信息不对称所形成的隐蔽行动和隐蔽信息，使别人无法进行有效监督和规范。此时，道德风险就会产生。在食品产业链中，下游厂商通过与上游供应商的合同获得食品原材料，形成稳定关系。在这种情况下，上游供应商在自身利益最大化的推动下，在下游厂商无法对其产品和行为进行全面监督和检测的情况下，提供劣质品，因而形成道德风险问题。[36]

通过以上分析，我们可以发现，食品安全问题的基本性质是信息不对称，这种不对称体现为内部性、逆向淘汰和道德风险。这三种表现存在于交易的不同阶段。在交易前，经济活动的主要内容是选择交易伙伴，此时的信息不对称主要体现为逆向选择，使处于信息劣势的消费者对食品的价值做出不恰当判断，因而引起交易过程偏离消费者的愿望，最终导致本来可以提高社会福利的交易无法进行。[37]道德风险发生在交易之后，往往是食品供应链的上游供应商利用下游厂商无法全面监督的信息优势地位，在效益最大化的驱使下，做出不利于对方的行为，这种后果会不断积累，最终由供应链终端的消费者承受。而内部性的立足点是交易（合同）本身，食品生产者利用信息不对称，使消费承受的潜在的损害事先并未在交易合同条款中写明，无法在交易价格中得到反映，最终生产者以消费者的财产、健康、精神损失为代价来获取交易的潜在利益。

第二节 中国食品安全问题的表现

食品安全是个动态的概念,随着社会、经济的变迁而演变。1949年以来,我国的国民生活水平经历了一个从短缺到温饱然后进入小康的发展阶段,食品安全问题也随之发生变化。

一、改革开放前的食品安全问题

新中国成立后相当长时期内,食品安全的内涵是"食品的数量安全'或'食品的供应安全",即国家能够提供给公众足够的食物以满足人们生存发展和社会稳定的需要。要达到食品供应安全,一是确保足够数量的食品,二是最大限度地稳定食品供应,三是确保所有需要食品的人都能获得。因此,这个阶段的食品安全问题不仅包含了食品的生产,也与社会分配紧密相连,涉及自然、经济、社会制度等众多因素。

新中国成立初期,百废待兴,当时"绝大部分人口直接依靠农业为生,但农业的增长受制于耕地不足和现代农业技术的缺乏。在几个世纪中,人口的增长已经超过了耕地的增加。人均耕地不到五分之一公顷,远远少于独立时期的印度。在全中国,农产品的上市比率约为三分之一。"[38]对于一个人口众多、贫穷落后的国家而言,食品高度匮乏使得国家发展的重要目标之一是解决温饱。但是,"农业改革是个棘手问题。中国的农业产量一直不高,而土改并没有为生产率的长期增长打下基础。此外,国家也没有适当的方式来获取农业盈余用以投资工业发展"[39]。1952年,党和政府提出:(1)1953年初决定立即开始向社会主义和计划经济过渡;(2)在从1953年开始的第一个五年计划中实施优先发展重工业的工业化路线。在这样的背景下,开始把农民组织在国家控制下的集体经济组织中,以便通过非市场的方式取得工业化所必需的资金、粮食和农产品原料。1952年10月宣布对粮食、棉花等农产品产品实行统购统销。[40]随着"人民公社"和"大跃进"运动的失败,在三年困难时期,食品供应安全无法得到保障。[41]《剑桥中华人民共和国史》中写道：

粮食产量的下降和分配制度方面的失误导致了 20 世纪空前的
饥荒。[42]

这种现象在农村尤为严重。[43]

在此之后，随着政策的调整粮食供应虽然有所恢复，但相当长时间
内粮食短缺依旧是一个重要的问题。

表 3.2 1952—1965 年城市和农村的粮食消费量（每人公斤数）

年　份	全　国	城　市	农　村
1952	197.5		
1957	203.0	196.0	204.5
1958	198.0		201.0
1959	186.5		183.0
1960	163.5	192.5	156.0
1961		180.8	153.5
1962	164.5		
1963			159.5
1964			178.5
1965	184.5		177.0

注：粮食包括禾谷类和当作粮食的薯类、大豆。
资料来源：〔美〕R.麦克法夸尔、费正清：《剑桥中华人民共和国史（上）》，中
国社会科学院出版社 1998 年版，第 392 页。

粮食、棉布、食糖、食油、肥皂以及大量消费品一直实行定量配给。
只要有可能，大量的资源就被用于生产资料而不是消费品。城市工人
家庭要拿所得的工资去购买商品时，大多数时候不仅要付钱，而且还要
票证，这些票证由组织上按月发放，或半年发放一次。尽管有规定不能
在个人之间相互交换票证，但这样做的却大有人在。只是在像 1959—
1962 年那样的饥荒年代，当食品配给变得十分严格的时候，才真正发
生过营养不良的问题，某些地方确有人被饿死。……各地方的配给商
品项目变化很大，同时在各个城市亦不尽相同。在南方，城市青壮年根
据其工种在 70 年代中期获得的大米配给量，从 28 磅到 66 磅不等。除

节日外,鲜肉是限量供应的。食油定量在北京是半公斤,当然其他许多城市的供应量只有北京的一半。关于家庭收入和食品价格的零散报道显示出,中国仍然是一个"斯巴达"式的社会。对 1975 年城市家庭人均收入、价格和食品消费的计算表明,五口之家仅食品支出就用去收入的66％。如果这在 20 世纪 70 年代算是典型的,那么就与民国时期的平均家庭食品支出比例大体差不多。有些地方还在增加食品供应方面比全国的总体情况要好,北方的河北、山东、河南三省在 70 年代食品达到自给自足。如考虑到 20 世纪华北平原粮食一直依赖其他地区的输入,那么这不失为一项成就。大体上来说,在 195—1975 年中国消费格局相对稳定并趋于更加平等,但人均消费品供给量起点很低,后来增长也很小。[44]

从 1949—1978 年,我国的食品安全的重点在于保障食品供给的数量,其过程面临种种波折。至 1978 年,我国人均粮食占有量是 318 公斤,人均直接消费量是 195.5 公斤,人均肉类消费量为 8.2 公斤。从营养角度,人均日热量获得为 1 813 千卡,只相当于合理标准的 72.5％;人均日蛋白质获得为 45.2 克,仅相当于合理标准的 60.3％;人均日脂肪获得量为 27.8 克,仅相当于合理标准的 39％。[45]从这些数据来看,客观地说,我国国民的食品需求并未得到充分的保障。

二、改革开放后的食品安全问题

改革开放 30 多年来,我国国民经济持续增长,中国的食品产业也不断发展,效益稳步上升。我国主要农产品实现了供需基本平衡,肉、蛋、乳制品、水产品和水果、蔬菜的人均消费量都呈现快速增长。1996 年以来,食品产业总产值以年平均递增 10％以上的速度持续快速发展,增长速度位居各产业部门前列。[46]特别是食品产业中的食品加工业,发展尤为显著,2011 年全国食品加工业完成利税总额 12 140 亿元,比 2005 年的 2 590 亿元累计增长 368.7％,年均增长 29.4％。食品加工业吸纳从业人员也持续稳定增加,2011 年共吸纳 683 万人,比 2005 年累计增长 51.1％,年均增加 7.12％。

表 3.3　2005—2011 年间我国食品加工业主要经济指标增长情况

单位:亿元;万人

年　份	总产值	销售收入	利　税	从业人员
2005	20 324	19 938	2 590	452
2006	24 801	24 396	3 174	478
2007	32 425	31 716	4 229	520
2008	42 373	41 427	5 259	603
2009	49 678	47 293	7 336	639
2010	61 278	60 063	10 659	696
2011	78 078	76 540	12 140	683
2005—2011 年累计增长率	284.2%	283.9%	368.7%	51.1%
2005—2011 年均增长率	25.2%	25.1%	29.4%	7.12%

资料来源:作者根据《中国统计年鉴》(2006—2012 年)整理。

随着社会经济的发展、人们生活水平的提高,政府、企业和消费者日益关注食品安全问题。2007 年 8 月,国务院新闻办公室发布《中国食品安全质量状况白皮书》,认为:"多年来,中国立足从源头抓质量的工作方针,建立健全食品安全监管体系和制度,全面加强食品安全立法和标准体系建设,对食品实行严格的质量安全监管,积极推行食品安全的国际交流和合作,全社会的食品安全意识明显提高。经过努力,中国食品质量总体水平稳步提高,食品安全状况不断改善,食品生产经营秩序显著好转。"[47]据统计,中国目前共有 12 万家食品生产企业、1 837 家食品添加剂生产企业和 10 938 家食品相关产品生产企业获得了生产许可。有关部门公布的检验结果显示,2010 年抽检的 1 985 家企业,食品批次抽样合格率达 93.5%,食品质量抽样合格率达到 98.3%。国家质检总局在食品生产加工监管方面,建立健全科学完善的监管体系,设立了分布广泛的食品安全监管机构,目前全国食品检验机构已接近 7 000 家,对获得生产许可的企业实施监督抽查、监督检查、召回监管、风险管理、标签监管等基本制度相结合的监管制度体系。2010 年,28 类 525 种食品的抽查合格率一直在 90% 以上,中国食品出口合格率多年来一直保持在 99.8% 以上。[48]

虽然近几年来中国食品安全状况不断改善,但是官方公布的食品合格率与民众的放心程度相比还存在一定的差距。其原因在于:首先,抽检食品的范围狭窄。有研究者提出,质检部门大多抽查生产企业送来的样本,存在合格率虚高的可能。大量非正规食品生产企业、食品小作坊和小摊贩数量庞大却不在抽检范围之中。[49]其次,食品抽检基数太小。以 2010 年为例,在我国至少 12 万家食品生产企业中,质检部门只抽检其中的 1 985 家,抽检覆盖率仅为 1.6%,相较数量庞大的食品品种和批次而言,质检部门的抽检覆盖率过低。再次,食品检验标准陈旧、频繁爆发的食品安全事件、民众对食品安全的不信任感上升等因素都使得官方公布的食品监管水准与民众的实际感觉之间存在差距。具体而言,中国食品安全的现状主要体现在以下几个方面:

(1)食品安全事件频发,食品产业链的各个环节均存在安全隐患。

近几年来食品安全问题导致的重大事件频发,一些地区食品安全问题让人触目惊心。食品产业是一个高度关联的一体化产业,从涉及种养的农业、畜牧业,到初级加工、生产制造、仓储运输、分销零售等多个领域,任何一个节点出问题都会对整个产业链的食品安全产生影响。其原理类似于"木桶原理",即最终产品的质量水平受限于质量管理最差的行为主体。表 3.4 是根据媒体报道从 2004—2010 年依照危害程度整理的若干具有代表性的重大食品安全事件的分类。从我国近几年发生的食品安全重大事件来看,其安全隐患遍及产业链的各个环节。[50]

表 3.4 我国 2004—2011 年重大食品安全事件涉及产业链环节

形 成 因 素	事件数量	涉及食品产业链的环节
农药残留和化学物污染	26	农业
假冒、伪劣	10	生产加工环节
微生物和寄生虫污染	15	农业、生产加工环节、流通环节
管理缺陷	9	生产加工环节、流通环节
容器和包装材料不合格	5	生产加工环节
转基因食品的潜在危害	2	农业、生产加工环节
环境导致的食品污染	2	农业、流通环节
兽药及饲料添加剂导致的食品污染	3	农业、畜牧业

资料来源:程景民:《中国食品安全监管体制》,军事医学科学出版社 2013 年版,第 29 页。

（2）食品产业主体构成复杂，许多生产者设备落后，管理混乱，机会主义盛行。

我国食品产业主体构成复杂，形式分散，许多主体规模较小。从食品产业的源头来看，由于我国农村实行的是以家庭承包经营为基础的双层经营体制，我国共有 2 亿多农户，农户生产经营规模较小，每户供应能力较低，户均经营耕地 7.94 亩，户均出售粮食 1 047.3 公斤、猪肉0.62 公斤、禽蛋 55.48 公斤，是全世界最小的农户。根据《中国的食品质量安全状况白皮书》显示，2007 年全国共有食品生产和加工企业 44.8 万家，其中 35.3 万家是 10 人以下的小企业、小作坊，占总数的 80％左右。食品销售领域的情况更为突出，销售主体至少 1 000 多万家，其中有一定规模的不足 2％，绝大多数为个体工商户。[51]这些小企业或个体户生产设备和技术落后，管理水平低下，从业人员素质相对较低。在食品质量检验方面，80％以上的小作坊小企业没有必备的检验仪器设备，食品生产和加工的质量控制仅凭个人感觉和经验进行，甚至有时食品未经检验就直接出厂销售。少数企业虽有检测设备，但由于对质量和安全的不重视或缺乏专业检验技术人员，检测形同虚设。在管理方面，多数食品企业和作坊以经验管理为主，甚至没有内部管理规章制度，管理混乱。在从业人员素质方面，食品行业吸纳了大批城市下岗人员和农村剩余劳动力就业，绝大多数人员缺乏必要的岗前培训和在职技能培训，食品安全知识匮乏、责任意识淡漠现象非常普遍。据调查显示，2006 年被调查的生产米、面、酱油、醋的 60 085 家企业中，100 人以下的小型企业占 94.9％，10 人以下小作坊占 79.4％，64％的小企业小作坊不具备保障产品质量的基本生产条件，而这些小作坊的综合年产量往往超过该产品年总产量的 50％以上。在调查的 20 606 家肉制品企业中，10 人以下的小作坊有 9 329 家，占 45.27％，11 781 家不具备生产条件，占 57.17％。[52]有时，某些生产企业为了片面追求利润，无视法律法规，生产经营假冒伪劣甚至有毒有害食品，这些因素结合起来，产生了不少食品安全事件。

（3）新产品、新材料和新工艺带来新问题。

随着科学技术的发展，在食品领域，一些新的方便食品和保健食品生产量增加。其中,许多在没有进行风险评估的情况下进行销售。与此同时,食品添加剂、新型包装材料和化学物质大量应用也直接和间接地威胁着食品安全。特别是转基因产品,其潜在威胁引起极大的争论。转基因食品是指以转基因生物为材料加工生产的食品,利用分子生物学手段,将某些生物的基因转移到其他生物物种上,使其出现原物种没有的性状或产物。[53]我国和世界其他国家一样,转基因食品发展迅速,虽然到目前为止,我国尚未出现转基因食品给使用者带来损害或危险的直接报道,但从国内外的一些研究来看,转基因食品有损坏人类免疫系统、产生过敏综合症、对人体造成潜在危险的可能性。[54]

(4) 食品安全监管能力建设不足,监管体制和规范有待完善。

长期以来,我国食品安全监管体制比较复杂。监管权在横向配置方面以"分段监管为主,品种监管为辅"的原则分工负责;在纵向配置方面,由中央、省以及市县等各级地方政府共同承担。监管部门过多,职责不清,政出多门,重复监管和监管盲区现象经常发生。部门间、层级间协调性差、监管效率较低。与此同时,我国虽然已经制定了大量食品安全方面的法律法规,但规范之间的协同性和配套性较差,可操作性不强。食品安全标准总体水平低,国家、行业和地方标准之间存在矛盾、交叉和重复的情况。一些重要标准短缺,部分产品无标准可依。再加上某些监管部门存在监管不严和失职现象,甚至少数人有寻租和腐败问题,进一步加剧了对食品监管领域严重的信任危机。

第三节 中国食品安全监管的体制构架

体制(insititution)是"一个社会的游戏规则",[55]"它抑制着人际交往中可能出现的任意行为和机会主义。制度作为一个共同体所共有并总是依靠某种惩罚而得以贯彻。只有运用惩罚,才能使个人行为变得较可以预见并创立起一定程度的秩序,将人类的行为导入可合理预期的轨道"[56]。

中国食品安全监管的体制(规则)构架由监管机构、法律体系、技术体系、安全标准体系四部分组成。

一、食品安全监管机构

我国食品安全监管机构经历了一系列改革,按照党的十八大(2012年11月)、十八届二中全会精神(2013年2月)和第十二届全国人民代表大会第一次会议(2013年3月)审议通过的《国务院机构改革和职能转变方案》,成立国家食品药品监督管理总局负责对食品药品实行统一监管。其在食品领域主要监管职责为:负责起草食品(含食品添加剂、保健食品)安全等法律法规草案,拟订政策规划,制定部门规章,建立食品药品重大信息直报制度,并组织实施和监督检查;负责制定食品行政许可的实施办法并监督实施。建立食品安全隐患排查治理机制,制定全国食品安全检查年度计划、重大整顿治理方案并组织落实。负责建立食品安全信息统一公布制度,公布重大食品安全信息;负责制定食品监督管理的稽查制度并组织实施,组织查处重大违法行为。建立问题产品召回和处置制度并监督实施;负责食品安全事故应急体系建设,组织和指导食品安全事故应急处置和调查处理工作,监督事故查处落实情况;负责制定食品安全科技发展规划并组织实施,推动食品检验检测体系、电子监管追溯体系和信息化建设;负责开展食品安全宣传、教育培训、国际交流与合作。推进诚信体系建设;指导地方食品监督管理工作,规范行政执法行为;承担国务院食品安全委员会日常工作。负责食品安全监督管理综合协调,推动健全协调联动机制等。[57]

值得一提的是,即使对食品安全监管权进行了整合,但并不意味着实现了一个部门全面监管的理想状态。由于食品安全涉及领域众多,产业链复杂,其监管权依然还涉及卫生部、农业部、国家卫生和计划生育委员会、国家质量监督检验检疫总局、国家工商行政管理总局、商务部、公安部等众多部门,依然存在着部门间协调和职责分工的问题。

二、食品安全监管法律体系

"法作为国家制定或认可的规范体系,依靠国家的强制力保证实施,以权利义务为调整机制,以人的行为及行为关系为调整对象,反映了由特定物质生活条件所决定的统治阶级或人民的意志。其目的在于确认、保护和发展统治阶层或人民所期望的社会关系和价值目标。"[58]
法律体系是食品安全监管制度的核心的部分,经过多年不懈努力,我国
已建立了以《食品安全法》等法律为核心,以行政法规、部门规章和地方
性法规为补充,与环境保护、产品质量等邻近法律相衔接的综合性食品
安全法律体系。[59] 早在 2006 年,我国与食品安全有关的法律、行政法规
已有 40 部,部门规章近 300 部。[60]

在法律层面,我国涉及食品安全层面的实体法有:《食品安全
法》、《产品质量法》、《药品管理法》等;程序法有:《行政许可法》、《行
政复议法》、《行政处罚法》、《行政诉讼法》等;邻近法律有:《消费者权
益保护法》、《标准化法》、《进出口商品检疫法》、《国境卫生检疫
法》等。[61]

在行政法规层面,国务院发布的与食品安全监管有关的条例和规
定包括:《食品安全法实施条例》、《乳品质量安全监督管理条例》、《生猪
屠宰管理条例》、《国务院关于加强食品等产品安全监督管理的特别规
定》等;邻近的行政法规有:《行政复议法实施条例》、《认证认可条例》、
《农药管理条例》、《饲料和饲料添加剂管理条例》等;在部门规章层面,
主要是负责食品安全监管的具体部门制定的各种规定、办法、通则,包
括:《食品生产许可管理办法》、《食品添加剂生产监督管理办法》、《食品
新品种添加管理办法》、《餐饮服务食品安全监督管理办法》、《产品标识
标注规定》、《食品广告发布暂行规定》、《食品企业通用卫生规范》、《突
发公共卫生事件应急条例》等。

在地方性法规层面,有些省份也根据本地实际情况制定了一些与
食品安全有关的地方性法规和地方性政府规章。这些地方性法规和规
章中比较典型的有:《上海市集体用餐配送监督管理办法》、《重庆市食
品安全管理办法》、《广东省食品安全条例》、《北京市食品安全监督管理
规定》等。

除了以上法律对食品安全监管的具体内容加以规定和调控之外,
我国相关部门和各级政府还制定了数量庞大、形式多样的规范性文件。
这些文件中比较典型的是政策解读、工作文件和通知等。

三、食品安全监管技术体系

食品安全还有赖于技术体系来加以保障,食品安全的技术体系是指国家进行食品安全监管时所需要的技术支撑。技术体系是食品安全监管重要部分,技术水平的高低影响食品安全监管能力的强弱。食品安全监管制度中技术体系由检验检测机制、风险监测与评估机制、食品安全追溯机制三部分组成。

(1)检验检测机制。

检验检测机制的重点是农兽药残留检测技术、微生物检测技术和食品添加剂检测技术。随着食品产业链的延长和生产加工技术的创新,食品的形式早已突破传统状态,化学因素和生物学因素都可能对食品安全造成威胁。在这种情况下,食品安全监管中的检测已不能通过简单的感官来判别,而是需要借助大量技术手段加以实现。因此,各国的食品监管中都将检测机构的设置、先进检测技术与方法的应用置于优先发展的地位,作为国家食品安全技术体系建设的重点。目前,我国已建立了 219 项实验室检测方法,其中农药、兽药多残留检查方法可以分别检测 150 种农药、122 种兽药,并研制出 81 个检测技术相关试剂,初步建立了一定规模的食品安全检测技术体系。但长期以来,食品安全检测机制呈分散状态,检测机构分属农业、环保、商务、卫生、质检等部门。不同系统检测机构的侧重点不一、品种、项目各不相同。卫生系统检测对象主要是乳制品、谷物、豆类、肉类、水产品、水果、蔬菜、水及其加工品等,检测内容包括重金属、农药残留、微生物检测、添加剂、抗生素等,尤其擅长病原微生物检测。环保系统的检测机构擅长检测水和空气,尤其是废水、废气、土壤等处于种植环节的影响因素。质监系统检测对象较广泛,擅长检测食品生产加工环节的问题。粮食系统的检测对象是米类、面粉类、油脂类和原料类等产品的质量、成分。工商系统主要擅长对蔬菜农药残留的快速检测和动物肉制品检测。[62]

(2)风险监测与评估机制。

风险监测与评估机制由食品安全风险监测、食品安全风险评估、食品安全预警三部分构成。

食品安全风险监测就是通过系统和持续地收集食源性疾病、食品污染以及食品中有害物质的相关信息,进行综合分析和及时通报的活动,其目的是做到早发现、早评估、早预防、早控制,减少有害因素通过食品对人体产生的危害。[63]从 2000 年起,卫生部在北京、河南、广东等地建立食品污染物监测试点,对居民主要食品消费中的重金属、农药残留、霉菌毒素等 40 多种食品污染物进行监测,提出控制措施和政策建议。2002 年卫生部下发《关于建立和完善全国食品污染物监测网的通知》,开始建立"食品污染物监测网"与"食源性疾病监测网",至 2013 年 6 月,17 个省份参加"食品污染物监测网",覆盖全国人口 80% 以上,"食源性疾病监测网"也已延伸至我国 21 个省份。

食品安全风险评估是指对食品、食品添加剂中的生物性、化学性和物理性危害对人体健康可能造成的不良影响进行科学评估,包括危害识别、危害特征描述、暴露评估、风险特征描述等。[64]按照《食品安全法》和《食品安全法实施条例》的规定,国务院卫生行政部门负责组织食品安全风险评估工作,成立由医学、农业、食品、营养等方面的技术专家组成食品安全风险评估专家委员会进行食品安全风险评估。早在 2002 年,农业部畜牧兽医局就成立了动物疫病风险评估小组,依据世界卫生组织的有关规定对中国 A 类和 B 类动物疫病进行风险评估以达到预防的效果。2002 年 7 月,农业部成立了农业转基因生物安全评价专家委员会,针对转基因动植物展开风险评估与安全评价工作。[65]

食品安全预警是指在现有法律法规、标准体系的基础上,对食品中的添加剂、微生物含量等可能对食品安全产生影响的要素进行分析和判断,并有效发布与传递预警信息。2007 年由国家质检总局研发的"快速预警与快速反应系统"(RARSFS)采用数据动态采集机制,建立动态监测和趋势预测网络,初步实现了网络视频安全数据信息资源共享。此外,卫生部门也通过网络平台不断发布一些危及身体健康的食品安全预警信息。[66]

四、食品安全监管安全标准体系

《食品安全法》规定:食品安全标准是强制执行的标准。除食品安全标准外,不得指定其他的食品强制性标准。[67]食品安全国家标准由国务院卫生行政部门制定、公布,国务院标准化行政部门提供标准编号。[68]食品安全标准的内容包括:(1)食品、食品相关产品中的致病性微生物、农药残留、兽药残留、重金属、污染物质以及其他危害人体健康物质的限量规定;(2)食品添加剂的品种、使用范围、用量;(3)专供婴幼儿和其他特定人群的主辅食品的营养成分要求;(4)对与食品安全、营养有关的标签、标识、说明书的要求;(5)食品生产经营过程的卫生要求;(6)与食品安全有关的质量要求;(7)食品检验方法与规程;(8)其他需要制定为食品安全标准的内容。[69]

食品安全国家标准必须经食品安全国家标准审评委员会审查通过。食品安全国家标准审评委员会由医学、农业、食品、营养等方面的专家以及国务院有关部门的代表组成。[70]国务院卫生行政部门负责对现行的食用农产品质量安全标准、食品卫生标准、食品质量标准和有关食品的行业标准中强制执行的标准予以整合,统一公布为食品安全国家标准。[71]

目前我国已经建立起包括国家标准、行业标准、地方标准、企业标准四个层次的,结构相对合理、具有一定配套性的标准体系,在此基础上建立健全相应的食品安全标准化技术委员会。2007年以来,对标准化委员会的结构进行了专业划分,组成多个分技术化委员会,广泛吸收企业家和专家参加。2010年成立国家食品安全标准审评委员会,此委员会由10个专业分委员组成,分别对其专业领域的食品安全国家标准进行评审。与此同时,在全国范围内对各级与标准化有关的行政主管部门和食品生产企业技术人员开展标准化基本理论的宣传和培训工作。与此同时,越来越重视对国际食品法典委员会(CAC)、国际标准化组织食品标准化技术委员会(ISO/TC34)等国际标准化组织发布的标准、指南等技术文件进行收集、分析和研究,将其转化为我国的标准。

第四节 本章小结

食品安全问题中的"问题"一词是指实际状况与期望之间的差距，这种差距起源需求、价值或机会，也许可以通过公共行动加以改善或实现。本章首先分析食品安全问题的成因。从综合性的角度而言，将影响食品安全的因素分为环境因素、技术因素、制度因素和观念因素。其次，研究食品安全问题的基本性质。食品安全问题之所以成为公共问题，与市场经济密切相关，食品安全问题基于市场条件下得以显现和扩散。因此，对食品安全问题性质的研究必须置于其作为市场经济中商品的语境下才能更好地理解。通过研究，本书认为，食品安全领域的信息不对称是食品安全问题的基本性质，其具体表现为内部性、逆向选择与道德风险。第三，梳理了中国食品安全问题的表现。食品安全是个动态概念，随着社会、经济的变迁而演变。1949 年以来，我国的国民生活水平经历了一个从短缺到温饱然后进入小康的发展阶段，食品安全问题的表现也随之发生变化。改革开放之前的食品安全问题主要是食品供应安全，即保证人们能够得到为了生存和健康所需的足够食品。这个阶段的食品安全问题不仅包含食品的生产，也与社会分配紧密相连，涉及自然、经济、社会制度等众多因素。改革开放之后，随着社会经济的发展、人们生活水平的提高，政府、企业和消费者日益关注食品安全问题。官方公布的食品监管水准与民众的实际感觉之间存在差距。具体而言，主要体现在：(1)食品安全事件频发，食品产业链的各个环节都存在安全隐患；(2)食品产业主体构成复杂，相当部分生产者设备落后，管理混乱，机会主义盛行；(3)新产品、新材料和新工艺带来新问题；(4)食品安全监管能力建设不足，监管体制和规范有待完善。第四，对中国食品安全监管的体制构架进行描述。中国食品安全监管的体制构架由监管机构、法律体系、技术体系、安全标准体系四部分组成。它们共同构成了中国食品安全监管活动的规则空间。

注释

1. 李金珊、叶托:《公共政策分析:概念、视角与途径》,科学出版社 2010 年版,第 131 页。

2. David Dery, *Problem Definition in Policy Analysis*, Lawrence: University of Kansas Press, 1984, p.23.

3. 魏益民、刘卫军、潘家荣:《中国食品安全控制研究》,科学出版社 2010 年版,第 7 页。

4. 王华书:《食品安全的经济分析与管理研究》,南京农业大学博士学位论文,2004 年版,第 12 页。

5. Strengthening national food control systems: guidelines to assess capacity building needs. 2006:5, ftp://ftp.fao.org/docrep/fao/009/a0601e/a0601e00.pdf, 2013 年 8 月 12 日访问。

6. 陈君石:《食品安全:现状与趋势》,第三届中国食品与农业科学技术讨论会会议资料,中国农业科学院农产品加工研究所编印,2004 年。

7. 任丽梅:《构筑我国食品安全保障网》,《前进论坛》,2003(6):33—34。

8. 吴苏燕:《食品安全问题与国际贸易》,《国际技术经济研究》,2004,7(2):11。

9. 王华书:《食品安全的经济分析和管理研究》,南京农业大学,2004 年,第 33—36 页。

10. 环境问题指因自然变化或人类活动而引起的环境破坏和环境质量变化,以及由此给人类的生存和发展带来的不良影响。根据环境问题产生的原因不同,可以将环境问题分为第一环境问题和第二环境问题。第一环境问题是因自然界发生变化而造成的环境污染和环境破坏;第二环境问题是因人类活动违背自然规律所造成的环境污染和环境破坏。第一环境问题发生的数量和影响的范围有限,造成食品安全问题的主要是第二环境问题。

11. [德]柯武刚、史漫飞:《制度经济学》,商务印书馆 2000 年版,第 32 页。

12. 罗必良:《新制度经济学》,山西经济出版社 2005 年版,第 85 页。

13. 胡楠等:《中国食品业与食品安全问题研究》,中国轻工业出版社 2008 年版,第 108 页。

14. [美]詹姆斯·安德森:《公共决策》,华夏出版社 1990 年版,第 66—67 页。

15. 宁骚:《公共政策学》,北京高等教育出版社 2003 年版,第 295 页。

16. 产品(包括物品或劳务)的需求量是买者愿意并且能够购买的该产品的数量,产品的供给量是卖者愿意并且能够出售的该产品的数量。在价格机制的作用下,供给与需求达到均衡。在此价格与数量水平上,市场发生作用的力量彼此相当,买者愿意购买的数量等于卖者愿意出售的数量。参见[美]保罗·萨缪尔森,威廉·诺德豪斯:《经济学》,中国发展出版社 1992 年版,第 110 页。

17. [美]曼昆:《经济学原理:微观经济学分册》,北京大学出版社 2006 年版,第 67 页。

18. 信息不对称也称作信息不完备、信息不完全、信息偏在现象。黄亚钧、姜纬:《微观经济学教程》,复旦大学出版社 1995 年版,第 297 页。

19. 也有学者认为信息不对称与信息不完全有一定的区别。不完全信息是买者与卖者都不了解信息,信息不对称指买者与卖者一方,主要是卖方,掌握信息,另一方不掌握。本书不做如此细分,统称为信息不对称。这种差别的存在会影响买者和卖者做出的决策以及交易行为,参见[美]曼昆:《经济学原理:微观经济学分册》,北京大学出版社 2006 年版,第 464 页。

20. ［美］斯蒂格利茨：《政府在市场经济中的角色：政府为什么干预经济》，中国物资出版社 1998 年版，第 79 页。

21. ［美］斯蒂格勒：《斯蒂格勒论文精粹》，商务印书馆 1999 年版，第 62 页。

22. 同上。

23. ［美］丹尼尔·史普博：《管制与市场》，上海三联书店 1999 年版，第 64 页。

24. 外部性与内部性的区别在于，外部性没有经过交易或契约（合约）安排，内部性往往经过双方自由的交易或契约（合约）安排。与内部性一样，外部性也有正外部性、负外部性之分。正外部是一个人或一个厂商的活动对其他人或其他厂商所产生的正面的外部影响，使其获益。例如，在开放的庭院中种鲜花不仅美化自家环境，也使邻居和社区得以欣赏和享受美景；负外部是一个人或一个厂商的活动对其他人或其他厂商所产生的负面的外部影响。例如，厂商排放污水使河流被污染，影响周围居民的生活用水。

25. 正内部性比较典型的例子就是就业者的非正式上岗培训，在培训中，就业者知识与技能得到提高，人力资源提升，大大缩短上岗后的适应期，使就业者获益。但这种效益当初并没有在就业者与雇主之间的劳动合同中明文记载。

26. 钟庭军、刘长全：《论规制、经济性规制和社会性规制的逻辑关系与范围》，《经济评论》，2006(2)。

27. 徐云霄：《公共选择理论》，北京大学出版社 2006 年版，第 41 页。

28. 在美国俚语中"残次品"、"旧货"、"不中用的东西"被称为"柠檬"。因此，英语中旧货市场也被称为柠檬市场。［美］格兰特·戴尔格西：《韦氏高阶美语英汉双解词典》，外语教学与研究出版社 2006 年版，第 1118 页。

29. George Akelof, "The Market for Lemons: Quality Uncertainty and the Market Mechanism", *Quarterly Journal of Economics*, 1970(3), pp.488—500.

30. 阿克罗夫为了清楚地说明这个现象，假设旧车市场中好车与坏车并存，每 100 辆二手车中有 50 辆质量较好的、50 辆质量较差，质量较好的车在市场中的价值是 30 万元，质量较差的价值 10 万元（尽管经过维修、换新后）。二手市场的特性是卖方（经销商或原车主）知道自己的车是好车或坏车，但买方在买卖交易时无法分辨。在买方无法确知车子的好坏时，聪明的卖方知道，无论自己手中的车是好车还是坏车，宣称自己的车是为"好车"一定是最好的策略（反正买方无法分辨），尽管市场中有一半好车、一半坏车。但如果你去问车况，卖方必有一个统一的答案——我们的车是好车。但消费者真的会以好车的价格向卖方买车吗？不会，因为买方知道，他买的车有一半概率是好车、有一半概率是坏车，因此最高愿出价 20 万元（20＝10×1/2+30×1/2）买车。此时不幸的事情陆续发生，市场拥有的好车的原车主开始惜售，一台 30 万元的好车却只能卖到 20 万元，有一些车主宁愿留下自用，亦不愿忍痛割爱，因此好车逐渐退出市场。当部分好车退出市场时，情况变得更糟。举例而言，当市场中的好车、坏车比例由 1 比 1 降到 1 比 3 时，消费者此时只愿花 15 万元（10×3/4+30×1/4）买车，车市中成交价降低（由 20 万元降至 15 万元）迫使更多的好车车主退出买卖。到最后，好车全部退出市场，车市中只剩下坏车在交易，买卖双方有一方信息不完全，因而形成了一种市场的无效率性。

31. 此外，保险市场中的人寿健康保险也会出现逆向选择现象。保险公司只能根据人的平均健康状况设计保单。而那些健康状况良好的人，相对而言会觉得保费过高，不愿参加保险，而购买保险的人恰恰是健康状况不佳或担心有健康隐患的人。在这种情况下，出现了信息不对称现象，即对哪些人发病率或死亡率高，哪些人发病率低，保险公司除了平均概率之外，没有充足信息加以识别，而投保人自己非常清楚。因此，当保险公司发现投保人的发病和死亡率远远高于平均概率之后，理性的选择就是提高保险费率。而提高保费的后果是进一步将身体状况良好者逐出保险市场，只剩下健康不佳者仍认为提高了保费之后还能接受。参见黄亚钧、姜纬：《微观经济学教程》，复旦大学出版社 1995

年版,第 300 页。

32. 周小梅等:《食品安全管制长效机制》,中国经济出版社 2011 年版,第 36 页。

33. 徐云霄:《公共选择理论》,北京大学出版社 2006 年版,第 42 页。

34. 周雪光:《组织社会学十讲》,社会科学文献出版社 2003 年版,第 52 页。

35. 黄亚钧、姜纬:《微观经济学教程》,复旦大学出版社 1995 年版,第 299 页。

36. 2008 年三鹿奶粉事件就呈现这样的道德风险问题:经调查发现,作为三鹿集团上游供应者的一些奶农在原奶中添加三聚氰胺。参见维基百科.2008 年中国奶制品污染事件,http://zh.wikipedia.org/wiki/2008％E5％B9％B4％E4％B8％AD％E5％9B％BD％E5％A5％B6％E5％88％B6％E5％93％81％E6％B1％A1％E6％9F％93％E4％BA％8B％E4％BB％B6, 2013.10.26。

37. [美]布鲁斯·金格马:《信息经济学》,山西经济出版社 1999 年版,第 99 页。

38. [美]R.麦克法夸尔、费正清:《剑桥中华人民共和国史(上)》,中国社会科学院出版社 1998 年版,第 151 页。

39. [美]李侃如:《治理中国》,中国社会科学出版社 2010 年版,第 104 页。

40. 吴敬琏:《当代中国经济改革》,上海远东出版社 2004 年版,第 90 页。

41. 对此,李侃如的解释是:"悲剧的核心在于,甚至在农业产量因政策失误、管理不当、混乱和天灾锐减时,领导人还要求为城市提供足够的粮食。地方官员征收粮食是因为保住其职位靠的是取悦上司,而不是取悦其管辖的百姓。"参见[美]李侃如:《治理中国》,中国社会科学出版社 2010 年版,第 119 页。

42. [美]R.麦克法夸尔、费正清:《剑桥中华人民共和国史(上)》,中国社会科学院出版社 1998 年版,第 389—390 页。

43. 同上书,第 395 页。

44. [美]吉尔伯特·罗兹曼:《中国的现代化》,江苏人民出版社 2003 年版,第 297—298 页。

45. 魏益民等:《中国食品安全控制研究》,科学出版社 2008 年版,第 60 页。

46. 廖卫东:《食品公共安全规制》,经济管理出版社 2011 年版,第 102 页。

47. 国务院新闻办公室:《中国的食品质量安全状况白皮书》,新华网,http://news.xinhuanet.com/newscenter/2007-08/17/content_6552904_2.htm, 2007-8-17。

48. 韩乐悟:《今年抽查近 2000 家企业食品质量合格率超 98％》,《法制日报》,2010 年 11 月 10 日,第 6 页。

49. 徐立青、孟菲:《中国食品安全研究报告(2011)》,科学出版社 2012 年版,第 12 页。

50. 在这里,我们把食品安全产业链简化为三个主要环节,即作为源头的农业畜牧业环节、生产加工环节和流通环节。

51. 国务院新闻办公室:《中国的食品质量安全状况白皮书》,http://news.xinhuanet.com/newscenter/2007-08/17/content_6552904_1.htm, 2007-8-17, 2013 年 12 月 21 日访问。

52. 刘录民:《我国食品安全监管体系研究》,中国质检出版社 2013 年版,第 81 页。

53. 转基因食品(DB/EL), http://baike.baidu.com/link?url=5URoCRWYYVXNxv7k9NJAqrDMVckWyhmWGYg_lUGg-4nLOntGXLtEuO1Hzy-MnyAZ, 2013 年 12 月 21 日访问。

54. 同上。

55. 竺乾威:《公共行政理论》,复旦大学出版社 2008 年版,第 336 页。

56. [德]柯武刚、史漫飞:《制度经济学》,商务印书馆 2000 年版,第 32 页。

57. 作者根据国家食品药品监督管理总局网站资料整理,资料来源:http://www.

sda.gov.cn/WS01/CL0003/，2013-1-27。

58. 刘星：《法理学导论》，法律出版社 2005 年版，第 40 页。

59. 根据宪法规定，我国广义的法律的表现形式主要分为：法律、行政法规、部门规章、地方性法规、自治条例和单行条例等不同部分。其中，根据《宪法》第 62 条，全国人民代表大会负责制定刑事、民事、国家机构的和其他的基本法律；第 17 条，全国人大常委会负责制定应由全国人民代表大会制定的法律之外的其他法律；第 89 条，国务院可根据宪法和法律，规定行政措施，制定行政法规，发布决定和命令；第 90 条，国务院各部、各委员会根据法律和国务院的行政法规、决定、命令，在本部的权限内，发布命令、知识和规章；第 100 条，省、直辖市的人民代表大会和它们的常务委员会，在不同宪法、法律、行政法规相抵触的前提下，可以制定地方性法规，报全国人民代表大会常务委员会备案；第 107 条，县级以上各级人民政府依照法律规定的权限……发布决定和命令。从这个角度而言，国内法中存在着不同层次或范畴的制定法，法律效力与地位各不相同，中央一级的法律、法规地位高于地方性法规，法律高于行政法规。参见沈宗灵：《法理学》，高等教育出版社 1994 年版，第 307 页。

60. 李江华等：《我国食品安全法律体系研究》，《食品科学》，2006 年第 27 期。

61. 有关我国食品安全监管的法律法规体系的具体内容系作者根据国家食品药品监督管理总局网站上的信息整理，参见国家食药品监督管理总局法规文件，http://www.sfda.gov.cn/WS01/CL0006/，2013-12-25。

62. 吴园园：《食品安全检测技术的研究进展》，《科技资讯》，2010 年第 17 期，第 227 页。

63. 徐景和：《食品安全综合协调与实务》，中国劳动社会保障出版社 2010 年版，第 85 页。

64.《食品安全法实施条例》第 62 条。

65. 李宁、严卫星：《国内外食品安全风险评估在风险管理中的应用概况》，《中国食品卫生杂志》，2011 年第 1 期，第 13—17 页。

66. 罗艳等：《我国食品安全预警体系的现状、问题和对策》，《食品工程》，2010 年第 4 期，第 3—9 页。

67.《食品安全法》第 19 条。

68. 同上文，第 21 条。

69. 同上文，第 20 条。

70. 同上文，第 23 条。

71. 同上文，第 22 条。

第四章

中国食品安全监管权的横向配置：
从分散模式到整合模式

本章主要回答本研究的第一个核心问题，即中国食品安全监管权如何配置，配置的逻辑是什么？对此问题的回答采取的是截面研究，分为两个维度：一是横向维度；二是纵向维度。本章主要考察中国食品安全监管权的横向维度配置。其逻辑是：首先，从行政学理论的角度，考察监管权横向配置的功能和类型，在此基础上介绍食品安全监管权横向配置的几种不同模式。其次，阐述中国食品安全监管权横向配置属于哪种模式，其外在表现怎样？第三，解释中国食品安全监管权横向配置的内在逻辑，即为何要这样配置？最后，分析现阶段中国食品安全监管权横向配置面临的挑战及争议。

第一节　监管权横向配置的相关理论

一、监管权横向配置的必要性

目标是组织的基本要素之一。没有目标，组织就失去其存在的价值和依据。[1] 为了实现特定目标，组织形成结构。结构有利于产生组织输出并达到组织目标，是权力配置的体现。[2] 现代公共行政的特征是既高度分工，又高度综合。行政组织为了实现行政目标，其权力必然会进行配置。其中，横向层面配置的目的是通过横向分工以适应分门别类处理不同行政事务的功能。因此，这种横向配置也称为行政权的功能性配置或部门化配置。

具体而言,监管权横向配置的必要性在于:

(1)适应各项社会事务管理的需要。

随着时代的发展,公共事务日益复杂,单一功能的行政组织在这种变化面前捉襟见肘。现实呼唤组织结构的复杂化和功能的不断分化。"这种适应过程的发生,不仅是针对技术环境的反应,也是针对制度环境的反应。通过紧密追随经过制度性定义的模式,通过将这些规模吸收到自身的结构中,并通过在结构上与这些模式变为同构,组织扩大了维持自身生存和获得资源的可能性。"[3]

(2)适应行政管理专业化、技术化的需要。

由于科技的进步和社会分工的发展,促使许多公共事务的专业性和技术性增强。在监管领域,这种专业性和高技术性尤为突出。政府要对这些领域进行有效监管,必须使监管者熟悉此类专业技术知识。"被创造的特定技术系统及工作被分配的方式和程度,对工作的复杂性和不确定性产生强烈影响。同样,内部的相互依赖不仅在本质上是技术过程的一种功能,而且也是技术过程在操作者间进行分配的方式。通过分工过程,复杂的工作可以被分解,可以变得更简单。或者,通过强调工艺方法或通过专业化过程,可以构建复杂的工作,然后将其委派给个体操作者,并减少相互依赖性……当操作者行使权力时,更可能出现的是行业专门知识、专业化和技术增进。"[4]

(3)组织规模日趋庞大的情况下提高效率的需要。

现代社会,随着政府干预和管理社会经济公共事务日益广泛,行政权力空前扩大,政府规模不断扩大,冗员增长,效率递减。在这种情况下,通过一定程度的权力横向配置,可以通过分化以增加不同子单位和个体之间在工作上的差异性,并通过有效协调这些差异性以提高行政效率。[5]

由此可见,通过监管权的横向配置,有利于整体分工和协作,突出管理专业化、程序化特征,有利于行政效率的提高[6]。

二、监管权横向配置的类型

(1)按照地域划分。

按照地域划分是依据某些特征将监管权分散在不同的区域中,组成不同的监管机构进行监管。监管活动在地理上的分散带来的交通和信息沟通困难曾经是按照地域划分的主要理由，随着技术和交通的发展，社会、文化、环境方面的原因逐渐取而代之。此种划分方式在组织理论中类似于组织的区域部门化结构（Geographic Departmentalization）（参见图 4.1）比较典型的例子是证监会的监管权配置形式。据《关于报送〈证券监管机构体制改革方案〉的请示》（证监[1998]29 号文件）和《关于中国证监会派出机构设立的请示》（证监[1999]61 号文件）的规定，我国证券监管权的横向配置按照地域划分，采取派出模式，分为两个部分：第一部分，在天津、沈阳、上海、济南、武汉、广州、深圳、成都、西安设立中国证监会派出监管办公室，在北京、重庆设立直属监管办公室，行政级别为正厅局级单位。第二部分，在 9 个证券监管办公室和 25 个省会省级证监办的基础上，设立派出的证券监管特派员办事处，行政级别为副厅局级单位。[7]

资料来源：[美]斯蒂芬·罗宾斯：《管理学》，中国人民大学出版社 1997 年版，第 239 页。

图 4.1　组织理论中的区域部门化结构

（2）按照职能划分。

按照职能划分是就将监管权按照一定时期内特定的监管职责和功能进行组合分解，组成若干个职能部门承担各自监管任务。此类划分的逻辑依据是职能活动相似性，这种相似性包括职能活动的标准是否相似、活动的职能性质是否相近、从事活动所需技能是否相同、活动的进行对同一目标的实现是否具有紧密相关的作用等。按照职能的划分方式在组织理论中类似于组织的职能部门化结构（Functional Departmentalization）（参见图 4.2）。监管权按照职能划分是一种普遍的横向配置方式，因为职能是划分活动类型从而设立部门的最自然、最符合逻辑的标准，据此进行分工的组织结构可以带来专业化分工的种种好处，符合分工专业化原则。[8]每个部门只负责某项业务工作,有利于熟悉本专业工作。在我国的环境监管领域,监管权按照不同的职能加以划分,将其横向配置于不同的部门(参见表 4.1)。

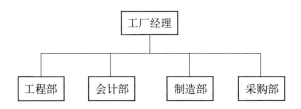

资料来源:[美]斯蒂芬·罗宾斯:《管理学》,中国人民大学出版社 1997 年版,第 238 页。

图 4.2　组织理论中的职能部门化结构

表 4.1　环保监管权按照职能分类横向配置

名　称	与环境相关的监管职能
环境保护部	负责建立健全环境保护基本制度;负责重大环境问题的统筹协调和监督管理;承担落实国家减排目标的责任;负责提出环境保护领域固定资产投资规模和方向、国家财政性资金安排的意见,按国务院规定权限,审批、核准国家规划内和年度计划规模内固定资产投资项目,并配合有关部门做好组织实施和监督工作;承担从源头上预防、控制环境污染和环境破坏的责任;负责环境污染防治的监督管理;指导、协调、监督生态保护工作;负责核安全和辐射安全的监督管理;负责环境监测和信息发布
财政部	审批与环境项目相关的国外贷款和国内金融配置等
建设部	城市环境问题,尤其是环境基础设施,例如水源供给和废水处理工厂和对固体废弃物的监管等
林业局	森林保护、植树造林、生物多样性、野生动植物管理等
水利部	控制沙土侵蚀、地下水质量监管、城市外的分水岭监管等
气象局	地区空气质量监管等
国土资源部	土地使用规划、矿产管理、土地复原等
交通部	与环保部共同负责车辆排放和尾气的控制
卫生与计划生育部	监控饮用水的质量及相关病疫的发生
科技部	研究开发环境科学和技术;负责协调全国各项环境研究计划,在环境保护领域进行国际合作
海洋局	管理沿海和海洋水资源、海洋生物多样性的保护

资料来源:作者自制。

（3）按照管理程序划分。

程序划分是根据行政管理流程的需要，将监管权行使的各个环节划分开，交给不同部门掌握。此种划分方式在组织理论中类似于组织的过程部门化结构（Process Departmentalization）（参见图 4.3）。行政管理过程通常由咨询、决策、执行、信息反馈、监督等环节组成，因此根据这些程序可划分为咨询部门、决策部门、执行部门、信息部门、监督部门，让每个部门在管理过程中各自发挥作用，使管理的功能齐全、管理过程井然有序。[9]

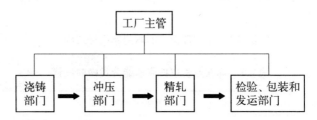

资料来源：[美]斯蒂芬·罗宾斯：《管理学》，中国人民大学出版社 1997 年版，第 240 页。

图 4.3　组织理论中的过程部门化结构

监管权按照程序划分的形式可分为广义和狭义两类。广义形式中，咨询、决策、执行、信息反馈、监督功能分散在不同政府部门间。例如，美国的职业安全监管领域，职业安全与健康管理局拥有决策权和执行权，负责制定职业安全和健康领域的相关标准，并有权对工作场所实行强制监察；国家职业安全与健康研究所负责提供咨询，对职业安全与健康问题进行研究，并对职业安全与健康管理局考虑和可能采用的新标准的制定提出建议；职业安全与健康审查委员会拥有准司法权，负责评判在强制安全健康监管过程中与雇主产生的矛盾。在这个例子中，制定标准、研究和建议、裁决三个方面相辅相成，共同实现监管目标。

狭义的按照流程划分的形式，即监管权按照管理程序在监管机构内部部门划分的情况比较多见。以中国保监会为例，作为按照法律、法规统一监督管理全国保险市场并维护保险业的合法、稳健运行的监管机构，其内部职能部门的划分可细分为咨询、决策、执行、信息反馈和监督等不同环节(参见表 4.2)。

表 4.2　保险业监管权按照管理程序划分表

管理程序	主要部门	具　体　内　容
决策环节	保监会发展改革部	拟订保险业的发展战略、行业规划和政策
咨询环节	保监会政策研究室	负责保监会有关重要文件和文稿的起草;对保监会上报党中央、国务院的重要文件进行把关;研究国家大政方针在保险业的贯彻实施意见;研究宏观经济政策、相关行业政策和金融市场发展与保险业的互动关系;根据会领导指示,对有关问题进行调查研究
执行环节	保监会稽查局	组织、协调保险业综合性检查和保险业重大案件调查;负责处理保险业非法集资等专项工作;配合中国人民银行组织实施保险业反洗钱案件检查;调查举报、投诉的违法违规问题,维护保险消费者合法权益;开展案件统计分析、稽查工作交流和考核评估工作
监督环节	保监会监察局	监督检查本系统贯彻执行国家法律、法规、政策情况;依法依纪查处违反国家法律、法规和政纪的行为;受理对监察对象的检举、控告和申诉;领导本系统监察(纪检)工作
信息反馈环节	保监会统计信息部	拟订保险行业统计制度,建立和维护保险行业数据库;负责统一编制全国保险业的数据、报表,抄送中国人民银行,并按照国家有关规定予以公布;负责保险机构统计数据的分析;拟订保险行业信息化标准,建立健全信息安全制度;负责保险行业信息化建设规划与实施;负责建立和维护偿付能力等业务监管信息系统;负责信息设备的建设和管理

资料来源:作者整理。

三、食品安全监管权横向配置的一般模式

在食品安全领域,监管权的横向配置往往按照职能划分,即将食品安全监管权按照一定时期内特定的监管职责和功能进行组合分解,组成若干个职能部门承担各自监管任务。现实中,按照这种分解组合的集中程度和职能部门外在或内部关系可以归纳为以下几种模式。

(1) 分部门型监管模式。

分部门型监管模式是指由多个职能部门共同行使食品安全监管权,共同履行食品安全监管职能。这种模式的特点是机构多样化、法规部门化,其渊源是历史中对食品生产分工基础上的监管权分割,在惯例的基础上不断积累,形成惯性。分部门型监管模式的代表是英国和美国。英国的食品监管权横向配置采取分部门监管模式,分散于卫生部(DoH)和环境食品与农村事务部(DEFRA)两个部门。美国的食品安全监管权分布于卫生部下属的食品药品监督管理局(FDA)、疾控中心(CDC);农业部下属的食品检验服务部(FSIS)、动植物检验服务部(APHIS);环保部(FPA);商务部下属的海洋与大气管理局;财政部下属的酒烟与火器管理局。此外,环境保护署、商务部、海关总署等也承担某些食品安全监管职能。

此类模式的优点和弊端同样突出:优点在于职责界定清晰,监管按照食品生产环节有的放矢,监管部门有较大自主权和积极性。缺点在于容易产生职能交错、重叠等问题,即使加以规范也可能产生缺乏国家层面的合作、监管范围混淆、部门利益滋生、过度监管或监管不到位等问题。联合国粮农组织和世界卫生组织在 2003 年公布的《强化国家食品控制体系》一文中认为,建立分部门型监管模式时,要考虑监管机构的部门和类别,清晰界定职能,避免重复、重叠或割裂。[10]

(2) 整合型监管模式。

整合型监管模式往往将监管权集中,由单一部门行使食品安全监管职能。此类模式往往采用大部制形式,其代表是加拿大与丹麦。加拿大议会于 1997 年通过《加拿大食品检验署法》将原分散于农产与农业食品部、卫生部、工业部、渔业与海洋部中的与食品安全有关的监管权整合,在农业部之下设立一个专门的食品安全监管机构——加拿大食品监督局(CFIA),统一负责食品监管工作。丹麦的食品安全监管权在 1995 年之后通过大部制加以整合,集中于食品、农业和渔业部。丹麦政府认为,食品监管机构应该是一个整体,全国范围内统一的、简单的、一体化的监管系统对消费者利益至关重要。[11]

整合型监管模式的优势是由一个大部门单独履行食品安全监管的

所有职能,将消费者的食品安全目标置于产业发展目标之上,具有较大的独立性,同时也有利于减少部门职能重叠,提高监管效率。但这种模式也存在一些问题:第一,构建代价高昂。基于历史原因,以单个部门为基础建立一个新的食品安全控制体系的情况相对较少,即使有,其构建过程完全打破原来的利益均衡格局,利益主体对改革的阻挠较大。第二,效果具有不确定性。即使构建成功了,通过一个食品监管机构负责从农产品、生产加工到流通消费的全部食品产业链,其监管的效果具有一定的不确定性。第三,拥有大部制所固有的弊病,包括:机构间矛盾内化为机构内矛盾;加剧机构内部门的重叠和摩擦;增加了部门内部协调的负荷和难度;权力监督和制衡难度增加,导致寻租加剧等,这些弊病会影响监管效率。[12]

(3)分部门协调型监管模式。

分部门协调型监管模式介于分散型监管模式和整合型监管模式之间,它按照食品产业链的不同环节,将监管权依旧分布在不同部门;但在明确划分各部门职责的基础上,加强部门间协调,以实现监管过程中的各司其职、各负其责和相互协作。此类监管权配置模式的代表是日本。日本的食品安全监管权配置于农业水产省和厚生劳动省。农业水产省负责全国生鲜农产品生产环节的质量安全监管;厚生劳动省负责对加工和流通环节的食品安全进行监管。除此之外,日本全国食品安全委员会负责对这两个部门进行协调。

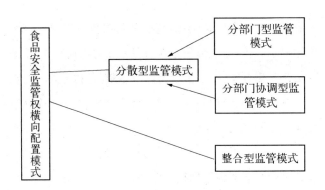

图 4.4 食品安全监管权横向配置的一般模式

分部门协调型监管模式的优势是兼顾历史形成的监管模式现状和提高监管效率的改革要求，增加了部门间的协调，同时使改革成本最小化，使改革的方向、速度和路径更具可控性。这种模式的弊端是，若历史、现状和改革之间的均衡点未准确找到，其缺点如同分散型监管。

由于分部门监管模式和分部门协调型监管模式都是在不同部门分环节监管基础上开展的，本书将其通称为分散型监管模式。由此可见，我国食品安全监管权的横向配置经历了从分部门分散型监管模式、分部门协调型监管模式到整合型监管模式的改革历程。

第二节 我国食品安全监管权横向配置的形式

一、作为食品安全监管权整合形式的大部制

新中国成立后尤其是改革开放以来，我国食品安全监管权的横向配置一直处在渐变过程中，经历了分部门型监管模式、分部门协调型监管模式，直到 2013 年国务院机构改革方案对监管权配置进行整合和统一，组建国家食品药品监管总局，建立大部制。[13]

大部制又称作大部门体制，是指通过机构整合组建大部门而形成的一种政府组织模式。[14]其特点是按政府管理职能，把多种内容有联系的事务交由一个部门管辖，而最大限度地避免政府职能交叉、政出多门、多头管理，从而提高行政效率，降低行政成本。[15]理论上，大部制的优势在于[16]：

一是有利于集中和整合资源，克服部门本位主义，打破部门壁垒。帕金森定律揭示，行政职能部门存在自我膨胀的内在倾向，不断地增长机构和人员是其生存本能。[17]实行大部门体制，有利于人、财、物等在一个更大部门流动，打破部门壁垒，消解众多部门之间利益争夺和人为地限制资源流通的局面。

二是有助于缩减机构，加强行政协调。政府各职能部门行使对特定领域和特定社会事务的管理权。但是，由于职能部门众多，每个职能部门通常只管理特定领域的一个方面，或者特定社会事务治理的一个

环节,由此产生大量行政协调的问题。通过大部门体制改革至少可以减少需要协调的部门数量;同时,通过把小部门合并进大部,成为大部下面一个单位,开辟了行政协调的新途径。

三是消解职能交叉,解决"龙多不治水"问题。在同级政府的职能部门中,如果两个或两个以上的职能部门在自己的职责范围内包含有其他部门的职责,就会发生职能交叉现象,遇到麻烦事争相回避,造成管理空白;遇到"好事",大家都争着管,延长和演绎管理范围,政出多门。大部门体制拓宽了部门的横向覆盖范围,"合并同类项",宽职能、少机构,可以在一定程度上化解这种矛盾。

四是决策与执行分离,提高公共服务的效能。西方国家大部门体制实践中往往将决策与执行分离,设立各种形式的执行机构,负责执行政策,提供公共服务。[18]在许多情况下,引进竞争机制,以多种方式让一些非营利组织通过合同、出租、承包、凭单等方式参与公共服务供给,满足公众日益增长、不断变化的公共服务需求。另外,大部门体制必然使政府部门办公地点、办公职能、办公时间集中,方便群众办事,简化办事程序,加快推行"一门式"服务。

有学者归纳,相对于分设较细的"普通部"而言,大部制具有明显的比较优势。它具有职能统一、部门精干、结构稳定、运行高效等特点,可避免传统机构设置方式的弊端,更加适应现代经济社会发展的需要。作为一种政府组织模式,目前发达国家普遍实行大部制,有的转型国家和发展中国家也采取大部制。[19]

二、食品安全监管大部制的内容

食品安全监管大部制的内容是组建国家食品药品监督管理总局(简称食药监总局),对生产、流通、消费环节的食品安全实施统一监督管理。其依据是党的十八大(2012 年 11 月)、十八届二中全会精神(2013 年 2 月)和第十二届全国人民代表大会第一次会议(2013 年 3 月)审议通过的《国务院机构改革和职能转变方案》。通过组建食药监总局实现食品安全监管权横向配置的整合,其中包括原国家食品药品监督管理局的监管权、国家质量监督检验检疫总局在生产加工环节的食品安全监管权、国家工商行政管理总局在流通环节的食品安全监管权。同时，将工商行政管理、质量技术监督部门相应的食品安全监督管理队伍和检验检测机构划转食药监总局。保留国务院食品安全委员会，具体工作由食药监总局承担。食药监总局加挂国务院食品安全委员会办公室牌子。不再保留食品药品监管局和单设的食品安全办（食药监总局还负责对药品的安全性、有效性实施统一监督管理，但由于此问题不在本书研究范围内，因此在研究中略去，下文中也照此处理）（参见图4.5）。与此同时，通过对监管权的整合力求加强监管能力建设。在整合原食品药品监管、工商、质监部门现有食品监管力量基础上，建立食品监管执法机构，吸纳更多的专业技术人员从事食品安全监管工作[20]。

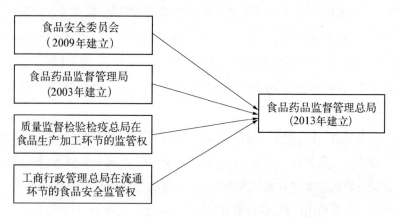

图 4.5　大部制对食品安全监管权横向配置进行整合

三、食品安全监管大部制的主要职能

食药监总局负责对食品药品实行统一监管，在食品领域主要监管职责为[21]：

（1）负责起草食品（含食品添加剂、保健食品）安全等法律法规草案，拟订政策规划，制定部门规章，推动建立落实食品安全企业主体责任、地方人民政府负总责的机制，建立食品药品重大信息直报制度，并组织实施和监督检查，着力防范区域性、系统性食品药品安全风险。

（2）负责制定食品行政许可的实施办法并监督实施。建立食品安全隐患排查治理机制,制定全国食品安全检查年度计划、重大整顿治理方案并组织落实。负责建立食品安全信息统一公布制度,公布重大食品安全信息。参与制定食品安全风险监测计划、食品安全标准,根据食品安全风险监测计划开展食品安全风险监测工作。

(3) 负责制定食品监督管理的稽查制度并组织实施,组织查处重大违法行为。建立问题产品召回和处置制度并监督实施。

(4) 负责食品安全事故应急体系建设,组织和指导食品安全事故应急处置和调查处理工作,监督事故查处落实情况。

(5) 负责制定食品安全科技发展规划并组织实施,推动食品检验检测体系、电子监管追溯体系和信息化建设。

(6) 负责开展食品安全宣传、教育培训、国际交流与合作。推进诚信体系建设。

(7) 指导地方食品监督管理工作,规范行政执法行为,完善行政执法与刑事司法衔接机制。

(8) 承担国务院食品安全委员会日常工作。负责食品安全监督管理综合协调,推动健全协调联动机制。督促检查省级人民政府履行食品安全监督管理职责并负责考核评价。

(9) 承办国务院以及国务院食品安全委员会交办的其他事项。

四、食品安全监管大部制的机构设置

根据食品安全监管大部制的主要职能,国家食品药品监督管理总局设 17 个内设机构,其中与食品安全监管有关的分别为[22]:

(1) 办公厅。负责文电、会务、机要、档案、督查等机关日常运转工作,承担政务公开、安全保密和信访等工作。

(2) 综合司(政策研究室)。承担国务院食品安全委员会办公室日常工作,以及有关部门和省级人民政府履行食品安全监督管理职责的考核评价工作。研究食品管理重大政策,起草重要文稿。

(3) 食品安全监管一司。掌握分析生产环节食品安全形势、存在问题并提出完善制度机制和改进工作的建议,督促下级行政机关严格依法实施行政许可、履行监督管理责任，及时发现、纠正违法和不当行为。

（4）食品安全监管二司。掌握分析流通消费环节食品安全形势、存在问题并提出完善制度机制和改进工作的建议，督促下级行政机关严格依法实施行政许可、履行监督管理责任，及时发现、纠正违法和不当行为。

（5）食品安全监管三司。承担食品安全统计工作，分析预测食品安全总体状况，组织开展食品安全风险预警和风险交流。参与制定食品安全风险监测计划，并根据该计划开展食品安全风险监测。

（6）法制司。组织起草法律法规草案和规章，承担规范性文件的合法性审核工作，承担行政执法监督、行政复议、行政应诉等工作。

（7）稽查局。组织查处重大食品安全违法案件，指导和监督地方稽查工作，规范行政执法行为，推动完善行政执法与刑事司法衔接机制。监督问题产品召回和处置。指导地方保健食品广告审查工作。

（8）应急管理司。推动食品安全应急体系建设，组织编制应急预案并开展演练，承担重大食品安全事故应急处置和调查处理工作，指导协调地方食品安全事件应急处置工作。

（9）科技和标准司。组织实施食品监督管理重大科技项目，推动食品检验检测体系、电子监管追溯体系和信息化建设。拟订食品检验检测机构资质认定条件和检验规范并监督实施。参与拟订食品安全标准。

（10）新闻宣传司。拟订食品安全信息统一公布制度，承担食品药品安全科普宣传、新闻和信息发布工作。

（11）人事司。承担机关和直属单位的人事管理、机构编制、队伍建设、培训工作。

（12）规划财务司。拟订食品药品安全规划并组织实施。承担机关和直属单位预决算、财务、国有资产管理及内部审计工作。

（13）国际合作司（港澳台办公室）。组织开展食品药品监督管理的国际交流与合作，以及与港澳台地区的交流与合作。

此外，在编制方面，食药监总局机关行政编制为 345 名。[23] 其中，局长 1 名、副局长 4 名；为建立国家食药监总局与国家卫生和计划生育委员会加强药品与医疗卫生统筹衔接、密切配合的机制，增设 1 名副局长兼任国家卫生和计划生育委员会副主任；司局领导职数 60 名[24]，国家食品药品稽查专员 10 名。

第三节　我国食品安全监管权横向配置的逻辑与争议

一、监管权横向配置整合模式的形成基础：分散型监管的悖论

（一）食品产业链与多环节属性

在相当长时期内，我国的食品安全横向配置采用分部门监管模式和分部门协调型监管模式，如前所述，这两类合称为分散型模式。之所以采取这类模式，其逻辑基础是食品问题的多环节属性。据联合国粮农组织（FAO）和世界卫生组织（WHO）的观点，食品安全问题的成因主要涉及微生物危害、农药残留物、滥用食品添加剂、化学污染物（包括生物毒素）和人为掺假。[25]具体而言，发达国家的食品安全风险主要来自食品生物污染和新科学技术的运用。例如，由致病菌、病毒、寄生虫等造成的食源性疾病；转基因食品、辐射食品、"疫苗食品"的出现对人类健康的影响；食品工程新技术所使用的配剂、介质、添加剂及其对食品安全的影响等。在发展中国家，种植、养殖业的源头污染，食品添加剂的不规范使用，生产、加工、包装、运输条件达不到食品安全要求，人为制售"假冒伪劣"食品等问题十分严重。[26]由此可见，一般情况下，食品安全问题产生的风险因素贯穿整个食物产业链（Food Supply Chain）（也称作食品供应链，本书统一采用食物产业链的提法）。

食品产业链是指从食品的初级生产经营者到消费者的各个环节的利益主体所组成的整体。[27]食品生产、加工、销售和处理等已融入高度复杂的现代社会分工中，包括数量繁多的部门和环节，在从土壤、水源、种植、采集、加工、包装、存储、运输、销售直至消费的一系列

环节中,任何一部分出现问题都会危及食品安全,产生食品安全问题[28](参见图 4.6)。

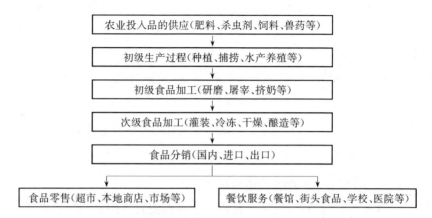

资料来源：Strengthening national food control systems：guidelines to assess capacity building needs. 2006：4，ftp://ftp. fao. org/docrep/fao/009/a0601e/a0601e00.pdf，2013 年 8 月 12 日访问。

图 4.6　食品产业链

用食品产业链的角度来观察比较符合食品安全问题产生的现实[29]。从食品生产的源头来看,生产农作物和研制动物的土壤和水会产生食品安全问题,水源性疾病会通过灌溉水和土壤传播。化肥、杀虫剂和饲料添加剂的滥用是形成化学性污染的元凶。比如,有些杀虫剂通过食物在人体中积累会导致癌症等疾病,在牲畜饲料中添加激素和抗生素会对消费者健康产生各种影响,转基因植物也会激发人体的过敏反应。在食品制造加工环节,致病菌、加工中的化学残留、食品添加剂等因素也会对消费者健康产生危害。在流通环节,一方面储存问题会导致食品变质引发食源性疾病;另一方面,餐饮和家庭消费中的不良卫生条件也会将污染物和致病菌带入食品中。

以奶制品产业链为例,影响其安全的风险因素主要为微生物性因素和化学性因素,它们在生产、加工和流通过程中都会产生影响。微生物因素包括细菌、病毒、寄生虫和真菌毒素等。在生产过程中,可能涉及动物自身(包括动物健康、牧群规模和年龄等指标),以动物性传染疾

病的形式进入原料奶,或来自环境(包括畜舍、粪便、饲料和水等方面)
和挤奶过程中的污染(包括挤奶习惯、挤奶设备等方面)。虽然在加工
过程中,许多原料奶都采用巴氏灭菌法,但储存、流通等环节中温度、
PH 值、防腐剂、有机质含量等也会影响微生物在奶制品中的存活和生
长能力。化学性因素包括空气、水、土壤毒性金属的环境污染、杀虫剂、
牲畜用药、食品添加剂等。它们可能有意无意地通过产业链进入奶制
品。在生产初级阶段,有意加入的化学制品包括农用和治疗牲畜用化
学品和饲料添加剂,在初级加工阶段加入的清洁剂,在加工期间加入的
食品添加剂和加工助剂等。除此之外,重金属、有机污染物、自然毒素
等化学性因素作为环境污染物可能进入牛奶制品。包装中也会有一些
化学性因素的污染(参见表 4.3)。

表 4.3　进入奶制品产业链的微生物因素

产业链中的 具体阶段	微生物性因素进入途径
动物健康	产奶动物的疾病和带菌者会增加致病菌直接进入原料乳 或动物粪便的数量
牧群规模	牧群规模可能对一些致病菌的流行产生影响
年龄/生产状况	幼崽更容易受感染
畜　舍	密集的畜舍可能增加致病菌传染的风险
粪　便	粪便可能增加致病菌传染的风险
污　水	污水会污染牧场和动物
饲　料	被污染的饲料会导致致病菌传染
饮用水	水源会被反刍动物和粪便污染
挤　奶	不良的挤奶习惯和不适当的设备维护会导致原料乳的 污染
储　存	在挤奶后不良的温度控制会导致致病菌的产生
运　输	在运输期间不良的温度控制会导致致病菌的产生,输送 罐维护不良会导致牛奶的污染

资料来源:Marion Healy, Paul Brent, "Developing Evidence-based Food Standards: Successes and Challenges", *The Australian Journal of Dairy Technology*, 2007(2)。

(二) 我国食品安全问题的多环节属性

在我国,现阶段食品安全问题的严峻性主要体现在食品产业链的每个环节都存在比较严重的问题,并且这些问题随着食品在产业链中流程的递进从农业、生产加工到运输流通不断积累汇集,互相污染,逐渐加重,最后叠加于产业链末端的消费环节。为了便于研究,本书把我国食品产业链大体分为农畜产品生产环节、生产加工环节、流通环节三部分,对每个环节导致食品安全危害的情况进行系统观察。

(1) 农畜产品生产环节。

在农畜产品生产环节除了微生物、寄生虫等生物学危害之外,导致我国食品安全问题的因素还包括以下几类:

首先,产地水污染。在我国的 78 条主要河流中,有 54 条已受污染,其中 14 条受到严重污染;在大约 5 万条支流中,75% 受到污染。被污染的河流总长达 1.8 万公里,其中许多河流是农业浇灌的主要来源,也是养殖业中牲畜的饮用水。[30]

其次,产地土壤重金属污染。随着工业化的发展,我国土壤重金属含量剧增。2011 年国家环保部组织的全国土壤污染调查显示,我国重金属污染的土地面积已达 1.5 亿亩,每年平均有 150 起重金属污染事故。[31]国土资源部数据显示,全国每年受重金属污染的粮食高达 1 200 万吨。国务院正式批复的《重金属污染综合防止"十二五"规划》已将内蒙古、江苏、浙江等 14 个省份列为重金属污染重点治理省份。宁波市各类蔬菜的锌、铬、镉的超标率达 60% 以上;浙江长兴县的大米、茶叶等农产品受铅污染,当地的水稻大面积死亡。土壤重金属污染具有长期不可逆性,由此进入农产品必然带来严重而长期的食品安全问题。[32]

第三,滥用农业投入品。这些投入品包括化肥、农药、植物激素和其他各类化学添加剂。我国农业化肥的施用强度居世界之首,2011 年化肥施用量为 4 253.8 万吨,到 2010 年增至 5 561.7 万吨,10 年间增加了 30%[33],大量化肥不能被农作物完全吸收,会转化成硝态氮,污染土壤和地下水形成亚硝酸盐。人们食用亚硝酸盐过高的蔬菜、水果,会有致癌、致畸、致突变的危险,甚至导致死亡。虽然我国政府已明令禁止施加高毒、高残留农药,但使用禁用农药的现象屡禁不止。2010 年"海南毒豇豆"事件中抽查的 59 个豇豆品种中,合格率仅 21 个,其中 12 个含有高毒农药残留。许多农药在农产品中大量残留或通过食物链的生物富集进入人体,导致人体急性或慢性中毒。20 世纪 90 年代以来,我国平均每年农药中毒高达 9 万人。[34] 除此之外,植物激素污染可使儿童早熟和成年人内分泌失调,瘦肉精和三聚氰胺等化学添加剂添加于动物饲料中的报道也屡见不鲜。

(2)食品生产加工环节。

在这个环节可能产生的问题包括:在食品生产和加工过程中的细菌微生物危害、添加剂的滥用、食品包装材料的污染、食物烹调过程中的污染、人为造假、生产假冒伪劣产品等等。赵国平的研究表明,小型食品加工企业存在整体卫生状况差、使用劣质原料、从业人员不规范等问题。[35] 杨华和张玉梅对北京市全部 29 家学生营养餐生产和送餐企业的状况进行调查,结果显示,29 家企业中卫生管理制度健全并落实到位的合格率仅 10.35%,从业人员卫生状况合格率仅 79.31%,环境卫生及设施合格率仅 27.59%,企业卫生状况令人担忧。[36] 胡慧媛和甘小平对黑龙江全省的生产加工企业的调查显示,部分食品加工企业的化验室形同虚设,没有必要的检验设备和检验仪器,食品出厂的检验不全,无论是事后监控还是事前预防都无法做到。[37] 张秋琴在郑州市的调研发现,食品生产加工企业在生产过程中定期检测食品添加剂的仅为 23%,67% 的企业仅在最后环节进行检测,还有 10% 的企业对生产加工食品中的添加剂不进行检测。[38]

(3)食品流通环节。

食品流通环节是消费者接触食品的第一道环节,也是食品进入千家万户的最后一关。在这个环节也有许多食品安全隐患存在。在流通环节,市场准入门槛较低,食品经营单位数量庞大,中小企业占主体,小作坊、小摊贩、小餐饮大量存在,小、散、乱问题突出。其中,相当部分食品经营单位缺乏必要的设施和规范的管理,不具备经营合格食品的基本条件。部分经营者诚信自律意识差,甚至为了获取利益故意违法。

与此同时,在流通环节,地区间、城乡间、群体间差异极大,许多低收入群体较易成为食品安全的受害者。2006 年,工商管理部门查处经营资质、食品质量方面存在问题的食品经营主体 69.93 万户;2007 年,捣毁销售制假的食品窝点 2 856 个,取缔无证经营 4.78 万户;2008 年,查处假冒伪劣食品案件 5.3 万件,案值 2.3 亿元;2009 年,取缔无照食品经营主体 8.9 万户,捣毁食品制假售价窝点 3 530 个,查处流通环节食品安全案件 7.2 万户;2010 年,查处食品违法案件 7.69 万件,取缔食品无照经营 7.2 万户;2011 年,取缔无照食品经营 4.6 万户,查处食品安全案件 6.9 万件。[39]上述所查处案件和取缔经营主体的数目可能只是冰山一角。

(三) 基于多环节属性的分散型监管

依据食品安全问题的多环节属性,我国一段时期内采取多部门分环节的分散型监管权配置方式,将监管权分散配置于不同部门中,力求使他们对应于食品产业链各个环节,分段监管。此制度设计的初衷是,这种配置方式符合食品产业现实发展的规律,针对性强,监管部门责任界定清晰明确,因而监管效率高。虽然其间有过一系列调整,从分部门型配置转化为分部门协调型配置,但在 2013 年大部制改革前,基本格局始终属于分散型配置。

其基本配置是:按照一个监管环节,一个部门监管的原则,采取分段监管为主、品种监管为辅的方式。[40]在横向维度,监管权主要配置于卫生、农业、质检、工商、食品药品监管等部门。其中,农业部门负责初级农产品环节的监管;质检部门负责食品生产加工环节的监管;工商部门负责食品流通环节的监管;卫生部门负责餐饮业和食堂等消费环节的监管;食品药品监管部门负责对食品的综合监管,组织协调和依法查处重大事故,并直接向国务院报告食品安全监管工作。2009 年通过的《食品安全法》在此基础上设立国务院层面上的国家食品安全委员会作为协调机构来进行超越部门利益的协调工作。

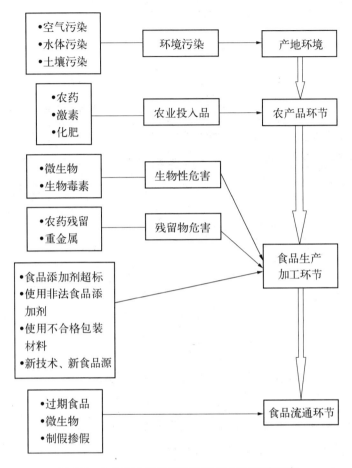

图 4.7　食品产业链各环节引发安全问题的因素

除此之外，商务部、环保部以及工业和信息化部等部门也涉及一部分的食品安全监管工作。比如商务部负责规范国内外贸易的市场运行和流通秩序，即在食品安全监管领域对流通负有一定的管理职能，承担组织实施重要消费品市场调控和重要生产资料流通的管理；环保部参与产地环境、养殖场和食品加工流通企业污染物排放的检测和控制工作等；科技部负责食品安全科技工作；工业和信息化部承担食品行业管理工作。

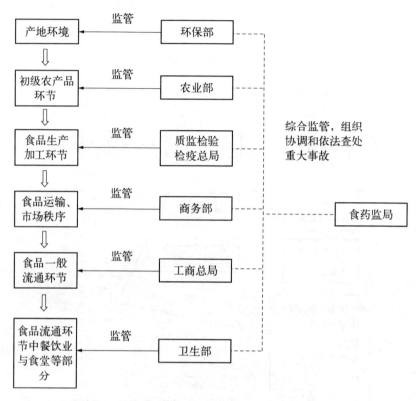

图 4.8 我国食品安全监管权横向配置分散模式

(四) 制度设计"应然"与现实层面"实然"的悖论

从表面上看,食品安全监管权横向配置的分散模式似符合食品产业链的逻辑,以多部门分段负责的方式来应对食品安全问题的复杂性、多样性和多环节性。但其依据的基本假设是:那些针对不同环节的监管权的行使者为了公共利益而无私高效地合作。

在应然层面,没有为政府部门利益预设的空间。政府部门及其工作人员被认为是公共利益的忠实捍卫者和无私忘我的公仆。在此语境中,政府部门没有自己的利益,作为政府组成人员的公务员是只受道德驱动的道德人,作为公权载体和公共利益代表的政府部门不允许也不可能出现背离公意的谋私行为。黑格尔在《法哲学原理》中给予官僚政治以异常崇高的地位,他认为,国家是人类活动理性与普遍原则的化身,官僚是国家与社会的中介,通过它,国家与社会才能

126

达到统一。

在实然层面，"现代政府的现实情形是，它们的角色超越了公众所期许的'仆人'的范围……官僚的权力和影响力源于它拥有对大量重要的政策资源的支配权。第一，法律赋予官僚机构某些关键性职能，也赋予官僚个人代表政府做出决策的很大的自由裁量权。第二，如果他们特别企求的话，官僚机构则拥有绝对的优势获取物质资源以实现其组织的，甚至个人的目的。"[41]马克思指出："官僚依照形式主义那种千篇一律的精神行事，并且创造出一种幻想的普遍利益，也就是官僚阶层自身是属于特殊利益集团，却硬把自己当作普遍利益的化身。官僚政治是一个知识等级制度，将知识转化为神话和秘密，将官员们束缚在追逐升迁的职业中，并保证他们比其他人有更大的稳定安全。"[42]安东尼·唐斯认为，官员们的行为也受个人利益的驱动，其动机是效用最大化，他们的社会职责与私人动机之间往往存在分歧。官员的动机包括权力、金钱收入、声望、便利、安全等，这些动机决定了官员在官僚组织中与职位相关的部分行为。[43]在詹姆斯·布坎南看来，政治领域中的人同其他领域尤其是经济领域的人并无二致，追求个人利益最大化是人永恒不变的行为驱动力，而这种经济人或理性人的本性不会因为人们所处场域的不同而有所变更。政府部门作为特定人群的集合体，在行为取向上必定会受到其基本成员个人的利益的影响，这就使得政府部门会具有特殊的利益偏好。因而，作为组织形态存在的政府部门，不过是个人的放大化，个人的理性赋予了部门理性。由此可见，在现实的政治生活中，政府部门是存在着自身利益的，并非如公众所期许的是一种非利益组织。[44]

这种制度设计的"应然"的"不同环节的监管权的承载者会为了公共利益而无私高效地合作"的预期与现实中"实然"的"政府部门基于自利的机会主义和本位主义行为"的张力和悖论，在食品安全监管权横向配置的分散模式中显露无遗，从某种程度上类似于奥尔森提出的"集体行动的困境"，其实质是集体合作中个体理性、个体目标与集体理性、集体目标之间的冲突。

(五) 监管权分散配置中集体行动的困境

任何组织或集团都有自己目标。对组织进行系统研究的逻辑起点就是它们的目标[45],政府部门也不例外。按照安东尼·唐斯的观点,个体官员的目标可以分为终极目标、社会行为目标、基本政治行为目标、基本个人目标等不同种类。而官僚部门的目标也呈现不同层次,包括社会职能目标、官僚结构目标、广泛的官僚政策目标、特定的官僚政策目标,官僚部门的目标与官员个体的目标联结在一起,形成一个包含道德的、行为的、心理的和经济的复杂关系网。他们用其经济资源和感情资源进行投资,构造围绕自己关系网的行为模式。[46]现实中,官僚、政府部门、政府整体都处于这种镶嵌关系中,并在嵌入中互相构建。

同时,个体与集团之间、小集团与大集团之间也有些不同甚至互相冲突的目标。其中一致的目标称为相容性(Inclusive)目标,利益主体在追求这些目标的时候互相包容,如同博弈论中的正和博弈。另一些冲突的目标称为排他性(Exclusive)目标,利益主体在追求这些目标的时候互相排斥,如同零和博弈。[47]奥尔森提出,传统理论认为,有共同利益的个人所组成的集团被认为是为他们共同利益而行使,但实际上,除非集团中人数很少或者存在强制性等某些特殊手段以使个人按照他们的共同利益行动,否则有理性的、寻求自我利益的个人不会自发采取行动以实现集团的利益。即使一个大集团中所有个人都是有理性的和寻求自我利益的,而且作为一个集团,他们采取行动实现他们共同利益或目标后都能获益,他们仍然不会自愿采取行动以实现集团的利益。[48]同时,奥尔森还认为,在一个大集团内部形成了不同的小集团,小集团和大集团的行为逻辑截然不同。集团的规模大小与其成员行为和集团行动的效果密切相关,小集团比大集团更具凝聚力,行为更有效。因为就集团行动内部效果即提供公共物品数量接近最优水平或增进集团利益来说,小集团比大集团激励机制更强。[49]这种个体与集团之间,小集团与大集团之间在不相容目标或利益之间的冲突,被称为"集体行动的困境"。而在我国食品安全监管权横向配置分散模式中,当作为政府整体的监管目标或利益与拥有某环节监管权的部门目标或利益出现不相容的时候,这种"集体行动的困境"就会产生,部门在自身利益的趋势下的机会主义行为会对监管的整体效果产生巨大的不良影响。这就是分散型监管在应然与实然层面冲突下所产生的悖论。本书将从职责界定、利益关系、组织结构、约束机制四个方面加以阐释。

（1）在职责界定方面边界模糊，使监管权互相交叉或形成遗漏。

从理论上而言，食品产业链中从产地环境、农产品、生产加工到流通等各环节前后相连、清晰可辨，各部门据此科学划分、各司其职；但现实中，相当长时期内，处于产业链不同环节分散的监管权之间互相交叉甚至模糊不清。此类例子时有所见[50]：

在农产品环节的农业投入品使用和生产的监管方面，存在卫生部门监管权与农业部门监管权的交叉。《食品安全法》第21条第3款规定，屠宰畜、禽的检验规程由国务院有关主管部门会同国务院卫生行政部门制定。但国务院《生猪屠宰条例》《畜类屠宰加工通用技术条件》、《猪瘟检验技术规范》等文件规定："与兽医卫生检验有关的法规或国家强制标准都由国内贸易部门、农业部依法单独拟定。"《食品安全法》第21条第2款规定："食品中农药残留、兽药残留的限量规定及其检验方法与程序由国务院卫生行政部门与农业行政部门共同制定"，但《农药管理条例》和《化肥登记办法》中的此项完全由农业部单独制定。

在生产加工环节，《食品卫生法》[51]第43、44、46条中赋予卫生行政部门"对生产、经销超过保质期、不符合营养和卫生标准的腐败变质、掺假制假、有毒有害食品的，对保健食品做夸大宣传的，食品标签未按规定等进行查处"的职权，与质检、工商部门依《产品质量法》、国务院《查处食品标签暂行规定》等职能交叉。《食品卫生法》第35条关于食品卫生监督员进入生产经营场所检查的规定，与质检、工商部门在生产领域法定抽查职能交叉。《食品卫生法》关于申请从事食品生产加工所需的条件与国家质检总局2004年颁布的《食品质量安全市场准入审查通则》所规定的食品加工企业设立的必备条件重合。这意味要申请开办一个食品加工企业必须同时依照卫生部门与质检部门的双重管理。

在流通环节监管权的配置中，工商部门负责食品流通环节的监管，卫生部门负责餐饮业和食堂等消费环节的监管，这两者在一定程度上交叉。这意味工商部门与卫生部门对流通环节都有监管权。那么，其中工商部门的质量监管与卫生部门的卫生监管区别何在？这些问题谁也说不清。

现实情况中还存在食品产业链本身处于模糊不清的情况，比如"前店后厂"类的食品生产加工与流通环节合一状态，许多连锁蛋糕店、西点店后面生产、前面加工，边做边卖。他们经常会面临质检和工商重复抽检、重复收费，对此不堪重负。与此同时，还有些环节出现监管遗漏。农业、生产加工、流通等环节还难以涵盖"从田头到餐桌"的链条。举例来说，对于其间的运输、储藏等环节的配置权并无细分性规定。2005年发生的"孔雀石绿事件"的主要原因就是在鱼类的运输过程中为了延长生命加入高毒性的孔雀绿，而对运输环节的监管至今依旧是一个空白点。[52]

（2）在利益关系方面，部门本位主义普遍存在，使部门间利益争夺剧烈。

安东尼·唐斯认为，官僚组织领域的最重要特性之一就是其界限模糊。这种模糊来自现代社会的复杂的相互依赖性。每个社会机构本质上都是一定程度的领域帝国主义者。在政策空间上，它寻求扩展它的各个领域的边界，或者至少增加在每一个地带内的影响程度。争夺政策空间的位置的斗争从来没有停止过，正如每个官僚组织为了保卫或者扩展不同领域的现在边界而斗争一样。[53]在食品安全监管领域，每一次监管权配置的变化都会引起不同部门间利益的斗争。最初，作为《食品卫生法》授权的执法主体，卫生部门在监管权领域处于中心位置，但多次的监管权重新配置，使得其逐渐丧失重要性。质检部门获得卫生部门承担的食品生产加工环节的监管权，地位提升；2001年将原来属于国家质量技术监督局负责的流通领域的监管权划分给工商部门；2008年食品药品监管局由卫生部管理。每一次变动背后都充满着各类的利益之争。某市质监局工作人员接受访谈时提到了质监部门与卫生部门质监的矛盾[54]：

> 国务院2004年已经把生产领域的食品安全监管权划给我们了，但卫生部门依旧不愿意退出，他们以办卫生证、健康证为名继续到企业那里抽查，只是换了一个名号又继续对生

产领域的食品安全进行执法。在生产领域的食品基本纳入了QS管理，也就是必须要由有资质的机构出具产品检验报告才能出厂。QS管理比卫生许可证的管理更严，已经包含了卫生许可证所监管的全部内容。本来纳入QS管理的食品是不需要办卫生许可证的，但卫生部门经常以办理卫生许可证的名义重复管理，照样收费不误。

为了实现自身利益，有些监管机构对可以获得利益的监管领域互相争夺，对没有利益的监管点互相扯皮，谁都不管。[55]

例如上海市街道自动售水机的监管问题[56]。

对于这些问题，各部门都觉得利益较小，对应该谁监管，互相扯皮各有说法。劳动部门给经营者发证解决就业问题，不负责监管；工商部门认为，自动售水机的原理是将水由不能饮用变为可以饮用属于生产行为，应由质监部门负责；质监部门认为，这些经营属于无证照经营，理应由工商部门处理。最后结果是三不管，留下监管空白[57]。

（3）组织结构方面呈现碎片化，增加了协调与合作的成本。

食品安全监管权横向配置的分散模式的设计初衷是将食品安全监管细化，让整个食品产业链上的各个环节都得到监管，以充分发挥各个监管权主体的专业化优势。这既是现代社会专业化分工的要求，也是食品问题的日益复杂的性质所决定的。然而，在监管权专业化分工细化的同时，却使得监管权承载主体之间的关系"碎片化"，增加了食品安全监管部门间的协调成本和合作成本。[58]拉塞尔·林登曾描述过这类情况下协调与合作的困难："权力和功能分割的代价巨大。尽管劳动力的划分和专业化的确使得政府有能力管理更加复杂的问题，但与此同时，它们也导致政府职能的四分五裂、职责重复和无效劳动。"[59]

在监管过程中，具体的监管部门之间本来应该是紧密联系的，但现实中各自为政。工商部门在市场上发现的问题不能及时通知质检部门在生产环节予以重点监控；卫生部门查到的问题，工商部门不知情；工商、质检、卫生部门查到的涉嫌犯罪的案件，该移交司法机关的没有移交；等等。究其原因，在于高度组织化、官僚化的机构到处构筑了无形的围墙，这些围墙对部门内部信息进行封锁，对其他部门信息实行封杀。对组织内部的成员来说,如果只要达到本部门的直接目标就可以得到回报,他们自然没有考虑全局进行合作的动力和动机。[60]

2003年,国务院机构改革将原来的国家药品监督管理局改为国家食品药品监督管理局,希望以此为综合协调机构,消除和减少监管中部门之间、环节之间的冲突与损耗,消除和减少推诿和掣肘现象。2008年,国务院机构改革设立国家食品安全委员会负责综合协调,也是此目的。但由于协调事务复杂,权威性不足,依据不足,自身人员、编制及经费保障力度不够等种种原因,使得机构呈"虚化"状态,并未起到良好的协调与促进合作的作用。虽然监管部门间存在一些合作的相关制度,如信息通报、行政协调、联合执法、案件移交等制度,但这些制度规范程度不高,对各部门之间在合作中具体的权利义务没有明确规定,更没有强有力的责任约束和追究机制,整体比较粗糙。马伊里将政府部门间合作障碍的原因归纳为四种,这四种原因也可适用于对食品安全分散型监管悖论的解释:第一,机构间资源流通与共享存在障碍,这些障碍包括体制性障碍、技术性障碍和各部门把握规则的人为不确定;第二,机构间信息的选择、判断存在障碍;第三,机构间在合作生产提供新的"公共服务产品"方面缺乏有效的动力支持;第四,机构间在合作过程中缺乏达成共识的机制。[61]

(4)约束机制方面,法制化程度不高缺乏刚性规范,上级难以运用等级性权威进行有效控制。

尽管食品安全监管部门间合作的相关制度在一些地方已经初步建立,但由于制度规定较为笼统和原则,缺乏具有可操作性的实施方案;制度规范化和法制化程度低,缺乏刚性的约束机制,合作范围狭窄,合作频率较低。以联合执法为例,几乎每年上至国家层面下至地方政府都会开展食品安全专项整治行动,并采取联合执法的形式实施。[62]但是,联合执法制度化较低,联合执法中各部门的具体职责、联合执法人员的管理、联合执法行动的主要内容、启动机制、行动保障等,都没有明确的规定,致使食品安全联合执法常常出现节日化、运动化、覆盖面不广、执法配合不够等问题;在联合执法过程中,各参与部门存在依赖心理,出现"谁牵头谁负责"、"谁组织谁检查"的现象,甚至有的部门只是一种"陪衬"[63]。对于食品安全领域运动式的联合执法,有学者写道:"目前,在打击假冒伪劣食品和促进食品安全的执行过程中,往往是出现了重大食品安全事故后,由上级机关发布条文,进行一阵风式的检查、处理,经常以'严打'、'专项整治'等方式开展监管工作。当这阵风过后,打击假冒伪劣食品的行动偃旗息鼓,在风头上隐匿起来的制假分子又重新行动起来,使得中国食品安全问题难以摆脱'食品安全问题泛滥—打击—食品安全问题暂时被缓解—再度猖獗—再打击的怪圈'。"[64]

在分散模式中,除了由于法制化程度不高缺乏对合作的刚性约束之外,另外一种约束,即上级的等级性的权威是否能对合作行为进行控制呢? 答案是否定的,其原因在于所谓的"公共物品难题"。食品安全监管类似于奥尔森集体行动的困境中某种共同供给的公共物品。[65]公共物品具有供应的关联性(Join of Supply)和非排他性(Impossibility of Exclusion)的特征。[66]监管权分散模式中所有环节的监管部门是共同提供公共产品的整体,其分工并非简单、割裂的劳动分工,任何一个环节的监管效果都有较强的外部效应,会对整体的监管效果产生影响,同时实践中很难将每个环节的责任都界定得清晰明确,每个监管部门的实际监管绩效彼此相连,很难辨别。[67]由于这种模糊性的存在和职责不明,各监管部门都会存在"搭便车"心理,为了最小化监管成本,维护部门利益,缺乏主动履行监管职能的动力,出了问题,总是推卸给其他部门。除非建立代价不菲的食品安全追溯系统,否则上级部门对具体的监管责任较难清晰辨别。

综上所述,我们对监管权横向配置分散模式做了系统分析,发现此模式理论设计与现实运作之间存在"悖论",其弊端主要体现在四个方面:第一,在职责界定方面边界模糊,使监管权互相交叉或形成遗漏;第二,在利益关系方面,部门本位主义普遍存在,使部门间利益争夺剧烈;第三,在组织结构方面呈现碎片化,增加了协调与合作的成本;第四,在约束机制方面,法制化程度不高,缺乏刚性规范,上级难以运用等级性权威进行有效控制。这四个方面共同构成了某种"集体行动的困境"。在这种困境中,当作为政府整体的监管目标或利益与拥有某环节监管权的部门目标或利益出现不相容的时候,部门在自身利益驱使下的机会主义行为会对监管的整体效果产生巨大的不良影响。而通过监管权横向维度的重新配置,从分散模式向整合模式变迁,其逻辑在于对这种"集体行动的困境"的突破和超越。

二、监管权横向配置整合模式的逻辑:突破集体行动的困境

食品安全监管权横向配置整合模式的基本内容是构建大部制,其设计目的是克服分散型监管在理论与现实之间悖论。这种悖论在现实中表现为"集体行动的困境",具体而言,困境分别体现在职责界定、利益关系、组织结构、约束机制四个方面。从某种意义而言,克服这种困境的钥匙就在于对这四个方面的改善,因而构成了整合模式的基本特点。

(1) 在职责界定方面,统一监管领域的重要环节,消解职能交叉和重复。

通过大部制改革,目的是将分散于食品产业链主要环节的监管权集中,有利于消解各项职能交叉、重复和政出多门的现象,理顺监管关系,减少机构数量。如前所述,监管权分散模式决定了食品安全监管类似于共同供给的公共物品,在这种情况下产权界定不清晰,容易产生"搭便车"现象。一方面,食品安全监管效果取决于多部门的协同努力;另一方面,公共物品提供的不可分割性又使得精确衡量各部门的监管业绩十分困难。同时,一旦食品安全出了问题,监管责任也同样无法分清楚。因此,监管部门的最佳行动策略是平时自己不作为,并指望其他部门多作为,若监管问题产生则尽量推诿。其结果是分散监管模式看似层层设防,实则管理空当。由此可见,产权的清晰界定在食品安全监管中非常重要,对监管资源的配置和监管绩效有重大影响。通过大部制将重要的监管权集中,统一于一个部门,使得产权边界清晰度增加,责任主体明确化,可以避免由于职责不清、权限不明而产生的模糊或空白地带。[68]颜海娜指出,监管领域产权界定的交易成本很高时,通过整

合可以节约交易成本。因此，当界定多个部门之间责任比较困难的情况下，需要把责任内部化，即把外部成本内部化。这意味着，食品安全监管权的配置越是相对集中，部门监管的有效性和积极性就越高；相反，分散型监管会增加部门的交易成本，从而降低食品安全的监管效率和效果。举例来说，我国所有出口蔬菜的质量控制都只涉及一个部门，即国家质检总局下属的出入境检验检疫局。在这种集中监管下我国几乎所有出口蔬菜的农药残留都控制得较好。[69]周德翼和吕志轩以蔬菜产业为例，对监管权整合模式与蔬菜供应链的关系进行了大量的实证研究，发现监管权的整合会导致供应链的一体化。在监管权的整合模式下，监管机构可以在整个供应链中选择最有效的检测点，促进供应链一体化的形成和产业信誉机制的建立。同时，监管机构可以利用供应链内部的控制机制来有效控制食品安全，起到"四两拨千斤"的作用，有利于促进市场机制的演化，促进公私合作机制的形成。"整合型监管模式"和"供应链的一体化"互相依赖、协同演化，形成两种更有效率的信号产生与知识管理制度。[70]

（2）在利益关系方面，打破部门壁垒和本位主义。

整合模式的设计意图之一将原来分散监管主体之前的"市场交易"转化成"科层内控制"，有利于打破部门壁垒和本位主义，减少因利益争夺而产生的消耗。此概念接近于制度经济学中的"纵向一体化"的内涵。制度经济学家奥利弗·威廉姆森在研究企业兼并问题的时候，提出"纵向一体化"理论，指出"纵向一体化"是将众多组织形成一个最优的经济单位。[71]首先，在任何一个能够独立生存发展的群体里，可容许的组织内部行为的范围是由所有权让渡的因素划定的。通过所有权让渡所形成的纵向一体化可以减弱原敌对双方相互侵犯性的倾向，使得各种利益逐渐一致。其次，在分散的情况之下，不同的组织间经常会发生由交易时财产权利的界定而发生的讨价还价，而纵向一体化可以使交易内部化，以此协调交易双方原本存在的利益分歧，消除当财产权利未加以界定或规定不当时所导致的讨价还价成本。再次，纵向一体化之后，共同的培训和经验以及生产过程中发展起来的规范，可以应用于有关复杂事务的沟通上，从而克服"非一体化"中的低信任度问题，建立起高信任度的组织文化。由此可见,随着整合度的上升,交易所花费的信息搜寻、谈判、履约保障等成本就越小,相关利益方发生利益冲突的可能性就越低,部门的本位主义越容易削弱。[72]

(3)在组织结构方面,改变"碎片化"局面,减少协调与合作的成本。

长期以来,在监管权配置的分散模式始终存在着合作的难题,其协调与合作的成本非常高。在合作方面,食品安全监管部门之间的合作难题之一是合作激励不足。激励不足是指各分散部门之间合作的重要的激励机制是对合作收益的预期。但是监管部门间合作的政治性交易与市场领域的经济性交易有很大区别,政治性交易的特点是回报的延时性、收益的不确定性、资源依赖的不对等性[73]。首先,回报的延时性是指合作的不同部门在付出与回报上,在时间与空间上被分隔了,即从某一时间点而言,双方在付出与回报上处于一种不均衡状态。若没有有效的机制保障,一旦合作的某一方由于人为或体制性的因素,中断了分享或回报的行为,合作就会中断。有迹象显示,这种合作一旦中断,将会影响双方未来进行合作的可能性。其次,收益的不确定性是指由于合作的不确定因素非常多,使得双方预期的未来收益变得非常不明朗,出于对收益能否得到预期实现或付出能否得到相应回报的担心,双方都有采取机会主义的动机,缺乏合作的主动性和积极性。再次,部门间需要的契合度是合作的重要基础,即部门间资源的依赖结构。资源依赖的不对等性是指合作一方的某个部门所拥有的优势资源并非其他部门所希望得到的资源,或者某个部门在实现组织目标过程中,对其他部门资源的依赖程度强,而其他部门对它的资源依赖程度低。由此可见,回报的延时性、收益的不确定性、资源依赖的不对等性都可能影响部门间合作。而在整合模式的科层制下,通过等级性的控制制度对政治性交易的回报、收益的确定、资源的共享进行了权威性的规定,以内部规则理顺了合作激励机制并提供明确的预期,从某种程度上,缓解了合作的难题。

在协调方面,过去的食品安全监管权分散模式下监管部门间缺乏高效的协调机制。虽然2003年国务院机构改革将原来的国家药品监督管理局改为国家食品药品监督管理局负责协调，2008 年建立国务院食安办负责协调，但由于法律依据、行政权威和经费保障等问题，实际约束力并不如预期的那么大，这些系统在实际操作中被虚化，各部门或不买账或阳奉阴违，并未起到良好的协调效果。相对这些外部协调机构，整合模式中科层制内部的协调更具权威性，并减少协调成本。

（4）在约束机制方面，促进规范化约束，以权威带动监管效率的提高。

打破部门界限，整合相关监管权，对性质相同的监管事项整合，由单一机构监管，应该说是最具权威性的监管方式。[74]部门间外部机构转化为部门内部的机构，使科层制的规范化约束和权威性强制力能带动监管效率的提高。对于科层制控制之所以能够具有强制性和权威性，理查德·爱德华曾做了深入研究并指出，这些科层制的控制力量就在于其表面上的非个人化特征。他写道："首先，科层制控制使权力看起来好像来自正式组织本身。等级关系从人与人之间的关系，转变为职位占有者之间或者职位本身之间的关系，从而自牵涉其中的特定人或具体工作任务中抽象出来。组织的章程取代了管理者规定的规则。这种代替确实不是虚幻的。当组织成功地实施科层制的控制的时候，对桀骜不驯的组织成员施加的强制力无论就其方法、程度还是强度而言，都由组织章程做详细规定。"[75]理查德·斯各特认为科层组织还通过文化来实行对个体的控制和强制，因为每个科层组织都定义了一种信仰系统，为组织成员提供了选择合适行为的指导方针，由此产生意图和识别的来源，从而使参与者不仅知道，为了组织的利益他们要做些什么，而且也希望这样去做。有三种途径使得这些信仰得到反复灌输和不断强化：一是为表达团结责任集体场合的仪式和典礼；二是对使共同目标人格化的英雄的推崇和拔高；三是创造一些表示共享价值观的标语和标志。[76]

三、监管权横向配置整合模式的争议：挑战与磨合

监管权横向配置整合模式在制度设计上以突破分散监管中的集体

行动困境为目标,但其效果并非一劳永逸。这种模式在现实中依旧面临许多挑战,这些挑战也是大部制所普遍面临的,主要体现为[77]:

（1）部门内部协调的负荷和难度增加。

通过监管权整合形成的大部的一个重要特点是机构大、职能广。新的食药监总局拥有原食品安全办的职责、食品药品监管局的职责、质检总局在食品生产环节监管职责、工商总局在食品流通环节监管职责,原来部门的相关人员也随之合流。随着部内组成单位的增多,部内的协调任务也会增加。在这种情况下,主要承担协调任务的部门会面临超负荷运转的问题,其症状表现为公文积压、机能紊乱、机构臃肿等。同时,作为一种新的制度,食药监总局系统内各单位需要一个磨合期,才能较好地建立彼此之间的合作关系。在磨合期,一个部门内部的司局之间或者处室之间的矛盾,可能不亚于不同部门之间的矛盾。[78]如果整合模式不能顺利渡过磨合期,不能及时协调矛盾,甚至有重新分开的可能。国外也有这方面先例。英国在20世纪60—70年代曾进行过大部门体制改革,当时的环境部合并了许多部门,从而成为英国政府的一个超级大部,但最后由于内部协调困难,运作效率低下,被迫再次分开。

（2）上层与下属之间关系有待认真处理。

大部门体制会增加部门行政首长的管理幅度,因此,监管总局领导层对其下属各单位和人员的监督控制能力就极为重要。在利益的驱动下,政府权力部门化的倾向会向更小的单元蔓延,出现权力司局化、处室化,这是对部门行政首长的领导艺术和控制、监督能力的挑战。[79]往往是,下属官员掌握了设计某一领域政策方案所需的技术专长,控制了现行政策缺点的大部分信息,他们可能封锁对己不利信息,以便对政策发挥影响力。

（3）整合后的机构可能加剧同一层级部门之间的权能之争。

食药监总局的构建中,面临着大量机构、人员、装备的划转调整,需要大量配套措施的到位和各项衔接工作的有序进行。一方面是新大部门与原小部门之间的权能关系可能不平衡,加剧原有矛盾;另一方面是新大部门之间的原有平衡被打破,新的权能关系无法在短时间内获得平衡。小部门时的大部分矛盾、冲突可由部际协调机构协调解决,或由政府副首长或委员协调就可解决,而实行大部门体制后,大部门之间的矛盾、冲突只能由政府首长协调解决。这在一定程度上加重了政府首脑的协调负荷。

(4) 可能加大中央和地方的条块矛盾。

原本中央部门之间的牵制是一种权力相互制衡的力量。实行大部门体制后,这种制衡的力量被减少或消灭。新组建的食药监总局的权力集中,"条条"的管理权能增加。与此同时,在食品安全监管权纵向配置中实行的是地方分级管理的原则,强调"地方政府负总责"。大部门管理权能的增加,意味着它能够用于管理和控制地方的机会的增加,可能会导致中央政府与地方政府一定程度的博弈,而博弈之中摩擦的潜在可能性就会增加。

(5) 整合后的监管权依旧有边界,存在着与相近部门协调的问题。

新建立的食药监总局虽然整合了食品生产加工环境和流通环节的监管权,但食品产业链复杂、繁琐、综合,食药监总局的监管权依旧存在边界,面临着与其他部门的协调、合作问题。在这些协调、合作中,我们前面提到的有关职责界定、利益关系、组织结构、约束机制等集体行动的困境问题依旧会存在。这些部门包括农业部、国家卫生和计划生育委员会、国家质量监督检验检疫总局、国家工商行政管理总局、商务部、公安部等,其中[80]:

农业部负责食用农产品从种植养殖环节到进入批发、零售市场或生产加工企业前的质量安全监督管理,负责兽药、饲料、饲料添加剂和职责范围内的农药、肥料等其他农业投入品质量及使用的监督管理。食用农产品进入批发、零售市场或生产加工企业后,按食品由食品药品监督管理部门监督管理,农业部负责畜禽屠宰环节和生鲜乳收购环节质量安全监督管理。

国家卫生和计划生育委员会负责食品安全风险评估和食品安全标准制定。国家卫生和计划生育委员会会同食药监总局等部门制定、实施食品安全风险监测计划。食药监总局应当及时向国家卫生和计划生育委员会提出食品安全风险评估的建议。国家卫生和计划生育委员会对通过食品安全风险监测或者接到举报发现食品可能存在安全隐患的,应当立即组织进行检验和食品安全风险评估,并及时向食药监总局通报食品安全风险评估结果。对于得出不安全结论的食品,食药监总局应当立即采取措施。需要制定、修订相关食品安全标准的,国家卫生和计划生育委员会应当尽快制定、修订。完善国家食品安全风险评估中心法人治理结构,健全理事会制度。

国家质量监督检验检疫总局负责食品包装材料、容器、食品生产经营工具等食品相关产品生产加工的监督管理。质量监督部门发现食品相关产品可能影响食品安全的,应及时通报食品药品监督管理部门,食品药品监督管理部门应当立即在食品生产、流通消费环节采取措施加以处理。食品药品监督管理部门发现食品安全问题可能是由食品相关产品造成的,应及时通报质量监督部门,质量监督部门应当立即在食品相关产品生产加工环节采取措施加以处理。国家质量监督检验检疫总局负责进出口食品安全、质量监督检验和监督管理。进口的食品以及食品相关产品应当符合我国食品安全国家标准。国家质量监督检验检疫总局应当收集、汇总进出口食品安全信息,并及时通报食药监总局。境外发生的食品安全事件可能对我国境内造成影响,或者在进口食品中发现严重食品安全问题的,国家质量监督检验检疫总局应当及时采取风险预警或者控制措施,并向食药监总局通报,食药监总局应当及时采取相应措施。

食品药品监督管理部门负责保健食品广告内容审查,工商行政管理部门负责保健食品广告活动的监督检查。

商务部负责拟订促进餐饮服务和酒类流通发展规划和政策,食药监总局负责餐饮服务食品安全和酒类食品安全的监督管理。

公安部负责组织指导食品药品犯罪案件侦查工作。食品药品监督管理部门发现食品药品违法行为涉嫌犯罪的,应当按照有关规定及时移送公安机关,公安机关应当迅速进行审查,并依法作出立案或者不予立案的决定。公安机关依法提请食品药品监督管理部门作出检验、鉴定、认定等协助的,食品药品监督管理部门应当予以协助。

第四节　本章小结

首先，本章从四个角度分析了监管权横向配置的必要性，在此基础上，根据监管权集中程度和职能部门外在或内部关系将食品安全监管权的横向配置分为几种不同模式：分部门型监管模式、分部门协调型监管模式、整合型监管模式。前两者统称分散监管模式。改革开放以来，我国食品安全监管权的横向配置一直处在渐变中，经历了从分部门型监管模式、分部门协调型监管模式到整合型监管模式的过程。2013年国务院机构改革方案对监管权配置进行整合和统一，组建食药监总局，建立大部制，标志着整合型监管模式的形成。

其次，本章指出，长期以来，食品安全监管权横向配置的分散模式表面上看符合食品产业链的现状，但实际上，当作为政府整体的监管目标或利益与拥有某环节监管权的部门目标或利益出现不相容的时候，就会产生现实与制度设计之间的悖论，形成"集体行动的困境"。在这种困境中，当作为政府整体的监管目标或利益与拥有某环节监管权的部门目标或利益出现不相容的时候，部门在自身利益的驱使下的机会主义行为会对监管的整体效果产生巨大的影响。

再次，本章认为，通过监管权横向维度的重新配置，从分散模式向整合模式变迁，其逻辑在于对这种"集体行动的困境"的突破和超越：在职责界定方面，统一监管领域的重要环节，消解职能交叉和重复；在利益关系方面，打破部门壁垒和本位主义；在组织结构方面，改变"碎片化"局面，减少协调与合作的成本；在约束机制方面，促进规范化约束，以权威带动监管效率的提高。

最后，提出监管权横向配置整合模式在制度设计上以突破分散监管中的集体行动困境为目标，但效果并非一劳永逸，其在现实中依旧面临诸多挑战，这些挑战也是大部制所普遍面临的，其主要体现为：部门内部协调的负荷和难度增加；上层与其下属之间关系有待认真处理；整合后的机构可能加剧同一层级部门之间的权能之争；可能加大中央和地方的条块矛盾；整合后的监管权依旧有边界，存在着与相近部门协调的问题。如何在磨合中消弭这些挑战，需要进一步加以研究。

注释

1. 竺乾威:《公共行政学》，复旦大学出版社 2003 年版，第 32 页。

2. [美]理查德·霍尔:《组织:结构、过程及结果》，上海财经大学出版社 2003 年版，第 57 页。

3. [美]理查德·斯各特:《组织理论》，华夏出版社 2002 年版，第 250 页。

4. 同上。

5. Peter Blau "A Formal Theory of Differentiation in Organizations", *American Sociological Review*, 1970(35)，p.201.

6. 竺乾威:《公共行政学》，复旦大学出版社 2003 年版，第 40 页。

7. 李瑞昌:《政府间网络治理:垂直管理部门与地方政府间关系研究》，复旦大学出版社 2012 年版，第 109 页。

8. 周三多等:《管理学》，复旦大学出版社 2009 年版，第 305 页。

9. 丁煌:《行政学原理》，武汉大学出版社 2007 年版，第 134 页。

10. Strengthening National Food Control Systems: Guidelines to Assess Capacity Building Needs，2007:3，ftp://ftp.fao.org/docrep/fao/009/a0601e/a0601e00.pdf，2013 年 8 月 12 日访问。

11. 秦富等:《欧美食品安全体系研究》，中国农业出版社 2003 年版，第 205—207 页。

12. 廖卫东:《食品公共安全规则》，经济管理出版社 2011 年版，第 83 页。

13. 2013 年全国"两会"后的食药监改革被确认为大部制改革，参见张康之:《走向服务型政府的大部制改革》，《中国行政管理》，2013 年第 5 期，第 7 页。

14. 沈荣华:《国外大部制梳理与借鉴》，《中国行政管理》，2012 年第 8 期，第 88 页。

15. 在我国，大部制改革酝酿始于 2005 年 12 月，当时中央政治局开会研究深化行政体制改革的问题。2006 年 2 月，国务院召开深化行政体改革的联席会议，发改委、财政部、中编办等数个综合部门参与讨论，召集人为国务委员兼国务院秘书长华建敏。2006 年 9 月，改革意见初稿出台，2008 年 2 月召开的中共十七届二中全会，通过《关于深化行政管理体制改革的意见》和《国务院机构改革方案》，同意把方案提请十一届全国人大一次会议审议。2008 年 3 月，国务院正式启动新一轮机构改革方案，大部制改革拉开序幕。这轮改革中，涉及调整变动的机构共 15 个。其中属于大部制范畴的是工业和信息化部、交通运输部、人力资源和社会保障部、环境保护部、住房和城乡建设部。此后，地方的大部制改革试点开始，其中以广东深圳、广东顺德、湖北随州等地的改革最为突出，如深圳大部制改革后党政机关减少至 16 个大部门，顺德的大部制改革则伴随着行政三分进行。

16. 这里的优势带有较强的理想色彩，现实中的大部制在运行中也存在着与设计目的相脱节的状况。这些不足在后文谈及。

17. 丁煌:《西方行政学说史》，武汉大学出版社 2007 年版，第 222—223 页。

18. 沈荣华:《国外大部制梳理与借鉴》，《中国行政管理》，2012 年第 8 期，第 92 页。

19. 同上。

20.《国务院关于地方改革完善食品药品监督管理体制的指导意见》(国发[2013]18 号)。

21. 作者根据国家食品药品监督管理总局网站资料整理，资料来源:http://www.sda.gov.cn/WS01/CL0003/，2013-1-27。

22. 食药监总局还负责对药品的安全性、有效性实施统一监督管理，但此问题不在本书研究范围内，因此只列出与食品安全监管有关的机构。

23. 含两委人员编制 2 名、援派机动编制 2 名、离退休干部工作人员编制 20 名。

24. 含食品安全总监 1 名、药品安全总监 1 名、机关党委专职副书记 1 名、离退休干部局领导职数 2 名。

25. Strengthening National Food Control Systems：Guidelines to Assess Capacity Building Needs, 2006：5，ftp：//ftp.fao.org/docrep/fao/009/a0601e/a0601e00.pdf，最后访问时间 2013 年 8 月 12 日。

26. 同上。

27. Den Ouden etc.，"Vertical Cooperation in Agricultural Production-Marketing Chains, with Special Reference to Product Differentiation in Pork"，*Agribusiness*，1996，12(3)：277—290.

28. 最初学界对食品安全问题的研究有几种不同视角：(1)自然因素视角。此视角下，只是从生物学、化学等角度探索导致食品安全问题的自然因素，比如微生物危害、化学危害等等；(2)社会学视角。此视角超越了纯粹的自然因素导致食品安全问题的观点，将影响食品安全的因素归为环境、技术、制度和观念四大类；(3)经济学视角。20 世纪 80 年代开始，对食品安全问题成因的研究转向经济学的市场活动，对食品安全领域问题的经济学特征进行研究，聚焦于整个食品供应链。由于自然因素视角集中于微观，比较局限，社会学视角涉及因素太多，过于宏大，现在许多对食品安全的实证研究采用以食品产业链为关注点。

29. 国外学者选择从食品产业链角度对食品安全问题进行研究的较多，包括梅兹(A. Maze)等学者通过对案例的分析，揭示食品供产业中食品质量与治理结构的关系。参见 A. Maze，S. Polin etc.，"Quality Signals and Governance Structures within European Agro"，In：*Food Chains：A New Institutional Economics Approach*，The 78th EAAE Seminar and NJF Seminar 330，Economic of Contracts in Agriculture and the Food Supply Chain, Copenhagen, 2001；韦弗(Weaver)对食品供应链中的契约协作进行了实证性研究，参见廖卫东："食品公共安全规制"，经济管理出版社 2011 年版，第 8 页。温弗里(Jason Winfree)从食品安全供应链角度考察声誉机制对销售地方特色产品的公司产生的作用。参见 Jason Winfree，Jill Cluskey，"Collective Reputation and Quality"，*American Journal of Agricultural Economics*，2005，87(1)。此外，还有一些系统分析食品产业链与食品安全问题相关性的经典之作，例如《食品安全政策选择而与效率》、《没有免费的安全午餐》、《联合国粮农组织关于食品链中的安全与质量战略》、《美国食品供应追溯的经济理论与产业研究》、《发展中国家的食品安全经济学》、《肉禽企业卫生与加工》、《食品安全经济学》、《食品安全经济学新方法》等。

30. 徐立青：《中国食品安全研究报告 2011》，科学出版社 2012 年版，第 15 页。

31. 环保部官员称全国十分之一的耕地重金属均超标，腾讯财经，http://finance.qq.com/a/ 20111107/001473.htm，2014-2-6。

32. 以上数据参见吴林海等：《中国食品安全发展报告 2012》，北京大学出版社 2012 年版，第 42—43 页。

33. 参见：中国统计年鉴 2011。

34.《食品安全：一个世界性的话题》，中国网，http://finance.china.com.cn/roll/ 20130620/1565980.shtml，2014-2-6。

35. 赵国品：《小型食品加工企业卫生现状与管理》，《现代预防科学》，2002 年第 6 期，第 793 页。

36. 杨华、张玉梅：《北京市朝阳区学生营养送餐企业食品安全现状分析》，《中国预防医学杂志》，2011 年第 10 期，第 889—890 页。

37. 胡慧媛、甘小平:《对食品添加剂引发的食品安全问题的思考》,《农技服务》,2009年第11期,第138—140页。

38. 张秋琴等:《生产企业食品添加剂使用行为的调查分析》,《食品与机械》,2012年第2期。

39. 根据国家工商行政管理总局资料整理而成。

40. 参见《国务院关于进一步加强食品安全工作的决定》(国发〔2004〕23号)、《关于进一步明确食品安全监管部门职责分工有关问题的通知》(中央编办发〔2004〕35号)。

41. 任剑涛:《政治学:基本理论与中国视角》,中国人民大学出版社2009年版,第131页。

42. [德]马克思,恩格斯:《马克思恩格斯著作全集》,人民出版社1956年版,第299页。

43. [美]安东尼·唐斯:《官僚制内幕》,中国人民大学出版社2006年版,第86—90页。

44. [美]詹姆斯·布坎南、戈登·塔洛克:《同意的计算》,中国社会科学院出版社2000年版,第4页。

45. [美]曼瑟尔·奥尔森:《集体行动的逻辑》,上海三联书店2006年版,第5页。

46. [美]安东尼·唐斯:《官僚制内幕》,中国人民大学出版社2006年版,第90—92页。

47. 卢现祥等:《新制度经济学》,北京大学出版社2007年版,第326—327页。

48. [美]曼瑟尔·奥尔森:《集体行动的逻辑》,上海三联书店2006年版,第1—2页。

49. 具体而言,奥尔森认为这种激励机制的不同导致效果不同的原因在于三个因素:第一,集团越大,增进集团利益的个人在集团总收益中占有的份额就越小,增进集团利益的行动所获得报酬就越少,这样即使集团能够获得一定量的集体物品,其数量也会大大低于最优水平;第二,集团越大,任一个体成员在集团总收益中所占有的利益份额就越少,他们从集体物品获得的收益就越不足以补偿他们为集体物品所付出的成本;第三,集团成员的数量越大,组织成本就越高,因而获得集体物品所需要跨越的障碍就越大。参见[美]曼瑟尔·奥尔森:《集体行动的逻辑》,上海三联书店2006年版,第40—41页。

50. 颜海娜:《食品安全监管部间关系研究》,中国社会科学出版社2010年版,第149—150页。

51. 国务院于2004年9月颁布的《国务院关于进一步加强食品安全工作的决定》正式确定了监管权横向配置中多部门分段式的分散型模式,此模式到2013年结束。其间我国食品安全监管领域主要的法律经历了从《食品卫生法》到《食品安全法》的改变,其中《食品卫生法》从1995年10月30日颁布到2009年5月31日失效,《食品安全法》从2009年6月1日生效。由此2004—2013年食品安全监管权横向配置分散型模式实施中经历过这两部法律,其中与《食品卫生法》重叠的是2004—2009年,共6年,与《食品安全法》重叠的是2009—2012年,共4年。因此,在谈到职责界定问题时,本书既引用新的《食品安全法》,也引用《食品卫生法》。

52.《从孔雀绿石事件反思什么》,中国质量新闻网,http://www.cqn.com.cn/news/zgzlb/diqi/44241.html,2014-2-8。

53. [美]安东尼·唐斯:《官僚制内幕》,中国人民大学出版社2006年版,第225—237页。

54. 颜海娜:《食品安全监管部间关系研究》,中国社会科学出版社2010年版,第196页。

55. 河南工商与卫生执法人员争查问题奶粉当街群殴,新浪新闻中心,http://news.sina.com.cn/c/2005-02-03/06265028178s.shtml,2005-2-3,2014年2月5日访问。

56.《自动售水机卫生不容乐观》，http://sh. sina. com. cn/news/b/2013-06-04/083949698.html，2013-6-4，2014年2月5日访问。

57. 食品药品统一监管调查，http://business. sohu. com/20080606/n257318060.shtml，2008-6-6，2014年2月5日访问。

58. 对于此类"碎片化"现象，佩里·希克斯的观点也非常有洞见性。他指出，"碎片化"的问题在于八个方面：第一，转嫁问题，让其他机构来承担代价；第二，互相冲突的项目，一些机构的政策目标互相冲突，或者目标同一但互相拆台；第三，重复，它导致浪费并使服务者感到沮丧；第四，互相冲突的目标，一些不同的服务目标会导致严重的冲突；第五，由于缺乏沟通不同部门或专业缺乏恰当的干预或干预结果不理想；第六，在对需要作出反应时各自为战；第七，无法得到服务，对得到服务感到困惑；第八，服务提供或干预中的遗漏或差距。参见竺乾威：《公共行政理论》，复旦大学出版社2008年版，第454页。

59. [美]拉塞尔·林登：《无缝隙政府：公共部门再造指南》，中国人民大学出版社2002年版，第39页。

60. [美]拉塞尔·林登：《无缝隙政府：公共部门再造指南》，中国人民大学出版社2002年版，第5页。

61. 马伊里：《合作困境的组织社会学分析》，上海人民出版社2008年版，第5—7页。

62. 一般情况下，联合执法启动主要涉及以下几类问题：(1)围绕着食品安全监管的重点、难点问题进行联合执法；(2)重大节假日或涉及本地区的重大活动、重要会议的需要进行联合执法；(3)市场大面积发现问题食品；(4)上级部门交办的其他涉及食品安全的任务。

63. 对于联合执法的代价，美国西蒙·库兹涅茨的观点比较深刻。他写道："在许多国家，对市场进行大规模的暴风骤雨式的运动式管理是普遍常见的。但是这种方式容易造成宽严失当的越权管理，而且形成一种奇怪的现象：问题发生之前，是政府最小化状态，政府对市场上发生的破坏游戏规则行为听之任之，无所作为；问题发生之后，是政府最大化状态，政府几乎耗费所有资源去应对某一问题。整个市场规制为此停摆，政府与市场都付出了太大的代价。"转引自张洪洲等：《论和谐行政之路：由运动式执法到常态执法的变迁》，《法制与社会》，2007年第10期，第458—459页。

64. 岳经纶：《食品安全问题及其政策工具选择》，参见白钢等：《中国公共政策分析》，中国社会科学出版社2006年版，第122—144页。

65. [美]曼瑟尔·奥尔森：《集体行动的逻辑》，上海三联书店2006年版，第13页。

66. 苏长和：《全球公共问题与国际合作》，上海人民出版社2000年版，第14页。

67. 这种情况类似于木桶效应。木桶效应是指一只木桶想盛满水，必须每块木板都一样平齐且无破损；如果这只桶的木板中有一块不齐或者某块木板下面有破洞，这只桶就无法盛满水。这是说一只木桶能盛多少水，并不取决于最长的那块木板，而是取决于最短的那块木板，也可称为"短板效应"。

68. 汪普庆等：《我国食品安全监管体制改革：一种产权经济学视角的分析》，《生态经济》，2008年第4期，第98—101页。

69. 颜海娜：《食品安全监管部门间关系研究》，中国社会科学出版社2010年版，第277页。

70. 周德翼、吕志轩：《食品安全的逻辑》，科学出版社2008年版，第20—25页。

71. 罗必良：《新制度经济学》，山西经济出版社2005年版，第523—527页。

72. 马英娟：《大部制改革与监管组织再造》，《中国行政管理》，2008年第6期，第36—38页。

73. 马伊里：《合作困境的组织社会学》，上海人民出版社2008年版，第173页。

74. 颜海娜：《食品安全监管部门间关系研究》，中国社会科学出版社2010年版，第

283 页。

75. Richard Edwards，*Contested Terrain*：*The Transformation of Workplace I the Twentieth Century*，New York：Basic Books，1979，pp.145—146.

76. [美]理查德·斯各特：《组织理论》，华夏出版社 2002 年版，第 298 页。

77. 施雪华、孙发锋：《政府"大部制"面面观》，《中国行政管理》，2008 年第 3 期；沈荣华：《政府大部制改革》，社会科学文献出版社 2012 年版。

78. 胡向明、陈晓正：《"大司局"视野下大部制改革内部运行机制》，《南京社会科学》，2011 年第 5 期。

79. 施雪华、孙发锋：《政府"大部制"面面观》，《中国行政管理》，2008 年第 3 期。

80. 国务院办公厅《关于印发国家食品药品监督管理总局主要职责内设机构和人员编制规定的通知》（国办发[2013]24 号）。

第五章

中国食品安全监管权的纵向配置：
垂直管理还是属地监管

本章从纵向的维度回答中国食品安全监管权如何配置，配置的逻辑是什么，其思路与前一章对称。首先，从行政学理论的角度考察监管权纵向配置的功能和类型，在此基础上介绍食品安全监管权纵向配置的几种不同模式。其次，阐述中国食品安全监管权纵向配置属于哪种模式，其外在表现怎样。第三，解释了中国食品安全监管权纵向配置的内在逻辑，即为何要这样配置。最后，分析现阶段中国食品安全监管权纵向配置面临的挑战及争议。

第一节 监管权纵向配置的相关理论

一、监管权纵向配置的必要性

组织的核心是权力问题；权力关系必须发生在一个既定的结构之中；权力运作的结构（制度空间）是决定权力运行是否有效的客观基础。从这个意义而言，权力的纵向配置即权力系统中各个层级主体之间的权力分配和行使结构。[1]这种结构使行政主体呈现层级性差别，体现为权力的大小与其所在的权力层次的高低呈正比，层次越高，权力也越大。[2]行政组织学中，它也被称作组织的层级化或结构的层级化。任何国家政府组织在纵向维度上都是按照层级化设计的，无论是联邦制国家还是单一制国家。[3]监管权的结构性分配即监管权纵向配置。

具体而言，监管权纵向配置的必要性在于：

（1）合理分配不同层次的监管任务，实现分工协作，提高监管效率。

监管机构与其他行政组织一样具有不同层次的监管目标，有的涉及全国，有的只是属于地区范围，有的是跨地区的。其中，有些目标事关全局，具有战略意义；有些目标局限于局部，带有战术性质。这都需要通过监管权的纵向配置，将监管组织按层级划分为若干部分，形成不同层次，共同构建为一个等级分明的金字塔结构。一般来讲，纵向结构的等级层次有四类，即高层、中层、低层、基层。[4]高层负责制定总目标和方针政策，也称为战略制定层（the Strategic Apex）。雷蒙德·赞穆托（Raymond Zamuto）认为："当组织环境复杂化时，制定统一完整的战略的需求便会不断增加。此时，战略制定层的作用就会凸显。它的主要职责是战略制定和总体决策，以顺应环境的变化，实现组织目标并确保组织的生存与发展。"[5]中层负责分目标的制定，执行上层决策，协调下层活动。低层负责完成上级决定，协调基层组织。"中层与低层是高层与基层之间的桥梁，将高层指令传达至基层，并协调和监督基层，同时不断收集反馈信息，将信息整合之后向上呈报。除此之外，这两层也负责对各自层级分目标、分策略的制定，其目标和策略受上层纲领之影响，但相对琐细和具体，因此，其目标和策略多集中于工作流程本身。"[6]基层落实上级决定和政策，也称为运作层（the Operating Core），其人数较多，"主要功能是将输入转换为输出，并对输入、转换与输出提供直接支持。基层虽地位不高，但是经由它不断地将输入转换为输出，使得组织能够实现整体目标"[7]。在这种组织结构中，上层对下层进行监督和控制，下层向上层管理者请示、申诉并执行命令，每个组织均按照自上而下的层级结构形成一个指挥系统。在韦伯看来，按层级原则组织分工能促进行政效率的提高："经验往往表明，从纯技术的观点来说，行政组织的纯粹官僚制（层级制）形态能够达到最高程度的效率。相比任何其他形式的组织，它具有精确性、稳定性、可靠性和纪律严明的优势。"[8]

（2）规范组织运作，形成制度化秩序。

监管权的纵向配置通过层级化使得监管机构成为组织化的系统而非简单的人群集合，使职权的指派对象是体系中的角色而非个人。因此，组织成员的来去更迭并不能影响监管机构的整体运作和目标实现。

从这个意义上来看，通过这种纵向配置的层级制，增加了组织的规律性、制度化和秩序性，较好地实现了韦伯提出的理性官僚制的精髓："官僚组织的行政管理中，任何程序都必须以法律、制度为根本准则，占主导地位的是形式化、非人格化的、普遍主义的理性精神。"[9]组织理论的学者指出："组织的层级就是问题解决的层级，是为了解决复杂问题而产生的，它使得组织中某群人专门处理某种程度的问题，而另一群人则将其成果再积累为另一层级的待解决方案，指导整个工作目标完成为止，所以说，组织的层级乃是一连串问题的解决环。"[10]具体而言，层级化使得逐级授权，每一层次的各单位都有明确目标，又通过"权力链"和"信息链"将各层功能贯穿成整体，使得行政事务处理程序井然有序，"这意味着一种牢固而有秩序的上下级制度"[11]。

（3）界定权责关系，促进积极性。

"按层级组建的行政组织，被划分为若干层次，形成一个等级分明的金字塔结构，处在塔尖的行政高层通过一个等级垂直链控制着整个组织体系。"[12]通过监管权层级式的纵向配置，可以监管组织的成员之间人与事相称，权责范围明确，避免部门之间、个人之间职责不清、互相推诿的现象。在这种体系中"每一个职员，都能够在上级面前为自己和自己下属的决定和行为负责"[13]。莱特（Wright）曾将层级式纵向分权比作组织的"脊柱和中枢神经系统"，以此说明层级化的权责关系的界定和排列有利于建立信息沟通渠道，厘清角色关系、角色认同、组织目标和员工目标之间的关系，促进员工了解角色行为与整体组织行为之间的关联。[14]与此同时，层级差异中权威、地位和报酬的差异性也形成了某种激励机制，符合人性中对尊严、成就和地位的追求，提高了成员的工作积极性。

二、监管权纵向配置的类型

对于监管权的纵向配置，有不少学者进行了研究，余晖对电力、金融、工商和药品等领域进行调研后将监管权的纵向配置分为中央派出、中央一体化垂直、省以下一体化垂直、对等分权四种。[15]李瑞昌在思考垂直管理部门与地方政府关系时，在余晖分类的基础上，结合大区制和层级制两种组织内部构造,形成七种类型。[16]周振超研究我国条块关系时,将其中的条条,分为"实行垂直管理的条条"和"接受双重领导的条条"。前者再细分为"全国范围内实行垂直管理的条条"和"全省范围内垂直管理的条条"两种;后者再细分为"条块结合,以条为主"和"条块结合,以块为主"两种。[17]薛立强在周振鹤的研究基础上,划分为"实行垂直管理的条条"和"接受双重管理的条条"两类,前者再细分为"实行垂直管理的部委及国家局"、"部委在地方的派出机构"、"省垂直的条条"三种,后者细分为"以条为主"和"以块为主"两种。[18]沈荣华对政府改革中的垂直管理问题进行考察时,将中央部门直接履行职责的组织管理形式分为独立型模式和协作型模式。[19]本书认为:

首先,作为一种权力的分配和行使形式,监管权的重要特性依旧是集中和分化。其集中体现了监管权的独立,其分化体现了监管机构在监管过程中根据社会、经济、政治等环境的要求,实行授权,并与被授权者进行协作的各种形式。因此,本研究按照监管权纵向配置的集中程度,将其细分为:中央一体垂直监管、中央派出垂直监管、省内垂直监管、属地监管四种。

其次,在此基础上,依据决策权与执行权的分合关系进行二次划分[20]。其中,中央一体垂直监管和中央派出垂直监管的决策权和执行权同一,并且都在中央,合称垂直化监管;省内垂直监管和属地监管的决策权与执行权分化,决策权在中央,执行权在地方,合称地方化监管。

再次,在此之间还有一种新的监管形式,称作协作化监管。在协作化监管中,决策权、监督权、部分执行权在中央,地方也拥有执行权。自国家土地督察局、环保执法中心设立后,就呈现这样一种新的形式。在这种配置中,监管执行权由各级地方政府领导,地方监管机构的人事、财政还是按照地方化管理,决策权在中央,但中央部门或监管机构在地方跨区域设立中央垂直领导的督察机构,与地方监管机构并立,监督地方政府的执行,有时也直接办理一些中央在地方的监管事务或执行一些共管事务。而协作化监管的权力分化度处于集中的垂直化监管和相对分散的地方化监管之间。

所以,基于以上理由,根据权力的集中程度和决策权执行权的分合关系两个维度,本研究将监管权的纵向配置分为中央一体垂直监管、中央派出垂直监管、协作化监管、省内垂直监管、属地监管五类[21]（参见表5.1）。

表 5.1　我国监管权纵向配置的类型

垂直监管		协作监管	地方监管	
决策权、执行权都在中央		决策权、监督权和部分执行权在中央，地方也拥有执行权	决策权在中央，执行权在地方	
中央一体化（垂直）	中央派出（垂直）		省内（垂直）	属地化
例如：银监会、民航管理、国税、海关、铁路、国家安全等	例如：人民银行、证监会、保监会等	例如：国土资源管理与督察等	例如：地税	例如：工商管理、食药监、质检

注：在确定分类时，作者受李瑞昌、薛立强、周振超、沈荣华等学者分类的启发。

（一）垂直监管

垂直监管的结构在组织理论中类似于纵向权力配置的直线结构，直线结构也称为简单结构或 U 形结构。它是一种以权力集中于组织高层为特征的体制。在这种结构中，分成一条或若干条垂直管理系统，直接由组织最高层指挥。直线结构的优点是组织结构设置简单、权责分明、上下沟通相对方便，便于统一指挥、集中管理。其缺点是不利于发挥中下层组织成员的积极性和创造性；缺乏横向协调关系；一旦组织规模扩大和管理工作复杂化，高层会由于精力、经验不济和信息超载而影响管理和决策效率。[22]

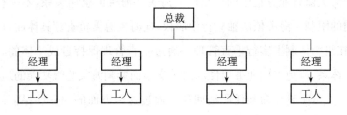

资料来源：［美］斯蒂芬·罗宾斯：《管理学》，中国人民大学出版社 1997 年版，第 257 页。

图 5.1　组织理论中纵向权力配置的直线结构

垂直监管主要适用于中央政府专管的监管事务。为了实现监管目的,中央监管部门自上而下设立分支机构,形成独立的垂直体系。在监管权的运作方面,不仅管具体业务,而且管人、财、物。也就是说,这类监管机构的编制、经费、人事、业务等都由中央监管部门直接管理,实行独立运作,相对封闭运行,与地方关联较小。垂直化监管的决策权、执行权同一,都在中央(参见图 5.2)。

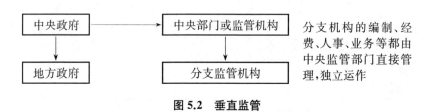

图 5.2　垂直监管

垂直监管分为两类,一类是中央一体化垂直监管,另一类是中央派出垂直监管。

(1)中央一体化垂直监管。

我国的海关监管实行的就是典型的中央一体垂直化监管,下级直属上级,自成体系。新中国成立后,相当长时期内,由于西方国家封锁等原因,海关监管功能相对较弱,海关基本上仅为外经贸部的一个可有可无的小部门。改革开放之后,为了适应对外开放的新形势,考虑到海关监管在国家政治、经济和社会生活中的重要性,必须进行改革,并确立了中央集中统一的独立的海关垂直领导体制。《海关法》第 3 条规定:"国务院设立海关总署,统一管理全国海关。国家在对外开放的口岸和海关监管业务集中的地点设立海关。海关的隶属关系,不受行政区划的限制。海关依法独立行使职权,向海关总署负责。"具体而言:第一,在组织体制上实行垂直管理。通过垂直管理保持自成一体的独立组织体系,避免不同业务属性的组织交错而影响海关监管功能的运作。第二,人员垂直任命和任职地回避。通过这两方面的独立性保证海关总署的命令被贯彻,避免海关受到驻在地政府的干扰。第三,政策的统一性。通过政策的统一性保障作为监管对象的企业的权益,避免企业因不同地域的海关政策而选择不同的口岸报关,增加企业运营成本。

如今,海关纵向配置的具体形式采取三级垂直管理模式,其大体情况如表 5.2 所示。

表 5.2　我国海关中央一体化垂直监管体制

机构设置	机构性质	机构编制	人事管理	财政经费
海关总署	国务院直属机构,1980 年设立,正部级	海关总署统一管理全国海关的机构编制和人员编辑及其业务,各海关机构的设立、撤销,由海关总署互通有关部门报国务院审批	在人事管理上实行垂直领导,分级管理,各直属海关长、副关长由海关总署直接管理,各海关机构正副职由直属海关直接管理	全国海关经费、基建、物资、外汇由海关总署统一管理。海关的行政经费由海关总署向财政部领报。
广东分署,天津、上海两个特派员办事处,41 个直属海关,2 所海关学校	海关总署的分支机构			
各直属海关下辖562 个海关机构	各直属海关的分支机构			

注:资料来源:笔者据海关总署网站资料整理。

除此之外,中央一体垂直化监管还有一种特殊情况,即某一部门中的某个或几个行业系统实行垂直管理的独立型监管,但上下整个部门本身并不存在垂直管理关系,如公安部门中的边防检查站,由公安部垂直领导为垂直化监管,[23] 其他各级公安部门仍是双重领导体制。

(2) 中央派出垂直监管。

中国人民银行是中央派出垂直监管的典型,它在全国范围内划分为若干大区,派出央行直属分行、营业管理部、中心支行等不同层次的分支机构,编制、经费、人事、业务等都由中央监管部门直接管理,实行独立运作,与地方关联不大。中国人民银行系统主要分为三部分:第一部分,在天津、沈阳、上海、南京、济南、武汉、广州、成都、西安设立直属分行,在北京、重庆设立央行营业管理部,为正厅局级单位。深圳、大连、宁波、厦门、青岛设立央行中心支行为副厅局级单位。第二部分,在不设分行的省、自治区政府所在地的城市设立的 20 个金融监管办事处和 20 个中心支行,作为分行的平行派出机构,它们均为正厅局级单位。第三部分,地级市(州、盟、区)的分支机构为中心支行,县(县级市、旗)

的分支机构为支行。[24]

(二) 地方监管

地方监管类似于组织理论纵向权力配置中的事业部制结构。事业部制结构也被称为事业部型分权结构或 M 形结构。其主要特点是"集中决策,分散经营",即在集权领导下实行分权管理。在这种组织结构形式中,在高层的领导下,把企业划分成若干独立的事业部,使其成为独立核算、自负盈亏的利润中心,拥有经营自主权和财务独立性,在总部的统一发展的战略框架中谋求自我发展。总部保留预算、重大问题决策等权力,运用利润等指标对事业部进行控制。[25]这种组织结构的优点是各事业部具有较大自主权,有利于调动其积极性和主动性,便于各事业部之间竞争,提高管理的灵活性和组织对环境条件变化的适应能力。与此同时,也使最高管理层摆脱日常行政事务,有利于集中精力做好决策。它的缺点是:各事业部独立性较大,互相支援困难;同时各事业部经常从本部门利益出发,容易滋长不顾整体利益的本位主义和分散主义倾向。

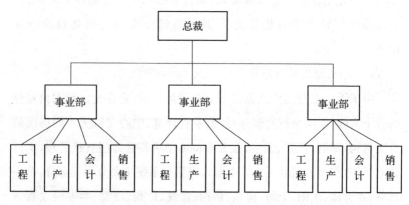

资料来源:[美]斯蒂芬·罗宾斯:《管理学》,中国人民大学出版社 1997 年版,第 238 页。

图 5.3　组织理论中的职能部门化结构

地方监管一词中的"地方",是指地方政府。在我国,地方政府是按照行政区域设立的地方各级国家行政机关。[26]一般而言,我国的地方政府由四级构成：省级政府（省、自治区、直辖市、特别行政区）、地市级政府（自治州、地级市、行署）、县级政府（县、自治县、县级市）、乡级政府（乡、民族乡、镇）。[27]

表 5.3　我国地方政府数量

省级政府	4 个直辖市，23 个省，5 个自治区，2 个特别行政区 共计：34 个
地级政府[28]	283 个地级市，17 个地区，30 个自治州，3 个盟 共计：333 个
县级政府	856 个市辖区，368 个县级市，1 463 个县，117 个自治县，49 个旗，3 个自治旗，2 个特区，1 个林区 共计：2 859 个
乡级政府	3 个区公所，19 234 个镇，13 872 个乡，98 个苏木[29]，1 096个民族乡，1 个民族苏木，6 524 个街道[30] 共计：40 828 个

资料来源：薛立强：《授权体制：改革开放时期政府间纵向关系研究》，天津人民出版社 2010 年版，第 97 页。

在地方监管的权力配置中，决策权在中央，执行权在地方。在此基础上还可根据监管权的集中程度和人事、财政等管理权的归属，具体将地方化监管分为两类，即省内垂直监管和属地化监管。

（1）省内垂直监管。

省内垂直监管，也称为半垂直监管或省以下垂直监管，是指省以下的地县级都采用分局形式，分局在人事、财政等方面统一由省级政府或省级监管机构管理的方式。也就是说，一级地方政府拥有监管权，中央部门或监管机构仅对其在业务上指导。

省内垂直监管比较典型的是地方税务系统。地方税务系统的机构设置一般分为三级：省地方税务局、地（市）税务局和县（市、区）地方税务局。各级地方税务机构纳入各级地方政府机构行政，为必设机构。县（市、区）地方税务局可派出税务所。在此系统内，省地方税务局是主管全省地方税收及税收监管工作的省政府直属正厅局级机构，受省政府领导并受国家税务总局业务指导。

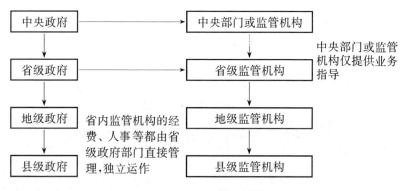

图 5.4 省内垂直监管

省地方税务局对全省地税系统实行垂直管理,形成垂直监管系统。其具体体现为:由省地方税务局负责全省地方税务系统的机构编制、干部人事、劳动工资、财务经费、内部审计监督及资产设施管理;由省地方税务局管理地(市)级地方税务局正、副局长及相应级别的干部和县(市、区)地方税务局局长及相应级别的干部;负责全省地方税务系统干部职工队伍建设、思想政治工作、精神文明建设、教育培训及基层地方税务所规范化建设等工作;监督检查全省地方税务机关及其工作人员执行国家税收政策、法规、税收计划和其他规章制度的情况;管理全系统执法检查工作和行政检查工作;查处重大偷、逃、抗、骗税违法案件;负责全省地税系统的行政复议和执法监督工作;承担地方税收法规及其执行过程中的一般性解释工作。

此外,1999—2011 年的工商行政管理系统也实行省内垂直监管。省工商行政管理局为同级人民政府的组成部门,受其领导,并同时受国家工商行政管理总局的业务指导。省工商行政管理局负责全省工商行政管理系统的干部人事、机构编制、财务经费内部审计监督及资产设施管理。具体而言,在机构管理方面,地(市)级和县(市、区)级工商管理局为上一级工商行政管理局的直属机构;在编制管理方面,省级工商行政局的编制及领导职数,由省级机构编制管理部门核定和管理;地(市)级和县(市、区)级工商管理局(包括工商所)由省级机构编制管理部门会同省级工商行政管理局统一核定与管理;在干部管理方面,省级工商行政管理局负责全省工商行政系统班子建设、干部队伍建设、纪检监察和教育培训工作;财务经费管理方面,省级工商行政管理局按照收支两条线对全省工商行政管理系统财务经费实行统一管理。[31]

（2）属地化监管。

属地化监管,也称为地方分级管理、属地监管,是指监管权以属地行使为主,其人事、财政等方面统一由本级政府管理的方式,上级监管机构仅对其进行业务上指导。本书所研究的食品安全监管权纵向配置的现状就是属地化管理。除此之外,根据 2011 年 10 月 10 日国务院办公厅发布的《关于调整省级以下工商质监行政管理体制加强食品安全监管有关问题的通知》规定,2011 年以后的工商、质检也实行属地监管。

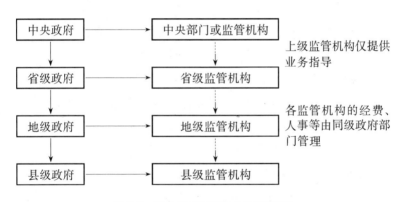

图 5.5　属地化监管(地方分级管理)

(三) 协作监管

协作监管在组织理论中借鉴了权力纵向配置的矩阵制组织结构。矩阵制组织结构由两套系统组织,一套是职能系统,还有一套是为完成任务的项目系统,两套系统互相协作。职能系统体现高层的意志,便于统一指挥、集中管理;项目系统专心于任务,具有较大的独立性和灵活性。职能系统对项目系统有效监督,同时两者在许多领域又互相协作。从某种意义上,矩阵制组织结构将直线制和事业部制的优点融合,但也有些情况必须注意,比如:有时职能系统与项目系统之间会对协作领域有限资源的争夺而产生矛盾;若两个系统的权责未清晰界定,会导致潜在的混乱和冲突,造成管理秩序混乱,从而使得组织效率下降等。[32]

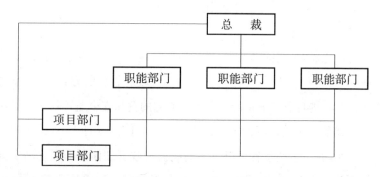

资料来源:芮明杰:《管理学》,上海人民出版社 1999 年版,第 109 页。

图 5.6 组织理论中纵向权力配置的矩阵制结构

在我国监管权纵向配置领域,协作监管是一种较新的形式,也称为特殊垂直管理。[33]在这种配置中,监管执法权由各级地方政府领导,地方监管机构的人事、财政等还是按照属地管理,但中央部门或监管机构在地方或跨区域设立中央垂直领导的督察机构,与地方监管机构并立,以监督、协调等形式保证监管政策在地方的执行;在监管事务方面也经常与地方政府和地方监管机构协作;有时也直接办理一些中央在地方的监管事务。协作监管与地方关系紧密。[34]这些监管机构由中央垂直派出,不受地方干预,对发现的问题向中央主管部门汇报或向其督察范围内的相关省级和计划单列市人民政府提出整改意见。[35]此类配置主要适用于中央与地方共管的监管事务[36],在协作化监管中,中央部门或监管机构拥有决策权、监督权和部分执行权,地方拥有执行权。

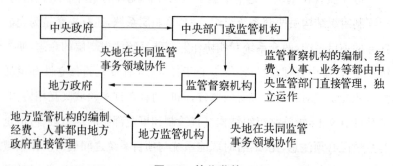

图 5.7 协作监管

协作监管的典型例子是国土资源管理与督察和环保执法督察。这里以国土督察为例加以说明。国土资源监管领域,各级地方政府都有相应监管机构,与此同时,国土资源部派驻各地区的土地督察局负责对其督察范围内地方政府土地利用和管理情况进行监管[37],对监管中发现的问题,由派驻地的土地督察局向其督察范围内的相关省级和计划单列市人民政府提出整改意见。当然,他们并不能取代地方政府及其土地主管部门的行政许可、行政处罚等管理职权(见表5.4)。

表5.4　我国土地领域协作监管体制

土地领域协作化监管机构	协作范围	监管内容
国家土地督察局北京局	北京市、天津市、河北省、山西省、内蒙古自治区	(1) 对督察范围内政府的土地利用和管理情况进行监督检查;
国家土地督察局上海局	上海市、浙江省、福建省、宁波市和厦门市	(2) 监督检查督察范围内政府耕地保护责任目标的落实情况;
国家土地督察局沈阳局	辽宁省、吉林省、黑龙江省和大连市	(3) 监督检查督察范围内政府执行国家土地调控政策情况; (4) 监督检查督察范围内政府执行土地管理法律法规情况;
国家土地督察局南京局	江苏省、安徽省和江西省	(5) 对督察范围内政府上报国务院审批以及由省级或计划单列市人民政府审批的农用地转用和土地征收事项依照规定进行检查,发现有违法违规问题,及时报告或提出纠正意见;
国家土地督察局济南局	山东省、河南省和青岛市	
国家土地督察局广州局	广东省、广西壮族自治区、海南省和深圳市	(6) 按照有关规定提出责令限期整改的建议报国家土地总督察,负责对被责令限期整改地区的监督检查,督促督察范围内政府组织实施整改工作,负责对被责令限期整改地区结束整改的审核,并向国家土地总督察提出是否结束对该地区整改的建议;
国家土地督察局武汉局	湖北省、湖南省和贵州省	
国家土地督察局成都局	重庆市、四川省、云南省、西藏自治区	
国家土地督察局西安局	陕西省、甘肃省、青海省、宁夏回族自治区、新疆维吾尔自治区和新疆生产建设兵团	(7) 开展土地利用和管理的调查研究,提出加强土地管理的政策建议

注:资料来源:笔者根据国土资源部网站资料整理。

三、食品安全监管权纵向配置的一般模式

在食品安全领域,监管权纵向配置根据权力的集中程度与决策权、执行权的同一或分立情况(本研究中,决策权即立法权,执行权即执法权,下同),结合不同国家联邦制或单一制的政治结构,依据不同经济、社会、政治条件,形成不同的模式。

(1)垂直模式。

垂直模式也称作垂直化模式,即在食品安全纵向配置方面,中央监管部门自上而下设立分支机构,形成独立的垂直机构体系,统一行使监管权,其决策权与执行权合一。在监管权的运作方面,不仅管具体业务,而且管人、财、物。

垂直模式的代表是丹麦。1995年之前丹麦中央政府在食品安全监管的横向配置方面由农业部、卫生部和渔业部共同承担,但是在纵向配置领域,中央监管机构统一行使监管权。卫生部的分支机构是32个地方管理站,它们负责对全丹麦食品零售业的监管,并与农业部下属的全国11个地方分局共同监管食品加工业。渔业部的分支机构是6个监测站,负责对与食品有关的渔业产品进行监管。1995年,丹麦在食品监管领域实行大部制,将农业部与渔业部合并为"食品、农业和渔业部",向议会负责。在纵向配置领域,将丹麦划分为11个区域,每个区域设立"食品、农业和渔业部"的地方管理站实行垂直监管。

(2)地方模式。

地方模式也叫地方化模式,即在食品安全监管权纵向配置方面,中央政府或中央监管部门拥有决策权,负责政策制定,地方政府拥有执行权,负责监管权行使。

地方模式的代表是英国。在英国,中央政府承担食品安全监管的立法(决策)。在2000年之前,其主要负责机构是农业水产和食品部(MAFF)和卫生部(DoH),2000年之后是环境食品与农村事务部(DEFRA)和卫生部。地方政府负责食品安全监管权的行使。地方监管机构分为两层,一是郡或地方,二是区,加起来共295个单位。除此之外,还有36个大都市区、33个伦敦自治区和50个单立的管理当局。

这些地方监管当局履行《1990 年食品法》规定的职责。其余的职责由郡或区议会承担。(见图 5.9)另外,在我国,如前所述,食品安全监管权纵向配置中还可根据监管权的集中程度和人事、财政等管理权的归属,具体将地方化监管分为两类,即省内垂直监管和属地化监管。

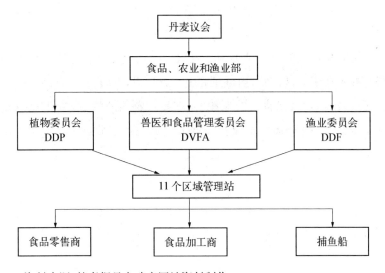

资料来源:笔者据丹麦政府网站资料制作。

图 5.8　丹麦食品安全监管权纵向配置的垂直模式

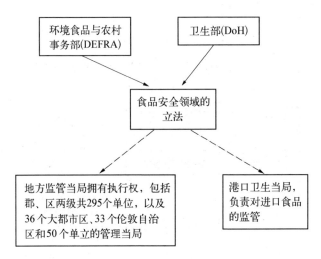

资料来源:笔者据英国政府网站资料制作。

图 5.9　英国食品安全监管权纵向配置的地方模式

（3）协作模式。

协作模式即在食品安全纵向配置上中央政府拥有食品安全的中央专管和共管领域方面的监管决策权、监督权和部分执行权，地方政府拥有本区域内的食品安全监管决策权和执行权。中央部门在地方设立派驻机构，与地方政府同类机构并立，并在食品安全监管的共管领域相互协调、合作。

协作化模式的典型是美国。美国食品安全监管权在中央层面的横向配置属于分散模式，由健康和卫生部（DDHS）下属的食品和药品管理局（FDA）、疾病预防控制中心（CDC），农业部（USDA）下属的食品安全监察局（FSIS）、农业品市场局（AMS）、谷物检验、批发和储

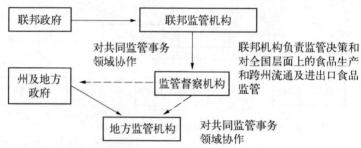

资料来源：笔者根据美国政府网站资料制作。

图 5.10　美国食品安全监管权纵向配置的协作模式

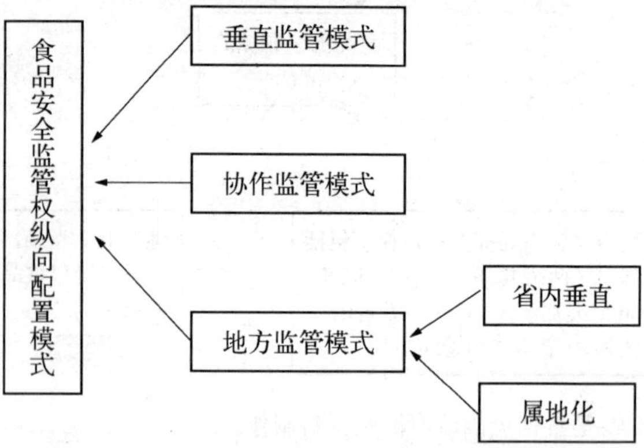

图 5.11　食品安全监管权纵向配置的一般模式

存局(GIPSA)、动植物卫生检疫局(APHIS)，环境保护局(EPA)等机构共同行使监管权。由中央机构负责监管决策和对全国层面的食品生产、跨州流通及进出口食品监管。州及州以下地方政府的监管机构负责本辖区内食品销售点及餐饮等的食品安全监管领域的决策和执行。同时中央监管机构按区域设立派出机构与地方当局在共管领域进行合作，并就跨区域食品安全监管事务进行协调。

第二节 我国食品安全监管权纵向配置的形式

在我国，现阶段食品安全监管权纵向配置的形式是地方监管模式中的属地化监管。如前所述，地方监管模式就是在食品安全纵向配置上中央政府主要拥有决策权，负责政策制定，地方政府拥有执行权，负责行使监管权。在地方监管模式中，还可根据监管权的集中程度和人事、财政等管理权的归属，细分为两类，即省内垂直监管和属地化监管。其中，属地化监管也称为地方分级管理，是指监管权以属地行使为主，其人事、财政等方面统一由本级政府管理，上级监管机构对其进行业务上指导。

食品安全监管权纵向配置的属地化监管形式构建于 2008 年。当年，十一届全国人民代表大会第一次会议审议通过《国务院机构改革方案》，明确将国家食品药品监督管理局改由卫生部管理，同时在食品安全监管权纵向配置方面提出实行地方政府分级管理，即属地化管理。同年11 月 10 日颁布的国务院办公厅《关于调整省级以下食品药品监督管理体制有关问题的通知》(国办发[2008]123 号)中指出："党的十七大和十七届二中全会中明确指出，要坚持以人为本、执政为民，把维护人民群众的根本利益作为改革的出发点和落脚点，着力解决人民群众最关心、最直接、最现实的利益问题，解决人民满意的政府；要求按照权责一致的原则，明确和强化地方政府职责，解决权责脱节问题。"这种提法，也被称作"地方政府负总责"[38]。由此可见，要理解属地化监管，需从地方政府职责的角度进行思考。所谓职责分为两部分：一是地方政府职能；二是地方政府责任。这里将分别从这两个方面分析地方政府职责与食品安全监管之间的关系。

一、属地化监管与地方政府职能

政府职能是指一个社会行政体系在整个社会系统中所扮演的角色和所发挥的作用[39]，或者是政府作为国家行政机关，依法在国家的政治、经济以及其他社会事务的管理中所应履行的职责及其所应起的作用。[40]由此可见，地方政府职能即国家的地方行政机关管理政治、经济和社会事务中所扮演的角色、履行的职责和发挥的作用。

我国在计划经济体制时期，地方政府职能的内容呈现"单一化"和"一体化"。所谓单一化是指，当时政府的基本职能主要是管理和经营好所属的企事业单位，完成国家计划。评价政府成就大小的依据就是其完成国家计划的情况如何。[41]

"理论上讲，政府应该承担为社会提供公共服务的职能，如教育、医疗、社会保障、社会救济等，管理经济只是政府职能的一部分。如果政府无法履行这些直接服务于社会的职能，那么社会就会出现混乱和危机。面对这一现实，职能单一化的政府采取的策略是：将社会纳入各生产经营单位，即由各生产经营单位来管理社会，然后，政府管理和经营这些生产经营单位。这样，政府通过计划管住了各生产经营单位，也就管住了社会。至于没有纳入各生产经营单位的社会公共事务，政府也用计划的手段将其统起来。这样，政府职能越趋向单一化，政府的基本职能也就越具有经营性和生产性，政府的职能也就由此而扭曲。"[42]

职能的"单一化"促进了中央政府与地方政府的职能关系也趋向"一体化"。也就是说，在计划经济体制下，中央政府与地方政府的基本职能是一致的，并不存在因管理对象的范围和层次的不同而形成明显分工。[43]"传统的中央计划经济采取自上而下分解计划、又自下而上汇总情况的计划体系，决定政府的经济职能就是这种分解、汇总和平衡工作。各级政府的工作方式和职能都相当近似，不是情况的汇总上报，就是计划的下达监督，每一级政府也都是在一定程度上对它管辖的经济活动进行平衡。各级政府之间的利益没有不同，目标是一致的。因此，不同层次上的政府只有大小之分，没有行为之分。"[44]

20世纪80年代以来，随着改革的逐步深入，特别是90年代以来，社会主义市场经济体制的逐步建立，国有资产管理体制改革和国家所有制在实现形式上的突破，地方政府职能面临重大转变。首当其冲是地方政府的经济职能。90年代末进行的地方政府机构改革表明，我国地方政府的职能转变将沿着加强对社会事务的公共管理和提供必要基础设施与公共服务方向进行。具体而言，主要包括[45]：（1）规划发展。即地方政府的重要作用之一规划本地经济社会发展。（2）经济协调。即地方政府负责协调本地不同所有制经济发展的关系、协调地方不同地域发展的关系、协调本地与周边地区和其他地区发展的关系，协调并推进经济、政治、文化等方面全面发展，协调促进地方可持续发展。（3）市场监管。即地方政府要按照法律法规，依市场经济运转规律和发展要求，对地方市场经济秩序进行监管，为本地人民提供良好的生产、流通、消费和分配的市场生态，为地方发展创造良好的市场环境。（4）社会管理。即地方政府要对地方社会治安、生态环境、交通运行秩序和各种经济、政治、文化活动进行依法管理。在此基础上，尊重和保障人权，维护公共秩序和公共安全，为本地人民的安居乐业、全民发展提供完善的社会环境。（5）公共服务。即地方政府要为各类市场主体、地方居民等提供制度规则、基础设施、公共信息、公用事业、社会保障、应急管理等方面的服务。（6）自身管理。即地方政府要对自己内部各部门和所属下级地方政府进行领导和管理，即政府内部行政管理。

从职能角度来看，地方政府在管理政治、经济和社会事务中履行的最重要职责就是确保人民的生存权利和安全。人民的生存权利和安全是一切社会和经济活动的基础。无论是规划发展、经济协调还是公共服务、社会管理都以人民的福利为最重要的宗旨。从这个意义而言，"无论是发达国家还是发展中国家，确保国民的安全和生存权利都是政府对社会作出的最基本的承诺，确保食品安全是对政府执政能力的考验"[46]。食品安全属地化监管与地方政府职能的关系具体来说，体现在以下几个方面：

首先，食品是人类生存和发展的物质基础，食品安全直接关系到人民的"生存"需要，无论是国家发展、社会进步还是人民幸福，都需要全力解决严峻的食品安全问题。这是政府所能提供的最基本公共产品。有效治理食品安全问题，是维护中央与地方政府"合法性"的前提条件。[47]

其次,维护本地人民的食品安全既是地方政府提供良好的市场生态,为地方发展创造良好的市场环境的体现,也是尊重和保障人权,维护公共秩序和公共安全,为本地人民的安居乐业提供完善的社会环境的要求。从这个角度而言,食品安全监管的成效是检验地方政府职能水平的试金石。

再次,中央政府主张"以人为本,执政为民"的理念,对于食品安全的工作思路是"全国统一领导,地方政府负责,部门指导协调,各方联合行动,社会广泛参与"[48]。从这个思路来看,地方政府是最重要的环节,也面临着最繁重的任务,可以说,地方政府扮演的角色,决定着整个食品安全监管的大局。因此,对中央食品安全监管的工作思路的落实,在很大程度上是地方政府贯彻中央政府理念程度的一个重要衡量指标。

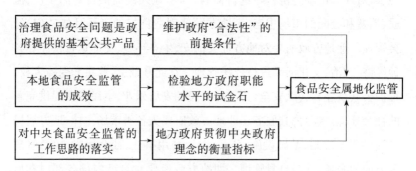

图 5.12　食品安全属地化监管与地方政府职能的关系

二、属地化监管与地方政府责任

地方政府在行使职能,拥有权力的同时,也要承担相应的责任。[49]权力和责任永远是一对相辅相成的概念,责任意味着政府权力的边界,是对政府行为的一种监督和制约,不承担责任的政府权力必然导致公共权力的滥用。[50]

计划经济体制时期,地方政府完全是中央政府的传声筒,或者说是自上而下权力链条上的一段,几乎所有工作都是机械地执行自上而来的所有命令,完成所有分配的指标,其唯一的责任就是对中央政府负责。但在法理上,人民是国家的主人,行政机构和公务人员需对人民负责,地方政府和地方公务人员需对地方公众负责。由此,"事实上的责任指向"

与"法理上的责任指向"出现极大分歧,地方政府的职权与责任严重分离,并导致权力滥用和行政低效。此外,对地方政府的责任预期产生了较大的偏差,当时的预期认为,社会主义国家的政府应承担无限责任,即政府能够及时全面把握所有人的所有需求,并能有效满足。因此,一方面,中央政府垄断所有社会需求配给手段与功能,成为社会资源最终意义上的占有者、垄断者和分配者。但现实中,由于信息的不完全性,中央政府根本无法准确把握各种需求,造成需求与服务的重大缺口;另一方面,地方政府虽具有熟悉地方公众需求的优势,但由于对它的作为中央政府单向性执行工具的定位,缺乏承担对本地人民负责的基本权限,使得地方政府责任的缺位与错位并存。与此同时,在这种自上而下的单向权力体系下,地方公众无法对官员绩效评判产生影响,从而使得下级政府只对上级负责,地方政府只对中央政府负责,导致现实中地方政府对本地公众的责任悬空。

20世纪80年代以来,为了发展经济,促进地方积极性,中央政府把许多本来属于中央政府的权限和责任下放,重新规范中央政府与地方政府之间的责任关系,地方政府开始成为相对独立的利益主体和责任主体。"随着经济和政治结构的变动,地方利益尤其是经济利益显得更加突出了,地方利益结构分化进程大大加快。一方面,以经济建设为中心使得各地领导人都必须十分关注本地经济发展,不再像过去那样随意牺牲地方经济利益来换取政治利益。另一方面,中央把满足地方民众利益要求的职责大量转移给地方政府,地方领导人不得不更多地考虑地方自身的利益。同时,现代化进程又产生了更多的社会利益要求,人们的期望值增高,而长期积累下来的许多经济社会问题逐渐尖锐起来,使得地方政府必须设法解决社会民众的现实利益需要。因此,各地方政府开始以实现地方利益作为基本的行为模式。"[51]伴随着行政改革,地方政府与上级政府、中央政府、地方公众、本地社会之间的责任关系开始逐渐厘清,促使地方政府的责任重新得到构建,在这些转变的影响下,地方政府责任体系开始成形。其主要内容包括[52]:

(1)地方政府的政治责任。

政治责任是指政府机关及其工作人员所作所为必须合乎目的性,其决策必须合乎人民的意志和利益。如果政府决策失误或行为有损国家和人民利益,则要承担政治责任。我国地方最高权力机关为各级地方人大,是中国地方民意的代议机关,其他地方政府权力机关都由本级人大产生,因此,向本级人大负责是地方政府的基本政治责任。[53]

(2)地方政府的行政责任。

行政责任是行政权力系统内部的责任,它主要存在于行政主体之中,即存在于行政主体各层级之间、机构之间、部门之间、领导与部属之间。行政责任从客观角度而言,来源于法律、组织机构、社会对行政人员的角色期待。这里包含两方面的含义:首先,从职权关系而言,地方政府对中央政府负责,下级政府对上级政府负责,这是基本的纵向行政责任关系。其次,地方政府的行政人员要对本地民众负责,需要洞察和理解他们的需求和利益,提供民众希望的公共产品。格罗夫·斯塔林(Grover Starling)提出行政责任的内涵包括:回应(responsiveness),即政府要快速了解民众的需求,甚至应前瞻主动地研究问题、解决问题;弹性(flexibility),即政府面对的是公众,不同人的需求、认知和偏好不可能完全相同。因此,政府的行为要考虑不同因素和不同情境;胜任能力(competence),即政府行为要谨慎而有效率和效能;正当程序(due process),即政府必须依法而治,不能滥用权力;负责(accountability),即当政府机关或行政人员违法、失职时,必须要有人对此负责;廉洁(honesty),即一方面政府要坦白公开,接受外界监督;另一方面,政府与公务人员不能利用权力谋取不正当利益。[54]

(3)地方政府的法律责任。

地方政府法律责任是由法律条文明确规定应由地方政府履行的责任。法律责任会发生在地方政府的层级之间、机构之间和部门之间,甚至也会发生在这些地方政府机构、部门的领导与部属之间。但是法律责任在一般情况下,多存在于地方政府与客体之间。

从地方政府责任的角度来看,对食品安全问题治理的成效也是与地方政府所应承担的责任紧密相连。

首先,地方政府必须对人民负责,地方政府行为必须符合人民意志,否则要追究相应的政治责任。政治责任具体体现为地方各级政府向本级人大及其常委会负责。[55]因为,各级国家机关行使权力的合法性基础是人民通过国家权力机关的委托。[56]政治责任的来源在于社会契约,其基本思想是国家与政府的一切权力来源于公民的委托而形成的社会契约,契约的主要目的是为了维护和实现全体社会成员的公共利益。政府若没有完成和承担自己的责任,则破坏了契约,应该承担责任[57]。食品安全问题严重危害消费者的健康,降低了消费者的福利水平,给社会造成巨大的经济损失。若地方政府在食品安全问题上监管不力,导致社会公共利益受到损害,则政府没有承担起自己的政治责任。

其次,随着社会的发展,各地人民的生活已实现从过去"温饱"到今日"小康"甚至"富裕"的转变。伴随着这种转变,全社会对食品安全的需求已经从过去的"将就"到今日"讲究"的转变。在这个转变过程中,全社会的食品安全视野不断拓展,食品安全意识不断提高,对食品安全的需求有很大的提高。有效治理食品安全,回应本地人民对食品安全的需求是政府最根本的行政责任。[58]

再次,对于食品安全,地方政府及其公务人员也应承担一定的法律责任。2001年《关于特大安全事故行政责任追究的规定》中对食品安全等七种安全事故的责任追究的主体、客体、问责方式进行了全面规范。2003年《突发公共卫生应急条例》第一次对突发性食品安全事故的进行了法规性的规定,明确食品安全事故中各个监管部门的权责,强化对突发事件发生后的谎报、瞒报、渎职、失职后的法律责任。2004年《关于进一步加强食品安全工作的决定》与2007年《关于加强食品等产品安全监督管理的特别规定》,要求建立食品安全监管责任制和责任追究制,落实责任制与责任追究制,明确各责任人的责任。2007年,国务院《关于加强产品质量和食品安全工作的通知》,要求明确食品安全监管机关职责,落实执法责任追究制度。2009年,《食品安全法》第95条,特别规定食品安全中监管主体的法律责任。其法律责任分为两个方面:一是针对地方政府的整体范围而言,"县级以上地方人民政府在食品安全监督管理中未履行职责,本行政区域出现重大食品安全事故、造成严重社会影响的,依法对直接负责的主管人员和其他直接责任人员记大过、降级、撤职或者开除处分"。二是针对具体的监管部门范围而言,"县级以上卫生行政、农业行政、质量监督、工商行政管理、食品药品监督管理部门或者其他有关行政部门不履行本法规定的职责或者滥用职权、玩忽职守、徇私舞弊的,依法对直接负的主管人员和其他直接责任人员记大过或者降级处分;造成严重后果的,给予撤职或者开除处分;其主要负责人应当引咎辞职"。

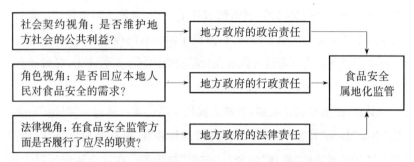

图 5.13　食品安全属地化监管与地方政府责任的关系

以上我们分别从地方政府的职能和地方政府责任两个方面阐释了食品安全属地化监管与地方政府职责的关系。归纳起来,其整体情况如图 5.14 所示。

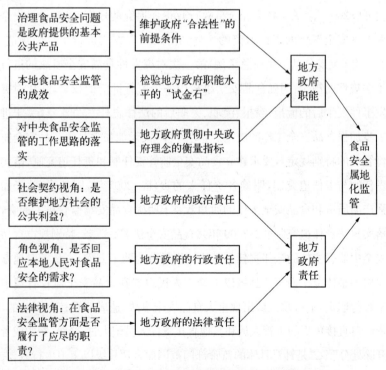

图 5.14　食品安全属地化监管与地方政府职责关系

三、食品安全属地化监管的内容

我国食品安全监管权纵向配置的形式是地方模式中的属地化监管。如前所述，属地监管，也称为地方分级管理，是指监管权以属地行使为主，其人事、财政等方面统一由本级政府管理的方式，上级监管机构对其进行业务上指导。与其相对应的是"地方政府负总责"概念，是指由地方政府承担其辖区内所有的食品安全监管工作，一旦发生食品安全事故，将追究所在地区领导人的责任。

在中央政府的文件中，要求地方政府领导人对本地区食品安全负责，最早出现在 2002 年 8 月国务院《关于加强新阶段"菜篮子"工作的通知》中，其提出要完善"菜篮子"市长（行政领导）负责制，把保证供给和保障产品的质量卫生安全作为市长和主产区（省、地、县）行政领导的责任目标，要求其切实履行职责。在此之前，中央政府尚未明确地方政府在食品安全上的责任。1982 年发布的《食品卫生法（试行）》和 1995年发布的《食品卫生法》，仅授权县级以上地方政府卫生行政部门负责本地区的食品卫生监督工作，均未明确要求地方政府对本地区的食品安全负责。在食品安全监管上，正式提出"地方政府负总责"是在 2004年。时年 9 月，国务院发布《关于进一步加强食品安全工作的决定》，措施之一即是"强化地方政府对食品安全监管的责任"，要求"地方各级人民政府对当地食品安全负总责，统一领导、协调本地区的食品安全监管和整治工作"。2007 年 7 月，国务院发布《关于加强食品等产品质量安全监督管理的特别规定》，其第 10 条强调"县级以上地方人民政府对本行政区域内的食品安全监管负总责"。此外，还授权地方政府建立监督管理责任制，对各监管机构（包括此时仍由省垂直管理的工商、质监、食品药品管理等）进行评议和考核。此后，"地方政府负总责"就成为食品安全监管的一项原则，体现在相关法律与中央政府的文件中。2009 年2 月颁布的《食品安全法》第 5 条规定："县级以上地方人民政府统一负责、领导、组织、协调本行政区域的食品安全监督管理工作，建立健全食品安全全程监督管理的工作机制；统一领导、指挥食品安全突发事件应对工作。"

对我国食品安全纵向监管权采取"地方政府负总责"为特征的属地化监管最完整的表述是 2008 年国务院办公厅《关于调整省级以下食品药品监督管理体制有关问题的通知》(国办发〔2008〕123 号),其提出了属地化监管的目标:

第一,坚持以人为本、执政为民,把维护人民群众的根本利益作为改革的出发点和落脚点,着力解决人民群众最关心、最直接、最现实的利益问题。

第二,为进一步强化和落实地方各级政府食品药品安全监督管理的责任,严格市场监管,确保食品药品安全,保障人民群众生命健康。

第三,按照权责一致的原则,明确和强化地方各级政府职责,切实解决权责脱节的问题。

第四,进一步理顺权责关系,明确地方政府责任,建立起依法监管、规范有序、公开透明、便民高效、权责一致的食品药品监督管理体制,从监管体制上解决目前食品药品安全存在的突出问题。

在这些具体目标的指引下,属地化监管的内容是:

(1) 食品药品监督管理机构由地方政府分级管理,业务接受上级监管部门指导和监督。

(2) 省、市、县食品药品监督管理机构是同级政府的工作机构,其行政编制分别纳入市、县行政编制总额,审批权限由市、县两级机构编制部门分别行使。市、县食品药品监督管理机构所属技术机构的人员编制、领导职位数,由市、县两级机构编制部门管理。

(3) 健全基层管理体系。县级食品药品监督管理机构可在乡镇或区域设立食品药品监管派出机构。要充实基层监管力量,配备必要的技术装备,填补基层监管执法空白,确保食品和药品监管能力在监管资源整合中都得到加强。在农村行政村和城镇社区要设立食品药品监管协管员,承担协助执法、隐患排查、信息报告、宣传引导等职责。要进一步加强基层农产品质量安全监管机构和队伍建设。推进食品药品监管工作关口前移、重心下移,加快形成食品药品监管横向到边、纵向到底的工作体系。

(4) 地方政府负总责。地方各级政府要切实履行对本地区食品药品安全负总责的要求,在省级政府的统一组织领导下,要加强组织协调,强化保障措施,落实经费保障,实现社会共治,提升食品药品安全监管整体水平。

(5)监管部门要履职尽责。要转变管理理念,创新管理方式,建立和完善食品药品安全监管制度,建立生产经营者主体责任制,强化监管执法检查,加强食品药品安全风险预警,严密防范区域性、系统性食品药品安全风险。农业部门要落实农产品质量安全监管责任,加强畜禽屠宰环节、生鲜乳收购环节质量安全和有关农业投入品的监督管理,强化源头治理。各地可参照国家有关部门对食用农产品监管职责分工方式,按照无缝衔接的原则,合理划分食品药品监管部门和农业部门的监管边界,切实做好食用农产品产地准出管理与批发市场准入管理的衔接。卫生部门要加强食品安全标准、风险评估等相关工作。各级政府食品安全委员会要切实履行监督、指导、协调职能,加强监督检查和考核评价,完善政府、企业、社会齐抓共管的综合监管措施。

(6)相关部门要各负其责。各级与食品安全工作有关的部门要各司其职,各负其责,积极做好相关工作,形成与监管部门的密切协作联动机制。质监部门要加强食品包装材料、容器、食品生产经营工具等食品相关产品生产加工的监督管理。城管部门要做好食品摊贩等监管执法工作。公安机关要加大对食品药品违法犯罪案件的侦办力度,加强行政执法和刑事司法的衔接,严厉打击食品药品违法犯罪活动。要充

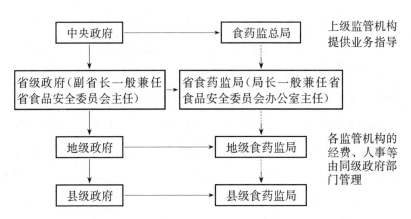

图 5.15　食品安全属地化监管(地方分级管理)

分发挥市场机制、社会监督和行业自律作用,建立健全督促生产经营者履行主体责任的长效机制。

四、食品安全属地化监管的机构设置

我国地方政府机关众多,地方食品安全机构设置复杂。这里选择浙江省作为案例进行剖析。

(一)观察案例:浙江省食品安全属地化监管机构设置

1. 浙江省总体情况

浙江省地处中国东南沿海长江三角洲南翼,东临东海,南接福建,西与江西、安徽相连,北与上海、江苏接壤。浙江省东西和南北的直线距离均为 450 公里左右,陆域面积 10.18 万平方公里,为全国的1.06%,是中国面积最小的省份之一。全省共有 11 个地级市(杭州市、温州市、绍兴市、舟山市、台州市、金华市、宁波市、嘉兴市、丽水市、衢州市、湖州市),32 个市辖区,22 个县级市,36 个县,290 个乡,654 个镇,402 个街道。

2012 年全省全年生产总值 34 606 亿元,其中:第一产业增加值 1 670亿元,第二产业增加值 17 312 亿元,第三产业增加值 15 624 亿元。2012 年浙江省常住人口为 5 477 万人,居住在城镇的人口为 3 461.5 万人,占总人口的 63.2%;居住在乡村的人口为 2 015.5 万人,占总人口的 36.8%。据对城乡住户抽样调查,全省城镇居民年人均可支配收入 34 550 元,农村居民年人均纯收入 14 552 元,城镇居民年人均消费支出 21 545 元;农村居民年人均生活消费支出 10 208 元。2012 年城镇居民家庭恩格尔系数为 35.1%;农村居民家庭恩格尔系数为 37.7%。全年城镇居民人均可支配收入中位数为 30 613 元,;农村居民人均纯收入中位数为 12 787 元。2012 年浙江省全年财政总收入 6 408 亿元,地方公共财政预算收入 3 441 亿元。

2. 浙江省食品安全监管的职责

浙江省负责食品安全监管的主要机构是浙江省食品药品监督管理

局(简称省食药监局),它是浙江省政府的组成机构之一,其经费、人事等由省政府管理,并接受国家食药监总局的业务指导。

其职责与食品安全监管有关的包括[59]:

(1)贯彻执行国家和省关于食品监督管理的法律法规和方针政策,负责起草相关地方性法规、规章草案,制定相关政策、规划并监督实施,推动建立落实食品安全企业主体责任、市县政府负总责的机制,监督实施食品重大信息直报制度,着力防范区域性、系统性食品药品安全风险。

(2)负责实施和监督食品行政许可,监督管理生产、流通、餐饮服务环节食品安全;建立食品安全隐患排查治理机制,制订食品安全检查年度计划、重大整顿治理方案并组织落实;负责落实食品安全信息统一公布制度,公布重大食品安全信息;参与制订食品安全风险监测方案、食品安全地方标准,根据食品安全风险监测方案开展食品安全风险监测工作。

(3)监督实施保健食品、化妆品标准和技术规范,组织实施保健食品、化妆品行政许可和监督管理,负责保健食品注册的初审和部分化妆品的审核、备案工作,组织实施保健食品和化妆品安全性检测和评价、不良反应监测。

(4)组织实施食品药品监督管理的稽查制度,组织查处跨区域案件和重大违法行为;组织开展相关产品质量抽验并发布质量公告;监督实施问题产品召回和处置制度;审查保健食品广告内容。

(5)负责食品药品安全事故应急体系建设,组织和指导食品药品安全事故应急处置和调查处理工作,监督事故查处落实情况。

(6)负责制订食品安全科技发展规划并组织实施,推动全省食品评审计价体系、检验检测体系、电子监管追溯体系和信息化建设;指导全省食品检验检测机构的业务工作。

(7)负责开展食品药品安全宣传、教育培训、国际交流与合作;推进食品药品质量安全诚信体系建设。

(8)负责编制食品监管能力建设规划并组织实施;利用监督管理手段,配合宏观调控部门贯彻实施国家食品产业政策。

（9）指导市县食品监督管理工作，规范行政执法行为，完善行政执法与刑事司法衔接机制。

（10）承担省食品安全委员会日常工作。负责食品安全监督管理综合协调，推动健全协调联动机制；督促检查省级有关部门和市县政府履行食品安全监督管理职责并负责考核评价。

（11）承办省政府交办的其他事项。

3. 浙江省食品药品监督管理局的机构设置[60]

省食药监局作为浙江省负责食品安全监管的主要部门，其内部管理和与食品安全监管有关的机构设置如下：

（1）办公室（挂规划财务处牌子）。负责文电、会务、机要、档案等机关日常运转工作以及安全保密、政务公开、来信来访、统计管理等工作；负责新闻宣传工作；承担应急日常管理工作，组织应急演练和培训；承担信息化建设和信息综合工作；负责局机关后勤保障、资产、财务管理，监督指导直属单位国有资产和财务管理；组织拟订系统基本建设和装备设施规划。

（2）政策法规处。参与起草食品监督管理的有关地方性法规、规章草案；承担规范性文件和行政处罚案件的审核以及规范性文件和重大行政处罚案件的备案审查；负责行政执法监督工作和执法证件的核发；承办行政复议、行政应诉、听证和赔偿等工作；组织调查研究、规范行政许可和政务公开工作；组织开展普法工作；负责行政审批受理的日常管理工作。

（3）餐饮服务监管处。负责餐饮服务许可管理工作，监督实施餐饮服务食品安全管理规范；组织实施餐饮服务单位卫生量化分级管理制度；监督实施餐饮服务食品安全标准，负责重大活动餐饮服务保障；监督抽检餐饮服务食品安全并发布日常监督管理信息；开展餐饮服务食品安全状况调查评价和风险监测。

（4）保健食品化妆品监管处。负责保健食品生产、经营许可及监督管理；负责保健食品产品注册审核、备案；监督实施保健食品生产经营质量管理规范；监督实施保健食品、化妆品标准和技术规范；负责保健食品安全性检测和评价、不良反应监测；审批保健食品广告；负责保健食品检验检测机构的监督管理。

(5) 食品药品稽查局。负责保健食品、餐饮食品安全稽查工作；监督抽验保健食品质量，并定期发布抽验公告；受理举报投诉，组织查处保健食品、餐饮食品安全的违法行为；指导协调餐饮食品中毒事故调查工作，参与餐饮食品安全重大事故调查处理；承担保健食品广告审批及违法广告监测与行政处理；承担有关保健食品安全事件的应急处理，对产品召回进行监督；组织协调保健食品、餐饮食品安全专项检查活动，协调跨地区重大案件的查处。

(6) 人事处。承担机关和直属单位机构编制、干部管理及干部队伍建设工作；负责人事管理和劳动工资；负责机关和直属单位教育培训，指导系统开展干部业务培训和行政相对人专业知识培训；组织开展食品监管有关方面的对外交流与合作；负责机关离退休人员管理服务工作，指导直属单位离退休人员管理服务工作。

(7) 直属机关党委。负责局机关和直属单位的党群工作。

另外，省食药监局的人员行政编制 60 名，其中：局长 1 名，副局长 4 名；处级领导职位 26 名(含直属机关党委专职副书记 1 名)，省食品药品稽查专员 3 名(正处长级)；后勤服务人员编制 8 名。

4. 浙江省台州市食品安全监管情况

浙江省共有 11 个地级市，在监管权纵向配置方面，本研究选择了台州市的食品安全监管继续作为观察对象。

台州市地处浙江省沿海中部，东濒东海，南邻温州，西连丽水、金华，北接绍兴、宁波。陆地总面积 9 411 平方公里，海域面积 8 万平方公里，人口 569 万，其中市区人口 152 万。

台州市政区辖椒江、黄岩、路桥 3 个直属区与临海、温岭 2 个市和玉环、天台、仙居、三门 4 个县，分设 65 个镇、28 个乡、38 个街道办事处，5 037 个村委会、149 个社区和 142 个居委会。

台州市负责食品安全监管的是市食品药品监督管理局，是台州市政府的组成机构之一，其经费、人事等由市政府管理，并接受省食药监总局的业务指导。台州市食药监局的监管职责与省监管局的职责类似，只是将范围从省缩小到市。其机构设置也是省食药监局机构设置的简化版。与内部管理和食品安全监管有关的包括：(1)办公室(挂行政审批处牌子)；(2)餐饮服务监管处；(3)保健食品化妆品监管处；(4)人事教育处(挂法规处牌子)；(5)监察室。

在食品安全属地化监管方面，台州市实施了一系列的举措，其中包括：[61]

一是成立高规格的综合协调机构。2005年5月，台州市政府成立食品药品安全委员会，由市长担任主任，分管副市长担任常务副主任，分管副秘书长和食品药品监管局局长为副主任，20多个部门一把手为成员，9个县(市、区)食品药品安全委员会主任也全部由政府主要领导担任，充分体现政府对食品药品安全工作的重视。在食品药品安全委员会的统一协调下，部门协作配合明显加强，监管资源得到有效整合，全市综合监管能力明显增强。

二是落实食品药品安全责任制。台州市政府每年出台《加强食品药品安全工作的意见》，召开全市食品药品安全工作会议，市政府领导每年与各县(市、区)政府和市级主要任部门签订年度食品药品安全目标管理责任状，明确年度工作的目标和责任。

三是将食品药品安全工作纳入党委政府考核体系。从2006年开始，台州市委、市政府将食品药品安全指标，列入全市年度考核内容，全市各地也全部将食品药品安全工作纳入党委、政府年度考核体系，从考核机制入手引导各级政府扎实推进食品药品安全工作。特别是全面实行食品安全综合评价，内容涵盖管理指标、检测指标和满意度指标。

四是将食品药品安全监管职能延伸到乡镇政府。食品的源头和薄弱环节都在农村，基层是食品药品安全的关键所在。为此，台州市政府在乡镇机构改革方案中，明确将食品药品安全监管纳入乡镇职能，在全市各乡镇(街道)设立食品药品安全监督站，与社会事务办公室(或工业办公室)合署办公，做到有机构、有人监管。

五是建立食品药品安全责任追究机制。2005年8月，台州市在浙江省率先出台《台州市食品药品安全责任追究制度》，由纪委、监察局发文。

从浙江省对食品安全监管权属地化监管的机构设置分析中可以看到,从省、市、区至乡镇(街道)的食品安全监管机构的大体情况及其相互间关系(见图5.16)。

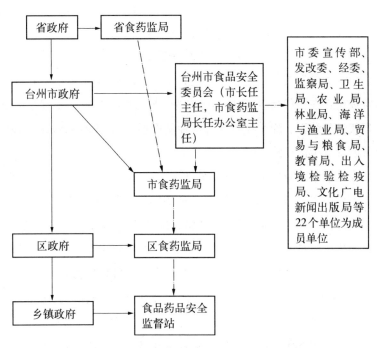

注:实线表示领导关系,虚线表示业务指导或协调关系。

图5.16 浙江省食品安全属地化监管(地方分级管理)

第三节 我国食品安全监管权纵向配置的逻辑与争议

一、监管权纵向配置属地化模式的逻辑:层级代表关系

在前文中我们谈到,我国食品安全监管权的纵向配置的形式是地方监管模式中的属地化监管,并对属地化监管与地方政府职能、责任,属地化监管的内容和机构设置做了考察。在了解这些外在表现之后,有一个问题值得思考:即食品安全监管权的纵向配置为何会采取这种属地化配置的形式,其背后的逻辑基础是什么?

我国是一个单一制国家,按照中央政府的统一领导和地方政府分

级管理原则,形成了由上自下的金字塔式的科层式权力结构。[62]科层制(Bureaucracy)又称官僚制。在马克斯·韦伯看来,这是一种权力依职能和职位进行分工和分层,以规则为管理主体的组织体系和管理方式。其基本特征是:在职能基础上进行专业分工;严格的等级结构;管理的非人格化;明确的程序、规章和制度;按照资历、政绩晋升等。[63]这个理论奠定了现代组织理论的基础,其组织模式对整个 20 世纪以来的人类社会生产力的发展和社会稳定都起到了重要的作用。对此,彼得·布劳曾评价:"在当代社会,科层制已成为主导的组织制度,并在事实上成为现代性的缩影。除非我们理解这种制度形式,否则我们就无法理解今天的社会生活。"[64]

在这种组织结构中,管理层次和管理幅度两者之间呈反比例关系,即管理层次越多,管理幅度越小;管理层次越少,管理幅度越大。[65]上层对下层进行监督和控制,下层向上层管理者请示、申诉并执行命令,每个组织均按照自上而下的层级结构形成一个指挥系统。韦伯认为,按层级原则组织分工能促进行政效率的提高,它可以将复杂的程序进行分解,转化为细化的决策,使复杂的问题被细分为可处理的、可重复的任务,使每一项任务归属于某一特定层级或职能单位,并为所有组织成员提出由其职责所决定的工作目标和实现目标的手段,通过组织内的信息机制给每个组织成员提供有效完成职责所需要的信息,然后由一个集中的、等级制的控制中心进行协调,重新整合为一个运作稳定的有机过程。韦伯对此类层级制组织的评价非常高:"经验往往表明,从纯技术的观点来说,行政组织的纯粹官僚制(层级制)形态能够达到最高程度的效率。相比任何其他形式的组织,它具有精确性、稳定性、可靠性和纪律严明的优势。"[66]

传统的科层制组织是一个等级实体,具有等级与权力一致的特征。在这样的一个等级实体中,将各种公职或职位按照权力等级组织起来,形成一个统一的指挥链条,沿着自上而下的等级制,由最高层级的组织指挥控制下一层的组织,直至最基层组织,于是形成层级节制的权力体系。正如韦伯所言的"关于等级制与各种按传统等级赋予权力的原则"对于组织"这意味着一种牢固而有秩序的上下级制度,在这种制度中存在着一种上级机关对下级机关的监督关系",并且"在科层到充分发展的场合,机关等级制是按个人独裁的方式组织起来的。在所有科层制的结构中都存在着等级赋予机关权力的原则"[67]。根据等级制原则,在这个行政体系内的"每一个职员,都能够在上级面前为自己和自己下属的决定和行为负责。因为他要为自己下属的工作承担责任,因此他对下属具有权威性,这意味着对下属他有发号施令的权力,下属则有服从的义务"[68]。

在这样的科层制的权力机构中,单一制国家的中央政府与地方政府间关系被视作一种"层级代表"模式。此模式中,中央政府将部分权力交给地方政府行使,而中央政府仍有最终的决定权。由这种权力分配方式所形成的中央主导型政府关系中,地方政府实际上是中央政府的派出机构。[69]"国家的大部分重要行政事务都由中央执掌,或是直接通过实地行政管理机构,或是通过专门性机构,也可以利用地方政府管理诸如教育或公路这样的事务,但它们都只不过是处于中央控制下的代表。"[70]地方政府是按中央政府的需要而设立的,中央政府将部分"权力"下放给地方政府,最终的决定权在中央。"风筝放出去了,线端还在中央"[71]。这种"层级代表"关系多见于科层制中基于命令和控制方式对下级的工具性的指派和使用,下级缺乏自主性,只是上级权力的延伸和传声筒,只是执行上级命令的手段。

在食品安全监管纵向配置方面,采取属地化监管模式,即"地方政府负总责",其逻辑基础就是这种"层级代表"的观点。其内含的预期假设就是"地方政府只是执行中央监管部门监管政策的工具"。在这样的逻辑主导下,有以下几个理论分析的角度:

(1)分工效率论。

中央政府关注于大政方针,地方事务的管理权下放。社会的进步和发展使得中央政府面临的经济政治和社会事务越来越多,所承担的责任也来越重,在这种情况下,为了提高行政效率,中央政府在保留食品安全监管权中的决策权的前提下,将食品安全监管权中的执行部分下放至地方政府,由作为层级代表的地方政府具体执行。如果将食品安全看作是一种公共物品,政府应该是公共物品的主要供给者,然而,若这些公共物品都必须由中央政府自己承担的话,"其中任何一种方式都会增添其公共服务进程的复杂性,加大其成本,甚至会造成各地公共服务供给机制的严重扭曲"[72]。在我国,食品领域一个重要的特点就是食品生产企业多、小、散、乱。100多万个食品生产单位中约70%以上是10人以下的家庭小作坊,其中有相当部分甚至不具备生产合格食品的必备条件;食品经营企业多达300万家,大多为个体工商户,缺乏必要的设施,经营管理落后。农产品生产多以农户为单位,分布广、散、偏,[73]而且全国各地情况不一,区域经济发展程度差距较大,在这种形势下,对食品安全监管不能搞一刀切,把食品安全监管若交给地方政府监管,可以让地方充分发挥自主权,因地制宜,有利于提高监管效率。

(2) 压力型体制论。

压力性体制是行政学近年来产生的比较有影响的分析性概念之一。所谓压力型体制原来是指一级政治组织为了实现经济赶超,完成上级下达的指标而采用数量化任务分解的管理方式和物质化的评价体系。[74]此概念逐渐成为分析中国地方政府运行机制的一种视角。[75]根据此视角,在各级政府对下负责的政治责任机制和压力机制尚未建立起来的政治条件下,调动地方政府积极性的根本途径不得不依托于行政隶属关系,建立起一种自上而下的压力机制,由上级政府给下级政府下达经济社会发展硬指标,并根据指标完成的情况给予一定形式的奖励或追究责任。这种机制自上而下,将指标细化并层层分解,伴随着的也是细化和分解的评价体系。各级地方政府就是在这种评价体系的压力下运作的。同样,由于在食品安全领域近几年来事故频出,食品安全问题成为社会关注的焦点,不得不引起重视,因此通过属地化监管模式,将"压力机制"移植到食品安全监管领域。一方面,可以通过这种机制将压力转化为提供地方政府的监管质量的动力,保证上级部门的监管目标能够落实;另一方面,也可通过压力机制细分责任,使责任界定清晰,与对官员的评价升迁体系相联系,一旦出现重大食品安全事故,便于追责。

(3) 偏好与信息不完全论。

理查德·斯格特认为,在组织运作过程中,基层组织比中上层组织对工作的熟悉程度更高。"在工作过程中产生了与基本生产与管理过程相关的信息,据此,一个组织才能完成工作,并因此为那些或者部分或者完全不透明的行为提供更深层次的透明度。基于每一实际应用底层的微处理者的智慧,不仅将指令用于设备,而且可以把产品或过程的当前状态转化为信息。"[76] 在政府组织中也是如此。哈耶克指出,由于地方政府对本地情况和消费者偏好比中央政府有更好的了解,因此对于本地来说,会做出更好的决策。[77] 斯蒂格勒认为,与中央政府相比,地方政府更能够接近民众,更能够理解辖区居民的偏好和需求,加上一些公共物品的地域性特征,使得中央政府统一来提供公共物品是不经济的,各个地方应该自己确定本辖区内公共物品的数量和质量。因此,为了实现资源配置的有效性,地方政府要有一定的自由度,中央政府的作用主要是解决分配不公平和缓和政府间摩擦。[78] 奥茨在《财政联邦主义》一书中,提出了分散化提供公共物品的比较优势。他认为,对某种公共物品来说,如果其消费者涉及全部地域的所有人口的子集,并且该公共物品的单位供给成本对中央政府和地方政府都相同,那么让地方政府将帕累托有效的产出量提供给他们各自的选民,要比中央政府将特定且一致的产出量提供给全体选民要有效率得多。因为与中央政府相比,地方政府更接近自己的工作,更了解其所管辖区选民的偏好和需求。也就是说,如果下级政府能够和上级政府提供同样的公共物品,那么由下级政府提供,效率会更高。

特里希认为,这种偏好把握的有效性其实可以从信息的角度来分析。他认为,如果信息是全面的、正确的而且无成本的,那么中央政府或者地方政府来提供公共物品没有差异的。但现实中,信息是不完全的,接近居民的地方政府更加能够把握地方信息,而中央政府掌握的信息则具有随机性和片面性。若从监管角度而言,中央政府统一监管会受制于信息不完全问题,加强监管,则投入大量人力物力,若监管不足则不能满足居民需求。沈荣华认为,从某种意义而言,地方政府能更好地把握地方信息,更直接第了解市场主体的走向与现状,更准确地听到当地人民的呼声。[79]沈宏亮在探讨我国社会性监管失灵问题时,从分权监管有助于化解监管者相对于被监管者的信息不对称的角度指出:[80]一方面,地方监管者容易获得辖区居民的规制偏好以及企业的成本、技术和需求信息,因为地方监管者可以亲身感受,或者通过亲朋好友、选民的渠道间接了解本区域实际;也可以通过咨询会议、公开听证会和顾问委员会等规制程序收集到必要的信息;还可以从同层级其他职能部门了解到相关信息。另一方面,地方监管者相对于中央监管者具有较强的收集信息动机。根据不完全契约理论,由于监管环境不确定性、监管绩效难以证实等因素的影响,各地居民与监管者达成的授权契约必然是不完全的,对于不完全契约的实施对监管者的激励具有决定性。由于中央监管者顾及多个辖区的利益,不大担心对某个辖区不尽责引起的居民支持下降,因此被授权的中央监管者可能减弱甚至忽视对某个辖区信息的收集。相对而言,地方监管者目标单一、绩效容易衡量,能够对地方选民的选举控制做出回应,具有承担监管责任并积极收集信息的激励。因而,不同辖区政府监管的"标杆竞争"也为地方选民观察、判别本辖区规制者的绩效提供了依据,有助于确保地方监管者履行责任。

根据以上观点,若按照"偏好和信息把握的有效性"角度观察,食品厂商具有属地性特点,许多在食品方面制假造假的厂商为乡镇企业或食品小作坊。它们数量多、规模小、违法成本低,甚至涉及城镇低收入者的生计等社会问题,中央政府或垂直性监管机构无法深入如此基层。相比而言,地方政府拥有更多信息和基层工作经验,其监管效率远高于中央政府或垂直机构。

(4)降低政治风险论。

有些学者从降低政治风险的角度来分析中央政府采取食品安全监管权纵向配置属地化的原因。[81]曹正汉指出,中央政府都有规避或降低来自民众的政治风险的动机。在美国,这种动机表现为政治领导人(议员和政府领导人)追求再次当选的可能性最大化,故需要避免引起公众不满,更需要避免受到公众责难。在中国,这种动机表现为政府领导人追求自身政治前景的最大化和政权稳定,故需要避免引发民众强烈不满和社会动荡。具体而言,在现代中国,这一类风险是来自政府治理民众所产生的政治风险,它来源于政府的某些行政工作容易与民众发生冲突(如征地拆迁、维稳等),或者来源于政府提供某些公共服务容易发生管理纰漏或其他责任问题,而一旦出现责任问题,将严重危害民众利益。这两种情况都容易引发民众的强烈不满,甚至社会动荡,威胁到政治稳定。因此,中央政府为了降低自身承担的政治风险,需要尽可能避免与民众发生利益冲突,就需要把那些容易引发民众强烈不满的行政事务尽可能地交给地方政府去完成,使得从效率角度来看应由中央政府承担的一部分行政事务及相应的权力和责任,也转移给了地方政府,中央政府主要执掌治官权,形成"中央集中治官,地方分散治民"的治理结构。

　　我们在中央与地方之间"层级代表关系"的逻辑性下,从四个角度分析了食品安全监管权纵向配置采取属地化模式的原因,分工效率论从组织理论的角度强调属地化的原因在于中央政府与地方政府在食品安全领域进行分工以提高效率。压力型体制论认为属地化监管与中央地方关系领域的"压力体制"相联系,可以通过这个体制将压力转化为地方政府提高监管质量提高的动力,保证上级部门的监管目标能够落实。也可通过压力机制细分责任,使责任界定清晰,与对官员的评价升迁体系相联系,一旦出现重大食品安全事故,便于追责。偏好与信息不完全论从公共选择与信息经济学理论的角度提出,属地化的优势在于地方政府对本地情况和消费者偏好要比中央政府有更好的了解,且拥有更多信息和基层工作经验,因此其监管效果优于中央政府或垂直机构。降低政治风险论则从社会学风险理论视角,认为监管属地化背后的动机是中央政府为了降低自身承担的政治风险,需尽可能避免与民众发生利益冲突,就要把那些容易引发民众强烈不满的行政事务尽可能交给地方政府去完成。因此,面临日益严峻的食品安全问题所带来的风险,需要强化地方政府的监管责任,以便由地方政府承担并分散化这种风险。每种观点各有侧重,共同构建起对食品安全监管权纵向配置的理论解释。

表 5.5　食品安全监管权纵向配置属地化模式的原因

分析视角	相关理论	主 要 观 点
分工效率论	组织理论	中央政府面临的经济政治和社会事务越来越多,所承担的责任也来越重,在这种情况下,通过与地方政府分工以提高行政效率
压力型体制论	行政学理论	通过压力型体制将压力转化为地方政府提高监管质量提高的动力,保证上级部门的监管目标能够落实;也可通过压力机制细分责任,使责任界定清晰,与对官员的评价升迁体系相联系,出现重大食品安全事故,便于追责
偏好与信息不完全论	公共选择与信息经济学理论	地方政府对本地情况和消费者偏好比中央政府有更好的了解,且拥有更多信息和基层工作经验,因此其监管效率远高于中央政府或垂直机构
降低政治风险论	社会学理论	中央政府为了降低自身承担的政治风险,尽可能避免与民众发生利益冲突,就需要把那些容易引发民众强烈不满的行政事务尽可能地交给地方政府去完成。因此,面临日益严峻的食品安全问题所带来的风险,需要强化地方政府的监管责任,以便由地方政府承担并分散化这种风险

二、监管权纵向配置属地化模式的困境:委托代理难题

按照监管权纵向配置属地化模式的逻辑,属地化监管能够提高行政效率;将食品安全问题与官员升迁结合,形成压力且便于追责;地方政府由于能克服信息不完全,监管效率高于中央或垂直机构;等等。但现实中按照属地化并未很好地解决食品安全问题,食品安全情况在相当长时期内并未得到根本性的改善,其原因究竟何在? 如此理想的设计因何在现实中出现问题?

(一) 制度设计"应然"与现实层面"实然"之间的张力

从某种意义而言,这个问题依旧是制度设计"应然"与现实"实然"之间的张力所致。在"应然"层面,监管权纵向配置属地化模式的

逻辑是建立在韦伯式科层制基础上的"层级代表"假设。按照这种假设，中央与地方政府的关系是一种科层制中的"层级代表"关系。在韦伯的科层制模式中，组织权力分层、职位分等、层层节制、环环相扣、秩序井然，上下级之间职责明确，同级之间既相互分工又彼此配合，体现出迅捷性、明确性、统一性和非人格化[82]，因此作为下级的地方政府对中央政府而言，仅是中央政府权力的延伸和传声筒，只是执行上级命令的工具。此逻辑最大的问题是将韦伯的理论误认为是现实的真实存在。韦伯的科层制理论"排除了一切爱憎和一切纯粹个人的、从根本上说一切非理性的、不可预计性的感觉因素"，[83]因而是一种理想化的抽象。

　　现实中，官僚自主性的现象无处不在。所谓官僚自主性（bureau-cratic discretion），是指官僚机构或个人超越其法定的地位和职能，超越政治家的控制，在公共决策过程中发挥主导的作用。[84]它源于公共选择理论的最基本的观点：政治市场的行为主体同商品市场的行为主体一样，都是以个人效用最大化作为行为选择的基本准则。"政府的政策制定者（政治家、政府官僚等）都是理性的经济人，都在追求最大利益"[85]；"其行为可通过分析其任期内面临的各种诱因而得到理解"。[86]尼斯坎南指出，官僚自主性的主要因素是薪水、职务津贴、社会名望、人事权、较大影响力、轻松的工作等，而官僚的目标大多都与所在机构的预算规模呈正相关，而政府预算规模又与政府权力的大小呈正相关。因此，为了追求个人的地位、权力和收入，政府官员必然千方百计追求本机构预算的最大化，追求对政府权力的有效控制。[87]官僚的自主性必然会对政府行为产生影响，导致政府自主性的产生。周志忍认为，政府自主性就是政府能够获得行动的独立性，建立全面协调的机构来制定政策，有效地动员各类资源，从而实现社会控制的能力。[88]沈德理进一步分析了地方政府自主性问题。他认为，地方政府自主性是指以地方政府为代表的利益主体自主参与市场竞争和资源配置，自我设计、自我管理、自我发展的权利（权力）能力及其活动，并指出地方自主性具有依附性和独立性双重特征，"依附性是指这种自主性是在国家法律和中央政府颁行的政策框架下进行的，独立性强调的是地方政府获得了利益体和行为主体的资格,具有明确的利益追求"。[89]

改革开放前,在计划经济体制下,中央政府与地方政府的利益结构具有高度的一体性,中央政府几乎控制了所有资源的配置,地方政府作为中央政府的层级代表,自主权非常小,各省必须把所有的财政收入按规定的比例上缴国家。地方政府没有预算开支的自主权,即使必要的开支,地方政府也必须在使用之前得到中央政府的批准。中央甚至不允许各省建立自己的财政预算体系,平衡财政收入和开支完全是中央政府的事情。[90]在这种情况下,地方政府自身利益意识单薄,自主性不明显。[91]改革开放以来,中央政府在财政体制、行政体制、干部人事等方面推行了一系列改革,逐渐打破了中央与地方之间那种简单的"命令—服从"关系的"科层代表"结构,地方政府自主性提升,成为一个相对独立的利益主体的角色逐步凸显,成为影响其行为的关键性变量,地方利益结构分化进程大大加快。[92]

中国的全面改革是从经济体制改革开始的,推动改革开放全面展开的一个里程碑是党的十一届三中全会将放权确定为改革的一个基本主题。其具体内容包括:一是放权,即权力配置改革,给地方政府和生产单位更多决策权;二是让利,即利益分配改革,给地方、企业和劳动者个人以更多的利益。通过这种"放权让利"调动地方政府和企业的积极性。由此,20世纪80年代以后的地方利益结构已不像以前那样是在整体性利益的框架内谋求各自的利益,而是从整体利益中脱颖而出,"相互攀比地向中央提出利益要求,甚至超出政策界限追求自身利益"[93]。当地方政府演变成拥有相对独立的利益结构的行为主体时[94],简单的"层级代表"的命令—服从关系就被利益主体自身利益目标函数主导下的"委托—代理"关系所替代,成为解释地方政府行为的主要切入点。从"委托—代理"的角度,也能更好地理解食品安全监管权纵向配置属地化模式在现实中所遭遇的困境。

(二) 委托—代理理论

委托—代理理论(principal-agent theory)兴起于20世纪六七十年代,它主要研究委托人如何设计出一个激励结构(契约)来促使代理人为委托人的利益行动。其最初出现在对保险业的研究中,在保险领域,投保人和承保人之间的关系就是典型的委托—代理关系,此后也用其来概括律师与当事人、医生与病人、经纪人与投资者、政治家与公民、雇主与雇员、经理与股东间的关系。所以,在生活中,我们经常可以看到委托—代理关系,即委托人把某些特定的任务或工作交给代理人去完成,而任务和工作的好坏取决于代理人的努力程度。值得一提的是,委托人与代理人之间的关系是一种契约关系。即委托—代理关系建立在某种契约的基础上,此契约可以是口头也可以为书面形式,可以是经济性契约也可以是政治性契约,可以是完全契约也可以是不完全契约,但无论形式如何,契约中必须包含授予代理人的某些决策权和收益权。委托人之所以需要代理人为其服务,其原因众多,可能是代理人缺乏某种经验、知识、信息、时间,也有可能工作的规模大和复杂性高,以致承担者本人无法独立完成,需要与他人协调行动。在这种关系中,有以下两个关键之处:

第一,委托人与代理人之间的利益和目标可能并不一致。比如,作为委托人的企业经理关心的是利润,但作为代理人的工人更在乎薪酬的多少和付出的体力;作为委托人的当事人关心官司的成败,而作为代理人的律师更在乎律师费的高低。代理人作为理性人由其自身的利益追求,无法保证其行为总是为了实现委托人最优利益,不能排除,在一些情况下,不能排除代理人为了自身利益而把委托人利益放在次要位置,甚至牺牲委托人的利益为代价来实现自身利益。

第二,委托人与代理人之间的信息不对称。委托—代理关系中最大的难题是委托人与代理人之间的信息并不对称,代理人拥有的信息远远超过委托人。在这种情况下,委托人只能观测到代理人部分产出,不能确切地知道代理人的努力程度,难以观察到代理人的确切行为,或者说他观察到的结果并不是行为的准确度量。[95]

1973 年罗斯(Ross)在《美国经济评论》第 63 卷第 2 期发表的《代理的经济理论:委托人问题》一文中,最先提出委托—代理理论。此后学者们发现在政治领域也可适用此理论。同其他行业一样,在官僚机构中也存在委托人与代理人的关系问题。如果说,私人公司中的委托人为股东，代理人为企业管理人员的话，官僚机构中，委托人为立法机关或其代表的选民，代理人是各行政官僚。理查德·沃特曼（Richard Waterman）等人首次把委托—代理模型扩展到政治领域，用它分析政府管理绩效问题，开启了分析多层级政府间代理问题的先河。从委托—代理理论的角度观察，在政治领域，国家的一切权力属于人民，但全体人民不可能全部亲自参与管理国家具体事务，只能以委托人的身份将管理权交给作为代理人的政府，由政府代为行使，由此就形成了政治领域的委托—代理关系。卢梭等学者称其为社会契约。卢梭认为，人民订立契约建立国家，人民便是国家的主权者，而公共力量必须有一个恰当的代理人把它结合在一起，并使它按照公意的指示而活动。因此，行政官仅仅是主权者的官吏，是以主权者的名义在行使着主权者所委托给他们的权力。[96]无论是政府，还是具体的官员，其掌握与行使的公共权力都不属于他们自己，而是契约条件下全民的委托。委托的目的是由政府作为代理人提供公共产品，如维护和平与安全、保护产权、制定法律规范、提供公共设施等；政府则通过代理行使行政权，以履行相应的行政职责的方式获得其相应的权益。[97]

相比经济领域，官僚机构中的委托—代理关系更为复杂。[98]这是因为：（1）官僚机构中缺乏类似资本市场机制的手段，无法让管理机关分享财政结余。（2）官僚机构缺乏竞争，在委托人方面不存在类似于资本市场的机制，因此行政官僚的行为缺乏外在压力和约束。（3）官僚机构的产出极其模糊和不明确，不存在衡量其好坏的单一利润指标，这导致对官僚机构的运作成功与否难以进行客观评价。在企业组织中股东的偏好基本一致，即收益最大化，而在政治委托中，作为委托者的公民利益和偏好呈异质性，相差较大，因此无论对委托的任务本身还是代理人都很难界定一个指标对其业绩进行有效衡量。（4）官僚机构缺乏竞争使其生产函数难以比较。相对而言，企业绩效易于在同类企业中找到参照，官僚机构的绩效却难以找到一个可以参照的标准。中国政府不可能与美国政府进行比较，因为两国在很多方面不同，中国的地方政府间虽可以进行些比较，但地区间的巨大差异也使得地方政府间的互相参照度非常有限。

（三）食品安全监管属地化中的委托—代理难题

委托—代理理论也是分析我国中央与地方政府间的关系的重要视角。周黎安将中央地方关系放在委托—代理理论中考察，提出中央政府如何调动地方政府施政积极性的政治竞标赛模式。[99]王小龙从中央与地方的财政关系入手，发现中央政府在财政收入与支出管理方面所进行的逐级分权的实质是不同层级政府间的委托—代理关系。[100]王永钦以委托—代理关系中委托人的绩效衡量入手，探索了中国分权式改革的得失。[101]杨宝剑以委托—代理为视角，解释了政府间纵向竞争所展现的不断博弈的动态过程。[102]

在监管研究领域，1979 年劳伯（Loeb）和马盖特（Magat）用委托—代理理论分析政府监管，使其成为研究监管问题的重要理论工具。[103]张红凤在对美国监管制度的研究中将政府分为监管者和国会两部分。她提出："监管者为了自身福利的最大化，可能被受监管企业或其他利益集团俘获而与之合谋，国会则以社会福利的最大化为目标，从而使得利益集团、监管机构、国会可以在三层科层结构下探讨委托—代理问题。"[104]布雷恩·格伯（Brian Gerber）和保罗·特斯克（Paul Teske）认为在监管问题的委托—代理中，美国联邦政府设定政策目标多个参数，州政府是重要的执行代理者。在现实中，州和地方政府在联邦监管政策的形成与实施过程中起着关键作用，它们在不断变化的制度、政治和经济条件下行动。[105]

如前所述，食品安全监管权纵向配置的属地化模式的核心是"地方政府负总责"的分级管理监管体制，在这种模式中，本地的食品安全监管由本地的监管机构负责。本地监管机构是本级政府的一个部门，其人事、财政等方面统一由本级政府管理，上级监管机构仅对其进行业务上指导。因此，若用分析政府间关系的委托—理论对监管权纵向配置属地化模式的问题进行考察，可以发现属地化模式在现实中的运作出现的主要困境就在于委托—代理难题。

（1）多层委托—代理导致属地化监管激励不足。

安东尼奥·伊斯特和戴维·马梯莫特在研究政府间委托—代理时提出："政府的每一级都可以看作是存在信息问题的委托—代理关系。

政府与社会都建立在垂直契约基础之上，这契约多多少少地较易解决一些代理问题。但是通过代理系统，科层制自上而下的激励会逐渐减弱，造成对结果的失控。"[106] 陈富良在研究美国政府监管中发现，政府监管并非单层委托—代理，实际上是一个多层委托—代理合同，[107] 从纵向来看，存在着公众、国会、监管机构和被监管企业之间的多层委托—代理链条。首先，消费者通过选举国会议员的途径，将自己的权力委托给国会议员，希望国会议员通过立法约束被监管企业的行为，以维护消费者整体的合法利益。于是消费者（选民或公众）成为委托人，国会（立法机构）是代理人，他们之间形成第一层委托—代理关系。其次，由选民通过选举产生的议员所组成的国会在某种程度上必须代表选民利益，但国会只是立法机构，因此必须把自己制定的监管方面的法律委托给监管机构去执行，于是国会成为委托人，监管机构成为代理人，它们之间构成第二层委托—代理关系。再次，监管机构带着国会的意志，具体制定企业在市场准入、产品价格、质量、场所安全、卫生等方面必须遵守的细则，并让企业贯彻执行，企业接受或拒绝监管企业的规则委托，就自己利益与监管企业讨价还价，在这里监管机构成为委托人，被监管企业成为代理人，他们之间构成第三层委托—代理关系。最后，被监管企业不仅在监管细则方面与监管机构讨价还价，还会把自己的利益反映到国会，以求从国会那里得到法律上的支持，就像消费者从国会那里维护自身权益一样，这一层委托—代理关系与第一层委托—代理关系，即消费者与国会的委托—代理关系是平行对等的。在这样的多层委托—代理中，作为公众代理人的国会和监管机构是否会全面反映公众意志，不折不扣地完成公众所委托的事项呢？现实中很难达到这种要求。因为建立有效的委托—代理关系的核心是建立一种激励约束机制。在这一机制中，对于委托人而言，由他发出的激励和约束信号必须指向代理人，而且，这种指向越是明确，经过环节越少，激励和约束信号的传递效率及由此形成的对代理人的激励和约束效用越高。反之，激励约束信号传递的方向越模糊，经过的环节越多，这种信号的传递效率及由此产生的对代理人的激励和约束的效用就越低。同时，多层委托—代理中，对监管执行绩效的监督成本也随着委托—代理链条增长而增加。

在食品安全领域也存在这种多层委托代理的状态。在理论上,公众为了维护自身在食品安全方面的权益将监管权委托给作为国家最高权力机关并代表全国人民的意志和利益的全国人大[108],形成第一层委托—代理关系;人大制定食品安全方面的法律,但将执行权委托给中央政府及中央监管部门,形成第二层委托—代理关系;中央政府及中央监管部门制定政策,但把更具体的执行权委托给地方政府,形成第三层委托—代理关系;地方政府从省级政府到地(市)级、县(市、区)级政府再层层委托直到食品生产经营领域的厂商,在这一系列多层委托—代理过程中激励和约束效用不断下降。虽然消费者和媒体从横向角度也对食品安全问题进行监督,产生了一定作用,但效果并不理想。曾献东建立了我国食品安全监管多层委托—代理博弈模型,据此提出中国食品安全事故频发的内在原因是监管的激励效果减弱。[109]孙宝国等学者在此基础上进一步研究,认为基层政府作为中央政府食品安全监管的代理人,是否按照中央政府的加强食品安全监管的要求行动,主要取决于中央政府所能提供的激励的大小。激励机制由两部分构成,一是努力监管获得中央政府奖励的概率,二是奖励的力度。由于中央政府在多层委托—代理链条中无法有效观察到基层政府在食品安全监管方面的努力程度,加上上级政府对食品安全监管的绩效考评的主观性较大,只要没有发生食品安全事故即可,除非发生重大事故,否则被发现失职的概率不高,在这种情况下,基层政府在食品安全监管方面的动力明显不足。[110]

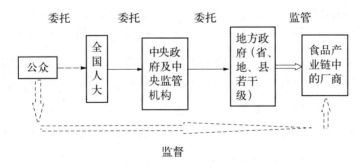

注:实线箭头表述强委托关系,虚线箭头表述弱委托关系。

图5.17　多层委托—代理关系中的食品安全监管

（2）委托—代理中的信息不对称致使属地化监管中机会主义的形成。

在多层委托—代理导致属地化监管激励不足的同时，委托—代理中的信息不对称也使得属地化监管中地方政府容易出现机会主义。机会主义是指人们在任何情况下都利用所有可能的手段获取自己的特殊利益的倾向。[111]在委托—代理关系中，相比委托人，代理人拥有信息优势，委托人往往较难发现代理人的努力程度。在食品安全监管的委托—代理关系中，这种因信息不对称，也导致地方政府在属地化监管中出现机会主义的可能性增加。这种机会主义体现在两个方面。

首先是逆向选择。逆向选择是指交易双方在信息不对称时，买方总是优先购买质量差的商品，使质量好的商品在市场上无法生存，表现为质量差的商品总是把质量好的商品驱逐出市场[112]，即所谓"劣币驱良币"现象。在委托—代理理论中，逆向选择主要描述当事人签约前存在信息不对称，代理人知道自己的状况而委托人不知道，在信息传递中代理人选择某种信号显示信息状况，委托人感测到这种特定信号后与代理人签约。表现在政府工作中，"政绩不够，数字来凑，官出数字，数字出官"就是一种逆向选择的机会主义行为。在食品安全属地化监管中，瞒报、漏报食品安全监管数据；为了保护地方"经济命脉"，对于制造和销售问题食品的企业负责人采取姑息政策。"在政府职责履行过程中，经常出现某些地方政府职能涉及这个责任上推下卸的问题，并且在涉及国家与地方各级政府相互关系的事务方面，缺乏明确具体的法律规定，随意性很大，"[113]上头压力大、风声紧时，就象征性管一管，等风声一过就放松查处标准。这些现象就是典型的逆向选择。

其次是道德风险。道德风险是指市场交易的一方无法观察到另一方所控制和采用的行动时，知情方故意不采取谨慎行为，损害对方使自己获利的行为。[114]在委托—代理关系中，道德风险表现为当事人签约后，代理人一方拥有私有信息，在这种情形下，代理人就可以通过隐藏自己的行动和信息而获利的情形。中国地方政府作为当地公共服务的提供者，既要负担地方的基础设施建设、教育、卫生、社会保障等各项社会事业的开支，还要完成上级政府部署的发展指标和改革任务。在这多重责任下，地方政府实际上面对的是多重任务的委托—代理合同。[115]作为一个利益主体，地方政府自然也有维护和发展本地利益的内在要求。政府间级层治理结构使上下级政府之间也存在着信息不对称，这种不对称主要表现在上级政府对下级政府发展地方经济的具体行为和实际措施难以全面了解。因此，在发展当地经济的动力和信息不对称的情况下，地方政府就会充分利用在信息传递链条中对私有信息的控制优势来应对上级政府。李军杰借鉴西方监管理论中的"铁三角"模型，提出中国也存在这样一种结构，三角形三点为地方政府、上级政府和地方企业为代表的微观主体。他认为，中国目前的地方政府具有为辖区微观主体服务的内在动力，但这种动力不是来自纳税人和公共产品受益人的监督和评价，而是政府力图把这种投资环境和公共服务质量的提高转化为辖区经济高速发展，进而转化为政绩显示的经济指标。由于上级政府无法掌握地方政府行为中感同身受的纳税人和公共产品收益人的信息，而只能简化为类似就业率以及社会稳定情况的片面考核指标，并以此对地方政府首脑的升降提出决定性意见，这就给地方政府留下了采取短期行为和机会主义行为的广阔空间。[116]

在食品安全监管领域，道德风险问题也存在。对地方政府来说，中央政府考评地方政府政绩主要侧重于其任期内当地经济发展水平，主要指标是 GDP 的增长速度。相对 GDP 等可被统计的指标来说，在信息不对称情况下，上级政府很难有效观察到地方政府是否努力执行食品安全监管职责。地方政府要想在任期内政绩突出，必须重视 GDP 增长。根据孙宝国等学者的研究，严格食品安全监管可能与地方发展经济相冲突，"在我国当前食品安全水平下，放松食品安全监管能使地方GDP 较快增长。同时，放松食品安全生产水平，也能产生额外的如受贿等非正常经济收益。所以放松食品安全监管对地方政府而言，带来较大预期收益"[117]。

（3）代理人双重角色干扰属地化监管。

地方政府扮演着双重代理人的角色。一方面，地方政府是中央政府的代理人，受中央政府委托，执行中央政府的政策、指令，自上而下地推行中央政府的政策，接受中央政府的监督、管理和指导；另一方面，它对其所管辖的行政区域内的行政事务进行管理,协调地方事务,管理地方区域经济的发展秩序,以保证和促进地方经济和社会的顺利发展,并成为地方公众利益的代理人和地方利益的代言人。改革开放以来,区域之间的利益分化格局日益显性化,地方政府作为地方代理人的角色逐步凸显。在地方人大选举制度和领导干部选拔任用的民主机制逐步建立的情况下,地方政府的合法性基础正在发生静悄悄的变化。"在新的历史条件下,地方政府逐渐转向通过发展地方经济,为地方人民提供广泛的社会福利,来获得地方人民的支持和认可,地方政府的政治统治基础开始发生转化,形成了所谓'政绩合法性'。"[118]如何更好地维护地方的利益,使辖区在区域发展竞争中赢得优势,更好地满足辖区内公众的公共需求,成为地方政府的重要行政目标。由此,自上而下的中央政府的代理人与自下而上的地方公众利益的代理人的角色之间有时会产生一定的冲突。[119]除此之外,这种对上和对下的双重代理人的效用偏好还与不同政府的不同层级相关。也就是说,不同层级政府行政人员与地方利益关联度不同,这种关联度的差异决定了不同层级的地方政府不同的效用偏好和行为准则。据何显明的研究,一般来说,政府层级越低,地方领导与地方利益的关系越密切,其个人效用目标与地方利益而非政治晋升的关联度越大。而层级较高的地方领导与地方利益的联系较为间接。[120]姚先国的研究也表明,政府层级越高,政治责任或政治风险意识在其行为取向中的权重越大;政府层级越低,其政策导向越是偏重于本地利益。[121]这种双重代理人角色是形成"地方保护主义"和"监管合谋"现象的原因,对食品安全属地监管的成效形成了一定的干扰。

所谓地方保护主义,是指在地方政府追求地方利益最大化的一种政治思想和社会意识,是地方政府为了维护本地政府、组织和个人的利益而不顾甚至损害全局利益或其他地方利益[122],为了眼前利益而损害长远利益的行为和现象的总称。[123]在食品安全领域,由于地方政府可能更多关注本地区利益,而不顾及整体性。在不断强化的地方利益驱动下,一些地方政府往往上有政策,下有对策,对本地企业在食品安全领域制假售假等违法行为"睁一只眼,闭一只眼"。甚至在有些情况下,一些地方政府还充当本地某些假冒伪劣产品的保护伞。因为比起经济发展问题，食品安全问题属于"讲起来重要，干起来次要，忙起来不要"的事务，一些地方政府基于地方经济利益、就业等考虑，往往会在本地食品监管方面不太严格。[124]杨合岭和王彩霞指出，在财政分权背景下，地方政府保护是造成大规模食品生产企业生产不安全食品的关键原因[125]。

监管合谋是指监管官员与被监管者基于利益上的互惠，形成了一种互相依赖的合谋机制。[126]"县（市）特别是乡（镇）一级的政府官员，大多是土生土长的本地人，他们同地方的市场主体往往都有各自盘根错节的亲缘、地缘、血缘关系，天然地倾向保护地方的经济利益。"[127]安德鲁·沃尔克（Andrew Walker）曾针对地方政府在市场转型中的角色，提出了政府即厂商的论点。他认为，在市场经济转型过程中，中国地方政府具有一个庞大工业组织的特点，已深深卷入市场经济之中。参与市场活动不但成为政府发挥权力作用的机会，而且政府机构和政府官员也直接从中获得经济回报。[128]戴慕珍（Jean Oi.）在研究中发现，在经济发展过程中，地方政府协调其辖区内各经济单位，似乎是一个从事多种经营的实业公司，官员们完全像一个董事会成员那样行动，从而形成一种"政府与经济结合的制度新形式"。[129]大卫·文克（David Wank）针对转型国家市场化改革问题，提出"共存庇护主义"（clientelism）概念，认为在中国市场化进程中，原先企业与政治权力之间的"单向依赖"已演变成一种"共存依赖"关系，一方面，政府官员依赖企业解决当地就业问题、促进社会经济生活中的合作关系以及获取贿赂受益等；另一方面，由于地方政府仍然具有很大的控制权力，如对稀缺资源的控制、对企业主社会地位的影响等，因而企业主往往也依赖政治权力而获得资源，并利用权力的庇护关系避免政治和政策的任意干涉。[130]在食品监管领域，作为监管者的地方政府与被监管者在有些情况下也处于这样一种关系中，监管者被监管者"俘获"[131]，并形成共谋。这种共谋使属地化监管的效力被消解。孙宝国的研究结果表明，地方政府的意志会在很大程度上影响地方监管部门的行为选择。在属地化监管中，地方政府直接掌握地方监管部门的政绩考核、职位升迁，甚至部门经济利益分配。地方政府对监管工作的信息比中央政府掌握得更加充分,地方政府能够观察到监管部门是否与地方政府食品安全监管的意志保持一致的概率远远大于中央政府观察到监管部门是否与中央政府保持一致的概率。因此,我国地方监管部门更愿意与地方政府保持一致来维护地方利益,甚至为了地方利益而放松监管。[132]

(4)代理人监管能力不平衡和跨区域食品问题的监管碎片化导致监管效果受影响。

首先,由于财力悬殊,不同区域的作为代理人的地方政府监管能力也不尽相同。举例来说,《食品安全法》规定抽检不收费,其用意是防止地方监管部门借抽检为名乱收费,给企业带来沉重负担。对于经济较发达地区而言,当地政府有财力保证抽检费用,但对于经济欠发达地区来讲,当地政府可能并无足够财力支付抽检费用,有时由于经费欠缺,往往倾向于将有限资金分配到他们认为更急需的用途上。而中央的监管机构只有业务上的指导义务,无法在行政经费方面做得统筹安排和平衡余缺。

其次,食品问题的外部性也凸显属地化监管中各代理人间协调缺乏。随着现代运输工具的发达和商品流通体系的发展,许多食品供应来自其他地区。在这种情况下,生产、销售、运输、仓储、消费环节之间在地域性上覆盖范围很广的食品安全成为一种公共产品,具有流动性和外部性,其溢出效应已不局限于某一特定区域,早已跨越区域限制。在这种情况下,食品安全属地监管责任制已难以适应食品安全外溢效应日益突出的特点,而且负责属地化监管的各地方政府则呈现碎片化状态,之间缺乏有效的横向协调机制,使得许多跨区域的食品安全问题更加恶化。廖卫东曾以瘦肉精为例加以阐释:"按照我国属地化监管规定,哪里出产猪肉哪里负责检测并出具检测报告。但有时,产出的猪肉流入另一个区域销售,销售环节只管卖不管检,给瘦肉精猪大量泛滥提供了可乘之机。"[133]

三、监管权纵向配置属地化模式的争议:维持或转型

针对食品安全监管权纵向配置属地化模式中由于委托—代理难题

出现的一系列问题,有一些学者提出应将监管权纵向配置的改革方向从属地化模式转向垂直模式。其理由是:

一方面,垂直化监管通过将地方政府某些机构中的人、财、物划归上级部门的方式,有利于保持政令统一、畅通,使得政府过程高效快捷,有利于营造公正、公平和竞争的发展环境。定明捷认为:"相对而言,中央政府更加注重诸如统治合法性、社会稳定和政治权威这样的长远利益和政治收益,地方政府则将地方经济增长、税收的增加等经济利益和辖区利益赋予较大权重。而食品安全监管的强度则必然会对中央政府和地方政府的利益产生不同影响,强化食品安全监管的效果,更有利于提高中央政府的收益;弱化监管力度则有利于地方政府的短期利益。"[134]另一方面,中央政府自上而下直接介入食品安全问题治理,可以克服地方政府在监管领域的机会主义,突破地方保护主义和监管合谋带来的监管实效,并有利于增强跨地区食品问题监管上的协调,因而总体上解决食品安全监管方面的委托—代理难题,大幅度改善食品安全事件频发的现状。韩俊提出:"在制度约束力不够的情况下,食品安全属地监管责任的制度安排,反而有可能为地方保护主义提供一定的土壤。因为地方政府也有权制定自己的规章和标准,地方的食品安全监管机构都是地方财政自给,因而可能更多地关注于本地区利益而不是国家标准。"[135]

与此同时,也有许多学者反对食品安全监管垂直化。周小梅提出,我国地域辽阔,地区间差异明显,要充分发挥地方食品安全监管体系的作用。[136]颜海娜认为,在纵向权力配置上所要做的是理顺中央与地方关系,进一步落实食品安全属地监管责任制。[137]

食品安全监管权纵向配置是否需要改革?如何改?垂直化是否能够解决现在监管属地化所造成的委托—代理难题?垂直化有很多形式,是采取中央一体化垂直、中央派出垂直、协作监管,还是省内垂直?这些问题都值得深思。对于食品安全监管权的纵向配置,垂直化监管也并非一剂包治百病、立竿见影的良药,和其他领域的垂直管理一样,它自身也会带来一些问题:

(1)垂直化监管虽然消解了地方政府的影响,但同时却强化了部门利益。

在权力未受到约束的情况下，任何权力都并不可靠。周振超认为，不能认为地方政府容易出问题，而上级部门必然公正。地方政府会追求地方利益的最大化，上级部门同样会追求本系统利益最大化。如果现行的政治制度不能保证地方领导者正确行使权力，同样也不能保证实行垂直管理的部门能正确使用权力。[138] 随着行政改革的深化，在处理中央与地方关系中，在许多领域采取了垂直化监管的方式，食品领域采取垂直监管的呼声也此起彼伏。垂直监管虽然可以消解地方政府在食品安全属地化监管中因委托—代理难题而出现的逆向选择、道德风险、地方保护主义等问题，但同时又产生了新的问题。垂直监管部门由于实施一体化管理，在一定程度上可以说是权力的封闭运行，且在地方的层级少则两级、多则四级，在保证高效贯彻中央统一意志的同时，也极大地增加了权力专断和腐败的风险。实行垂直监管后，监管部门权限扩张，不再受限于地方政府，其部门利益倾向剧增，地方原有的监督渠道对其难以制约，而其上级部门由于"山高皇帝远"而鞭长莫及，可能会产生了新的委托—代理难题，出现垂直监管部门利用逆向选择、道德风险和部门本位主义来对付作为委托人的上级机关，最终产生愈演愈烈的滥权腐败现象，即所谓的从地方的"块块专政"走向"条条专政"。近几年来，银行、税务、海关等实行垂直管理的部门发生了不少重大腐败案件就是证明。

（2）垂直化监管使地方权力与责任不对称问题更突出，影响地方政府积极性和独立性。

垂直管理有时会影响地方政府职能的有效发挥，使地方政府的积极性、独立性和行政能力受到影响。一般来说，地方政府的法定职能具有相对完整性，并有保障职能实现的有效手段和运作机制。垂直管理在某些情况下会对地方职能的完整性和稳定性形成冲击。肖立辉通过对全国几十位县委书记的深度访谈和近800位县委书记的问卷调查发现，垂直管理使得地方的调控能力大大减弱；在权力上收的同时，责任却层层下放，使权力与责任不对称的问题更加突出，地方政府特别是基层政府的积极性和独立性受较大影响。[139] 潘洪其指出，垂直管理固然能收到一定的效果,但如果过度使用的话,地方政府就会失去存在的必要性。有时候地方政府不能履行职责源于地方政治生态失衡[140],过度的垂直管理,容易将地方内部矛盾转化为政府间矛盾。[141]

（3）垂直化监管若未构建与地方政府之间科学、规范、畅通的合作机制,得不到地方政府配合和支持,会影响监管效果。

垂直管理部门与地方政府之间的关系本质上是中央与地方之间权力划分问题,以及权力背后的利益分配问题。[142]垂直管理是中央与地方利益关系的重新调整,意味着某些领域的行政权力被上收;有些地方政府出于局部利益和本位思想对此必然抱有排斥态度。许多作为垂直管理改革依据的政策性文件对垂直管理部门的权力界定相当原则,与地方政府的关系缺乏明确规范,且行政协作机制不畅通,行政信息共享机制尚难以有效建立。垂直部门在监管执法工作中必然需要地方政府配合、支持和协作,若未构建与地方政府之间科学、规范、畅通的合作机制,在涉及地方政府本地利益的一些领域中将无法得到地方政府的配合,甚至有时会受到阻挠。程景民的调研显示,地方政府追求政绩与食品监管存在许多矛盾,"目前,个别地方政府为了招商引资,建立良好的投资环境,纷纷设立门槛,为各部门监管设置障碍。有的地方政府明确规定本行政区内的某些地域如开发区等,各个执法部门不得擅自进入,如需要到企业进行检查必须报请当地政府同意,甚至个别省份的市县级政府规定,每年有连续一两个月是'无检查月',在此期间,任何单位任何部门不得到企业进行监督检查;还有的地方规定,只有每月的最后几天才能到企业进行监督检查和开展工作。"[143]

（4）垂直化监管机构与地方政府有较多利害关系,无法避免地方政府的干扰,甚至会被"俘获"。

虽然实行垂直管理的机构在人、财、物等方面不受制于地方,但其机构大都由原政府职能部门转变而来,活动范围还是在原行政区域内,机构所在办公场所、水电、人脉资源等方面依旧与地方政府存有诸多利害关系。与此同时,食品安全监管中的强制性来自对有关法律的强制执行产生的威慑力,仅靠监管机构自身无法实施,强制执行方面需要得到当地法院、公安部门的配合与支持。有时,比较大的监管执法行动还需当地政府发文许可。地方政府完全可以利用这些千丝万缕的关系对垂直管理部门的监管施加影响，进行干扰，甚至重新"俘获"垂直监管部门，形成新的"监管合谋"。

除此之外，还有众多因素也会对垂直监管的效果产生影响，包括垂直监管部门负担过重、内部碎片化倾向等。[144]值得一提的是，在食品安全领域曾一度实行过省内垂直，当时还有一些具体的细节影响垂直监管作用的发挥。比如，从经费来源看，当时省内垂直后，食品安全监管部门职工工资福利和工作经费只能从省级财政获得。省级财政只能按照全省的平均水平保障职工的基本工资福利和日常工作经费，其数量之少，仅能维持机构运转，对购买监管设备和提高人员业务能力毫无保障。以陕西省为例，经济欠发达的市县很欢迎垂直管理，因其能够保障工作人员基本经费和工资；而经济发达的市县，则因垂直部门的经费保障水平低于当地其他政府部门而经常出现入不敷出的现象。省财政对实行垂直管理部门的专项经费实行收支两条线的财务管理制度，市县监管机构将罚没收入和收费上缴省财政，省财政再根据申请拨付上缴额的一定比例返还给基层监管机构作为经费使用。这种挂钩的办法导致监管部门为了获得足够经费，必须将主要精力投在罚款和收费上，对食品安全监管日常管理的许多方面反而放松。一些基层机构为了多罚款多收费，频繁检查经济效益好的食品生产企业，导致监管过度并丧失监管公正性；对无利可图的食品小企业和小摊贩因"油水"不多但监管成本高而常常疏于监管，导致监管漏洞百出。[145]

第四节　本章小结

本章首先分析了监管权横向配置的必要性，在此基础上，根据权力的集中程度和决策权执行权的分合关系，将监管权的纵向配置分为：中央一体垂直监管、中央派出垂直监管、协作化监管、省内垂直监管和属地监管五类。其中，中央一体垂直监管和中央派出垂直监管合称垂直化监管；省内垂直监管和属地监管合称地方化监管。以此为据，在食品安全领域，构建了不同的监管模式：垂直模式、协作模式和地方模式，地方模式还可细化为省内垂直监管和属地化监管。其次，通过研究发现，我国现阶段食品安全监管权纵向配置的形式是地方模式中的属地化监管，此模式下强调"地方政府负总责"。其逻辑基础是层级代理的观点。在层级代表假定下，将监管权置于地方政府还出于以下四个具体考虑角度：(1)分工效率论；(2)压力型体制论；(3)偏好与信息不完全论；(4)降低政治风险论。每种观点各有侧重，共同构建起对食品安全监管权纵向配置逻辑的理论分析。但现实中属地化监管并未很好地解决食品安全问题，食品安全情况没得到根本性的好转，其原因何在？再次，通过分析发现，这个问题依旧是制度设计"应然"与现实层"实然"之间的张力所致。改革开放以来，简单的"层级代表"的命令—服从关系就被利益主体自身利益目标函数主导下的"委托—代理"关系所替代，由此形成的委托—代理难题影响食品安全属地化监管效率。其具体表现为：(1)多层委托—代理导致监管激励不足；(2)委托—代理中的信息不对称致使监管中机会主义的形成；(3)代理人双重角色干扰监管；(4)代理人监管能力不平衡和面对跨区域食品问题的监管碎片化导致监管效果受影响。

　　针对食品安全监管权纵向配置属地化模式中由于委托—代理难题出现的一系列问题，监管权纵向配置的改革方向是否应从属地化模式转向垂直模式？支持者认为，通过垂直模式，将地方政府某些机构中的人、财、物划归上级部门的方式，有利于保持政令统一、畅通。而且，中央政府自上而下直接介入食品安全问题治理，可以克服地方政府的在监管领域的机会主义，突破地方保护主义和监管合谋带来的监管失效。但反对者指出，对于食品安全监管权的纵向配置，垂直化监管也并非一剂良药，其问题在于：(1)垂直化监管虽然消解了地方政府的影响，但同时却强化了部门利益；(2)垂直化监管使地方权力与责任不对称问题更突出，影响地方政府积极性和独立性；(3)垂直化监管若未构建与地方政府之间科学、规范、畅通的合作机制，得不到地方政府配合和支持，会影响监管效果；(4)垂直化监管机构与地方政府有较多利害关系，无法避免地方政府的干扰，甚至会被"俘获"。是维持属地化监管的现状，还是开始从属地化向垂直化的转型，既是一个理论问题，也是一个实践的考验。

注释

1. 张国庆将行政权力的分配方式分为功能性分配和结构性分配。功能性分配是根据行政权力所承担的任务及其客体进行的水平分割,也就是我们上一章所提到的权力的横向配置;结构性分配即我们所说的纵向配置,它是根据行政权力层次性所作的纵向垂直分配。

2. 张国庆:《公共行政学》,北京大学出版社 2007 年版,第 107 页。

3. 竺乾威:《公共行政学》,复旦大学出版社 2003 年版,第 39 页。

4. 同上。

5. Raymond Zammuto, "Organizational Adaptation: Some Implications of Organizational Ecology for Strategic Choice", *Journal of Management Studies*, 1988 (2), pp.108—109.

6. 彭文贤:《组织结构》,三民书局 1996 年版,第 64 页。

7. Henry Mintzberg, *Structure in Fives: Designing Effective Organizations*, New Jersey: Prentice-Hall, Inc, 1983, p.13.

8. [德]马克斯·韦伯:《经济与社会》,商务印书馆 1998 年版,第 214 页。

9. 姜杰等:《西方管理思想史》,北京大学出版社 2011 年版,第 39 页。

10. 彭文贤:《组织结构》,三民书局 1996 年版,第 64 页。

11. [德]马克斯·韦伯:《官僚制》,参见彭和平:《国外公共行政理论精选》,中央党校出版社 1997 年版,第 34 页。

12. 竺乾威:《公共行政学》,复旦大学出版社 2003 年版,第 39 页。

13. [美]彼得·布劳等:《现代社会中的科层制》,学林出版社 2001 年版,第 17 页。

14. 丁煌:《西方行政学说史》,武汉大学出版社 2007 年版,第 90 页。

15. 余晖:《监管权的纵向配置:来自电力、金融、工商和药品监管的研究》,中国工业经济,2003 年第 8 期。

16. 李瑞昌:《政府间网络治理:垂直管理部门与地方政府间关系研究》,复旦大学出版社 2012 年版,106—107 页。

17. 周振超:《当代中国政府"条块关系"研究》,天津人民出版社 2009 年版,第 32—45 页。

18. 薛立强:《授权体制:改革开放时期政府间纵向关系研究》,2010 年第 99 页。

19. 沈荣华:《中国政府改革:难点重点问题攻坚报告》,中国社会科学出版社 2012 年版,第 149 页。

20. 有两点需注意:首先,决策权也可称为立法权,执行权也可称为执法权。这里统一用决策权和执行权的提法。其次,本研究只是在一般意义上对决策权与执行权进行划分,为了不使研究无谓的复杂化,排除了街头官僚理论所谈到的执行权中也有一定自由裁量权,因此地方政府并非简单执行,也可以通过地方性法规进行立法、决策的观点。

21. 严格意义上,在种类划分上要遵循两大规则:(1)无遗漏的包含 inclusiveness,即所有现象都要能被归类,没有遗漏;(2)分类上相互的排斥 exclusiveness,即所分类出来的类型之间必须要互相排斥,不可重叠。但现实中,"要做到无遗漏的包含非常困难,但分类上互相排斥更加困难"。参见吴文成:《政治发展与民主转型:比较政治理论的检视与批评》,吉林出版集团有限责任公司 2008 年版,第 21 页。因此,协作化监管中,在地方面可能采取省内垂直(如国土资源管理与督察),也可能采取属地监管(如环保),但凡符合协作化监管定义中"中央部门或监管机构在地方跨区域设立中央垂直领导的督察机构,与地方监管机构并立,以监督、协调等形式保证监管政策在地方的执行,在监管事务方面与地方政府和监管机构协作",即使在地方有监管机构,此种类型都归入协作化监管,不再列入地方化监管中。

22. 芮明杰:《管理学》,上海人民出版社 1999 年版,第 106 页。

23. http://www.mps.gov.cn/n16/n84147/n84165/1291517.html.

24. 李瑞昌:《政府间网络治理:垂直管理部门与地方政府间关系研究》,复旦大学出版社 2012 年版,第 108—109 页。

25. 芮明杰:《管理学》,上海人民出版社 1999 年版,第 108 页。

26. 浦兴祖:《中华人民共和国政治制度》,上海人民出版社 1999 年版,第 388 页。

27. 薛立强:《授权体制:改革开放时期政府间纵向关系研究》,2010 年版,第 96 页。

28. 省级以下行政区划单位中不包括港澳台。

29. 苏木是内蒙古地区的行政区划,与乡处同一层区划层次,分布于内蒙古自治区的牧业地区。

30. 对于街道办事处是城市的一级政府还是市辖区政府的派出机构存在争议。本书不作讨论,将其定为城市一级政府。

31. 辛向阳:《百年博弈:中国中央地方关系 100 年》,山东人民出版社 2000 年版,第 367 页。

32. [美]哈罗德·孔茨等:《管理学》,经济科学出版社 1998 年版,第 181 页。

33. 汪玉凯等学者认为,协作监管的产生预示着中央政府正以一种新的方式调整中央与地方的关系。参见何忠洲等:《"垂直管理"风起央地博弈》,《中国新闻周刊》2006 年 11 月 28 日。

34. 沈荣华:《中国政府改革:难点重点问题攻坚报告》,中国社会科学出版社 2012 年版,第 149 页。

35. 朱丘祥:《从行政分权到法律分权》,中国政法大学出版社 2013 年版,第 18 页。

36. 沈荣华:《中国政府改革:难点重点问题攻坚报告》,中国社会科学出版社 2012 年版,第 149 页。

37. 国土资源部是 1998 年成立的正部级单位,其职能众多,包括:(1)保护与合理利用土地资源、矿产资源、海洋资源等自然资源;(2)规范国土资源管理秩序的责任;(3)优化配置国土资源;(4)规范国土资源权属;(5)全国耕地保护;(6)及时准确提供全国土地利用各种数据;(7)节约集约利用土地资源;(8)规范国土资源市场秩序;(9)矿产资源开发的管理,依法管理矿业权的审批登记发证和转让审批登记,负责国家规划矿区、对国民经济具有重要价值的矿区的管理,承担保护性开采的特定矿种、优势矿产的开采总量控制及相关管理工作,组织编制实施矿业权设置方案;(10)管理地质勘查行业和矿产资源储量,组织实施全国地质调查评价、矿产资源勘查,管理中央级地质勘查项目,组织实施国家重大地质勘查专项,管理地质勘查资质、地质资料、地质勘查成果,统一管理中央公益性地质调查和战略性矿产勘查工作;(11)地质环境保护;(12)地质灾害预防和治理;(13)依法征收资源收益,规范、监督资金使用,拟订土地、矿产资源参与经济调控的政策措施;(14)推进国土资源科技进步,组织制定、实施国土资源科技发展和人才培养战略、规划和计划,组织实施重大科技专项,推进国土资源信息化和信息资料的公共服务;(15)开展对外合作与交流,拟订对外合作勘查、开采矿产资源政策并组织实施,组织协调境外矿产资源勘查,参与开发工作,依法审批矿产资源对外合作区块,监督对外合作勘查开采行为;(16)承办国务院交办的其他事项。这些众多职能在组织机构上由部内的国家海洋局、国家测绘地理信息局、国家土地督察局及国土资源部内矿产开发管理司、耕地保护司等各司承担,其中对土地的监管功能由土地督察局负责。参见国土资源部网站 http://www.mlr.gov.cn/bbgk/。

38. 国务院《关于地方改革完善食品药品监督管理体制的指导意见》(国发[2013]) 18 号。

39. 徐文惠等:《行政管理学》,人民出版社 1997 年版,第 55 页。

40. 金太军:《政府职能的梳理和重构》,广东人民出版社 2002 年版,第 4 页。

41. 周小川、杨之刚:《中国财税体制的问题与出路》,天津人民出版社 1992 年版,第 214—215 页。

42. 林尚立:《国内政府间关系》,浙江人民出版社 1998 年版,第 299 页。

43. 政府职能的"单一化"与中央地方政府职能关系的"一体化"巩固了计划体制中中央政府的集权地位,也决定了中央与地方之间的权力划分。从根本上讲,不是基于中央与地方职能不同而形成的职权划分(如美国联邦与州之间的权力划分),而是基于共同按计划履行国民经济职能而形成的权力划分。这种权力划分,对中央来说,不论集权还是分权都十分简单,但也给其带来了难题,即在这种权力划分下,中央无论集权还是分权,其效果总是不理想。

44. 周小川、杨之刚:《中国财税体制的问题与出路》,天津人民出版社 1992 年版,第 214—215 页。

45. 沈荣华:《地方政府学》,社会科学文献出版社 2006 年版,第 119 页。

46. 张涛:《食品安全法律规则研究》,厦门大学出版社 2006 年版,第 2 页。

47. 颜海娜:《食品安全监管部门间关系研究》,中国社会科学出版社 2010 年版,第 6 页。

48. 徐景和:《食品安全综合协调与实务》,中国劳动社会保障出版社 2010 年版,第 8—9 页。

49. 在谈政府责任的时候,还有一个概念与之联系,就是"责任政府"概念。《布莱克维尔法律辞典》对"责任政府"的解释是:"这个术语通常用来指这样的政府体制——在这种政府体制中,政府必须对其公共政策和国家行为负责。当议会对其投不信任票或他们提出的重要政策失败,表明其大政方针不能令人满意时,他们必须辞职。"因此,责任政府就是指负责任的政府,意味着政府及其公务人员的公共权力承载了相应的责任,必须对公众的需要负责、对法律负责,否则就要承担相应的后果。这是现代法治政府的一个重要标志。

50. 对于政府责任,一般有三层含义。(1)最广义的政府责任的含义指政府能够积极地对社会民众的需求做出回应,并采取积极措施,公正且有效率地实现公众的需求和利益。从这个意义上讲,政府责任意味着政府的社会回应。(2)广义的社会责任是指政府机关及其公务人员履行其在整个社会中的义务,即法律和社会所要求的义务。在这里,责任意味着政府的社会义务。社会义务不仅仅是政府正确地做事,更意味着政府要做正确的事,即促使社会变得更美好。从这个意义上讲,当一个政府组织履行了自己的义务时,我们可以说它是有责任的。(3)从狭义的角度来看,政府责任意味着政府机关及其公务人员没有履行法定义务、违法行使职权时,所应承担的法律后果,即法律责任。这种责任与违法相连,意味着国家对政府机关及其工作人员违法行为的否定性反应和谴责。从这个意义上讲,政府责任是政府机关对其违法行为承担的法律后果。参见张成福:《责任政府论》,《中国人民大学学报》,2000 年第 2 期。

51. 胡伟:《政府过程》,浙江人民出版社 1998 年版,第 176 页。

52. 严强:《公共行政学》,高等教育出版社 2009 年版,第 411 页。

53. 谢庆奎:《中国地方政府体制概念》,中国广播电视出版社 1997 年版,第 258 页。

54. Starling Grover, *Managing Public Sector*, Chicago: Dorsey, 1987, pp.115—125.

55. 沈荣华:《地方政府学》,社会科学文献出版社 2006 年版,第 303 页。

56. 浦兴祖:《中华人民共和国政治制度》,上海人民出版社 1999 年版,第 62 页。

57. 严强:《公共行政学》,高等教育出版社 2009 年版,第 410—411 页。

58. 颜海娜:《食品安全监管部门间关系研究》,中国社会科学出版社 2010 年版,第

6 页。

59. 与药品有关的职责非本书研究的主题,故不做介绍。下同。

60.《浙江省食品药品监督管理局主要职责内设机构和人员编制规定》(浙政办发〔2009〕150 号)。

61. 笔者根据《台州市食品药品监督管理局工作计划总结》整理。台州市食品药品监督管理局网站,http://www.zjtz.gov.cn/zwgk/xxgk/053/05/0501/。

62. 马斌:《政府间关系:权力配置与地方治理》,浙江大学出版社 2009 年版,第 89 页。

63. 竺乾威:《公共行政理论》,复旦大学出版社 2008 年版,第 54—56 页。

64. [美]彼得·布劳等:《现代社会中的科层制》,学林出版社 2001 年版,第 8 页。

65. 竺乾威:《公共行政学》,复旦大学出版社 2003 年版,第 39 页。

66. [德]马克斯·韦伯:《经济与社会》,商务印书馆 1998 年版,第 214 页。

67. [德]马克斯·韦伯:《官僚制》,彭和平:《国外公共行政理论精选》,中央党校出版社 1997 年版,第 34 页。

68. [美]彼得·布劳等:《现代社会中的科层制》,学林出版社 2001 年版,第 17 页。

69. 林尚立:《国内政府间关系》,浙江人民出版社 1998 年版,第 43 页。

70. [美]戴维·米勒等:《布莱克维尔政治学百科全书》,中国政法大学出版社 2002 年版,第 103 页。

71. 沈荣华:《中国地方政府学》,社会科学出版社 2006 年版,第 11 页。

72. 同上书,第 30 页。

73. 刘亚平:《走向监管国家》,中国编译出版社 2011 年版,第 48 页。

74. 荣敬本等:《从压力体制向民主合作体制的转变》,中央编译出版社 1998 年版,第 1 页。

75. 薛立强:《授权体制:改革开放时期政府间纵向关系研究》,天津人民出版社 2010 年版,第 15—16 页。

76. [美]理查德·斯各特:《组织理论》,华夏出版社 2002 年版,第 229 页。

77. 徐云霄:《公共选择理论》,北京大学出版社 2006 年版,第 274 页。

78. 斯蒂格勒也强调,在解决分配不公问题以及缓和中央与地方、地方与地方之间的矛盾问题上,中央政府的调节作用必不可少。

79. 沈荣华:《中国地方政府学》,社会科学文献出版社 2006 年版,第 113 页。

80. 沈宏亮:《中国社会性规制失灵的原因探究》,《经济问题探索》,2010 年第 12 期。

81. 曹正汉、周杰:《社会风险与地方分权》,《社会学研究》,2013 年第 1 期。

82. 姜杰等:《西方管理思想史》,北京大学出版社 2011 年版,第 39 页。

83. 姜美塘:《制度变迁与行政发展》,天津人民出版社 2004 年,第 31 页。

84. 袁瑞军:《官僚自主性及其矫治》,《经济社会体制比较》,1999 年第 6 期。

85. 竺乾威:《公共行政理论》,复旦大学出版社 2008 年版,第 322 页。

86. [美]布坎南:《市场经济和国家》,北京经济学院出版社 1988 年版,第 280 页。

87. 徐云霄:《公共选择理论》,北京大学出版社 2006 年版,第 144 页。

88. 周志忍:《政府自主性与利益表达机制互融》,《21 世纪经济报道》,2005 年 12 月 25 日。

89. 沈德理:《非均衡格局中的地方自主性:对海南经济特区(1998—2002)发展的实证研究》,中国社会科学出版社 2004 年版,第 290—291 页。

90. 张军等:《中央与地方关系:一个理论的演进》,《学习与探索》,1996 年第 3 期。

91. 当然,这并不表明在计划经济时代地方政府没有自己的利益诉求,也不说明中央政府完全不重视地方利益。早在 1956 年,毛泽东就讲过:"中央要巩固,就要注意地方利益。"参见《毛泽东著作选读》下册第 729 页。胡伟认为,地方对自身利益的要求在解放后也是不断消长的,这与中央对地方利益的政策有很大关系,其中最明显表现在中央对地方的放权与收权的循环起伏过程,这种放权与收权表面上看取决于中央的意志,实际上一定程度也是地方利益要求和互动的结果。不过,在计划经济时期,地方利益要求是被限制在较低程度内的,而且各省、自治区和直辖市的领导人整体观念比较强,很多地方不惜牺牲自己的经济利益和要求听从中央的号令,并对其他地区进行无偿援助。参见胡伟:《政府过程》,浙江人民出版社 1998 年版,第 175—176 页。

92. 胡伟:《政府过程》,浙江人民出版社 1998 年版,第 175—176 页。

93. 同上书,第 177 页。

94. 从某种角度而言,地方利益结构的地位在中国之所以如此突出,是因为中国社会利益表达机制不完全,表达渠道较少,无法形成广泛的专业性利益团体和开放式的政治输入结构。在这种情况下,民众中能把自己的利益诉求寄托于几个非常有限的渠道,其中作为"父母官"的地方政府就成了本地区公民利益的当然的、主要的,甚至是唯一的代表者。居民利益汇聚到当地党政机关,形成地方的整体利益要求,由此地方利益结构成了公民向中央政府利益表达的重要政治结构。

95. 张维迎:《博弈与社会》,北京大学出版社 2013 年版,第 274 页。

96. [法]卢梭:《社会契约论》,商务印书馆 2003 年版,第 72—73 页。

97. 卫志民:《政府干预的理论与政策选择》,北京大学出版社 2006 年版,第 27 页。

98. 徐云霄:《公共选择理论》,北京的出版社 2006 年版,第 162 页。

99. 周黎安:《转型中的地方政府》,上海人民出版社 2012 年版,第 25—26 页。

100. 王小龙:《中国地方政府治理结构改革》,《人文杂志》,2004 年第 3 期。

101. 王永钦等:《中国的大国发展道路:论分权式改革的得失》,参见张军等:《为增长而竞争》,上海人民出版社 2008 年版,第 388 页。

102. 杨宝剑等:《委托代理视角下政府间纵向竞争机制与行为研究》,《中央财经大学学报》,2013 年第 2 期。

103. 王彩霞:《地方政府扰动下的中国食品安全规制问题研究》,东北财经大学 2011 年版,第 41 页。

104. 张红凤:《西方规制经济学的变迁》,经济科学出版社 2005 年版,第 31 页。

105. Brian Gerber, Paul Teske, "Regulatory Policymaking in American States: A Review of Theories and Evidence", *Political Research Quarterly*, 2000(4), pp.849—886.

106. 转引自李月军:《社会规制:理论范式与中国经验》,中国社会科学出版社 2009 年版,第 21 页。

107. 陈富良、王光新:《政府规制中的多重委托代理与道德分析》,《财贸经济》,2004 年第 12 期。

108. 我国的全国人大是国家权力机关暨立法机关,它和西方国家的议会的性质不完全相同,但属于对应机构,并早已加入了国际议会联盟。参见朱光磊:《当代中国政府过程》,第 28 页。

109. 曾献东:《政府质量监管与食品安全的博弈分析及其对策研究》,《决策咨询通讯》,2009 年第 6 期,第 80—83 页。

110. 孙宝国、周应恒:《中国食品安全监管策略研究》,科学出版社 2013 年版,第 217—218 页。

111. [美]奥利弗·威廉姆森:《治理机制》,中国社会科学出版社 2001 年版,第 274 页。

112. 徐云霄:《公共选择理论》,北京大学出版社 2006 年版,第 41 页。

113. 周长城、路连芳:《因势而谋,打造公共服务型政府》,参见中国改革发展研究院编：《中国公共服务体制：中央与地方》，中国经济出版社 2006 年版，第 142 页。

114. 徐云霄：《公共选择理论》，北京大学出版社 2006 年版，第 42 页。

115. 在中央政府与地方政府间的委托—代理关系中，中央委托地方的任务是多元性的，在推动经济发展、经济稳定的同时，也要兼顾社会公平，以及缩小贫富差距、资源和环境保护等各种发展目标。沈荣华认为，这些任务中首当其冲是经济职能，其次包括营造安定的社会秩序、为居民的生产生活提供良好的公共物品、为地方社会和经济发展创造必要的条件和基础。从管理物质文明的角度，包括地方财政、城乡建设、城市规划；从管理政治文明的角度，包括民政、公安、民族事务、司法、监察等；从管理精神文明的角度，包括教育、科学、文化、卫生、体育事业等。参见沈荣华：《中国地方政府学》，社会科学文献出版社 2006 年版，第 118—119 页。倪星认为这些任务包括国民经济、人民生活、科教文卫、生态环境、社会治安等众多方面。参见倪星等：《试论中国政府绩效评估制度的创新》，《政治学研究》，2004 年第 3 期。王良健等认为这些任务包括依法行政、提高公务员队伍素质、提供公共服务、促进经济发展和维护社会稳定五方面。参见王良健、侯文力：《地方政府绩效评估指标体系及评估方法研究》，《软科学》，2005 年第 4 期。但众多任务中，发展经济排在首位。

116. 李军杰、钟君：《中国地方政府经济行为分析：基于公共选择的视角》，《中国工业经济》，2004 年第 4 期。

117. 孙宝国等：《中国食品安全监管策略研究》，科学出版社 2013 年版，第 217 页。

118. 赵成根：《转型中的中央和地方》，《战略与管理》，2000 年版，第 3 期。

119. 在西方国家中，这种矛盾也存在，林尚立将其归纳为：第一，权限之争。随着中央政府为了减轻日益繁重的公共事务负担而将自身部分职能转移给地方政府。面对不断扩大的事务和增加的职能，地方政府自然要向中央政府提出要求，即相应的权力和应有的自主权。而中央政府一般不会全面下放权力；相反，为了更好地实现宏观调控，在某些方面还集中权力。即使中央下放一部分权力，也都是以保证中央有效调控为前提的。因此，中央政府的集权倾向往往会与地方的利益和愿望发生冲突，产生权限之争。第二，财政之争。中央在集中权力并试图有效控制地方的前提下，对地方职能实现和职权行使所依赖的财政基础进行控制，由此，双方在财政上讨价还价。第三，利益之争。中央政府为了适应形势下放职权，实现职能方面的地方主义，常常引发政治上的地方主义，在党派力量、地区和民族利益呼声的推动下，形成强大的政治冲击力，与中央形成对抗。中央政府对此类对抗的反应是重新集权。第四，控制与反控制之争。中央政府与地方政府之间往往是相互依赖关系，彼此对对方都产生一定影响。若中央政府在集权基础上对地方实施控制，必然会遇到地方政府通过各种渠道和手段来限制和对抗这种控制，从而形成控制与反控制。参见林尚立：《国内政府间关系》，浙江人民出版社 1998 年版，第 153—154 页。在我国地方双重代理人的角色冲突相对不如西方国家剧烈，但依然存在。

120. 何显明：《市场化进程中的地方政府行为逻辑》，人民出版社 2008 年版，第 314 页。

121. 姚先国：《浙江经济改革中的地方政府行为评析》，《浙江社会科学》，1999 年第 3 期。

122. 地方保护主义的具体表现包括：(1)封锁市场，提高外地产品准入条件，主要是增加各种行政性的收费，或者设置技术壁垒；(2)垄断资源和生产服务，以行政措施阻挠本地企业所需、市场紧缺的原材料流出本地区；(3)纵护制假，有的地方为了增加财政收入和扩大就业，对假冒伪劣产品不闻不问，而且还与制假者同流合污，致使"地下经济"滋生蔓延；(4)干预执法，在行政执法过程中，少数地方政府利用行政方式指令、支持、纵容有关部门和人员采用不正当手段保护本地利益，对某些实行垂直领导和半垂直领导的执法机关，采用威逼利诱、拉拢腐蚀执法人员等方式非法干预正常的执法活动。

123. 许金梁：《我国食品安全问题的地方政府规制研究》，苏州大学出版社 2009 年版，第 29 页。

124. 刘亚平：《走向监管国家》，中国编译出版社 2011 年版，第 48 页。

125. 杨合岭、王彩霞：《食品安全事故频发的成因及对策》，《统计与决策》，2010 年第 4 期。

126. 王彩霞：《地方政府扰动下的中国食品安全规制研究》，东北财经大学，2011 年版。

127. 何显明：《市场化进程中的地方政府行为逻辑》，人民出版社 2008 年版，第 199 页。

128. Andrew Walker，"Local Government as Industrial Firms：An Organizational Analysis of China's Transitional Economy"，*American Sociological Review*，1995(101)，pp.263—301.

129. Jean Oi.，"Fiscal Reform and the Economic Foundation of Local State Corporatism in China"，*World Politics*，1992(1)，pp.100—101.

130. David Wank，"the Institutional Process of Market Clientelism：Guanxi and Private Business in a South China City"，*The China Quarterly*，1996(147)，pp.820—838.

131. 笔者在前文中曾提到监管理论中的"俘获"理论与此相似。"俘获"理论是指作为监管对象的产业集团对监管权主体有着强大的影响力，作为监管权主体的政府及政治家具有自利动机，在互动过程中，监管机构最终将被利益集团所控制或"俘获"。可参见 "The Capture Theory of Regulation"，In：Viscusi Kip，JohnVernon，Joseph Harrington. Jr.，*Economics of Regulation and Antitrust*，Boston：The MIT Press，1995：34.

132. 孙宝国等：《中国食品安全监管策略研究》，科学出版社 2013 年版，第 219 页。

133. 廖卫东：《食品公共安全规则》，经济管理出版社 2011 年版，第 142 页。

134. 定明捷、曾凡军：《网络破碎、治理失灵与食品安全供给》，《公共管理学报》，2009 年第 4 期。

135. 韩俊：《中国食品安全报告(2007)》，社会科学文献出版社 2007 年版，第 32 页。

136. 周小梅等：《食品安全管制长效机制》，中国经济出版社 2011 年版，第 266 页。

137. 颜海娜：《食品安全监管部门间关系研究》，中国社会科学出版社 2010 年版，第 311—312 页。

138. 周振超：《当代中国政府条块关系研究》，天津人民出版社 2009 年版，第 216 页。

139. 肖立辉：《县委书记眼中的中央地方关系》，《经济社会体制比较》，2008 年第 4 期。

140. 在许多情况下，地方政府不能较好地履行自己的监管职责，源于地方政治生态平衡问题，试想如果地方民众能通过法定渠道，对地方政府的短视行为形成真正意义上的制约，那么就不会出现在那样被动地呼唤和等待中央政府的"救援"和帮助，更无须通过垂直化来解决矛盾。参见潘洪其：《政府职能调整：重要的是建立良好的地方政治生态》，《北京青年报》，2006 年 11 月 15 日。

141. 潘洪其：《政府职能调整：重要的是建立良好的地方政治生态》，《北京青年报》，2006 年 11 月 15 日。

142. 熊文钊等：《依法规范"条块"关系》，《瞭望》，2007 年第 50 期。

143. 程景民：《中国国食品安全监管体制：运行现状和对策研究》，军事医学出版社 2013 年版，第 52 页。

144. 李瑞昌：《政府间网络治理》，复旦大学出版社 2012 年版，第 120—121 页。

145. 刘录民：《我国食品安全监管体系研究》，中国质检出版社 2013 年版，第 94 页。

第六章

中国食品安全监管权配置的变迁：
卫生监督范式到安全管理范式

前文对食品安全监管权的配置从静态的角度进行了截面性考察,基于纵向与横向两个维度剖析了中国食品安全监管权配置的逻辑,发现在横向维度,通过构建大部制将食品安全监管权加以整合,力求克服分散模式下的集体行动的困境,但同时面临着大部制固有的诸如部门内部协调、权能之争等问题的挑战;在纵向维度,采取分散型的属地化监管,力求提高行政效率、厘清责任、克服信息不完全,但同时无法解决委托—代理难题。本章将回答本研究的第二个核心问题,即中国食品安全监管权的配置是如何变化的? 哪些因素导致其变化? 本章将使用纵贯研究的策略,从动态的角度来思考中国食品安全监管权配置的变迁问题。首先,提出食品安全监管权配置变迁的基本机制是一种政策变迁问题。在众多关于政策变迁的框架中,依据政策范式等理论,形成食品安全监管权配置的分析模型,以探索其基本轨迹。其次,基于这种分析模型,对我国食品安全监管权横向配置变迁进程和纵向配置变迁进程进行描述和探索。再次,对食品安全监管权配置变迁的规律进行解释和深化。

第一节　食品安全监管权配置变迁的基本机制

一、政策范式变迁与食品安全监管权配置

(一) 政策变迁

食品安全监管权配置的外在表现是食品安全监管体制(制度),食

品安全监管权配置的变化与食品安全监管体制（制度）的变化对应。"制度的本质是均衡博弈路径显著和规定特征的一种浓缩性表征，该表征被相关领域几乎所有参与人员感知，认为是与他们的策略相关。这样，制度就以一种自我实施的方式制约着参与者的策略互动，并反过来又被他们在连续变化的环境下的实际决策不断再生产出来。可见，公共政策与制度本身就有着某种天然的不可分割的联系。"[1]因此，如果对食品安全监管权配置从静态角度研究采取行政组织学和制度分析的角度为框架，那么，对食品安全监管权变迁的思考将更多地使用政策变迁的视角。

现实生活中，政策稳定只是一种动态的平衡，当政策网络中的力量对比发生变化或者受到外界压力时就可能导致政策变迁。政策变迁也称政策演变、政策变动、政策变化，是政策系统对内部因素和外部环境变化所做出的一种适应性变革，是政策动态运行过程中的变动现象。在政策科学研究中，一般用政策变迁表述不同政策间的替代和转换过程。[2]小约瑟夫·斯图尔特认为政策变迁的内涵是一项或多项现行政策被一项或多项其他政策替代，这包括采用新的政策和修改或废止现行政策。[3]林水波根据政策行动者对政策变迁的主导程度，将政策变迁定义为政策行动者通过对现行政策或项目进行慎重的评估后，采取必要的措施，以改变政策或项目的一种政策行为。[4]

由于政策变迁原因复杂，因此其类型也多种多样。詹姆斯·安德森将政策变迁的形式分为三种：现行政策的逐步改变；在特定政策领域实行新的法令法规；公共政策的重大变化。[5]盖伊·彼得斯将政策变迁划分为四类：一是线性变化，即一项政策直接代替另一项政策，或直接改变现行政策；二是合并，即把以前的若干项政策合并为一项新的单一政策；三是拆分，即将有些机构和这些机构最终制定的政策拆分成两个或多个组成部分；四是非线性变化，即在其他政策类型基础上进行的变化。[6]也有学者按照变迁强度将政策变迁分为断裂型变迁和渐变性变迁；按照变动的动力分为主动变迁和被动变迁；按照规律分为周期性变迁和不规则变迁。[7]

政策变迁问题越来越引起西方学界的重视，小约瑟夫·斯图尔特提出:"政策变迁虽然是一种很少研究的新概念,却是政策周期的一个关键环节。可以有把握地假设:未来多数政策分析的重点,将是对政策随时间变迁进行分析。"[8] 由此,许多学者都试图从现实中建立分析模型,希望通过分析模型来解释政策变迁的过程。其中比较有代表性的有以下几种模型。

(1) 政策变迁周期论(Cyclical Thesis)。

这是美国学者阿瑟·斯莱辛格(Arthur Schlesinger)在对美国政治史的研究中提出的理论。他认为[9],在美国,联邦政府的公共政策一直在公共利益与私人利益之间持续变换。美国政治一直遵循着一个相当有规律的周期运行,即政治跟着国民情绪走,相当有规律地在保守主义和自由主义之间循环交替。也就是说,一段时期内举国上下都认为私人利益是解决公共问题的最好手段,但另一段时期内又觉得公共利益是治国良方。他发现这个周期约为30年。斯莱辛格指出,这个30年的周期并不神秘。30年正好是一代人的时间,人们往往被在他们获得政治意识的年代占统治地位的理想所塑造。当这一代人30年后掌握权力的时候,往往会实行他们年轻时形成的理想。随着时间的推移,每个时期往往按自己的规律发展。当强势总统要求在国家事务中积极推进公共利益,并借助公共政策作为促进普遍福利的手段时,理想主义和改革的年代到来,但这一切最终会把选民搞得筋疲力尽不再对结果抱有幻想;此时,人们会适应一种新的启示,告诉他们,私人行动和私人利益才是解决公共问题的钥匙。这种情绪会按照自己的规律推动政策的变化,但结果是问题越来越尖锐,面临失控的危险,于是又要求政府加以纠正,这样公众情绪引入了政府干预新时期。因此,斯莱辛格对于政府变迁的解释是公共政策变迁遵循着一个相当可预测的模型,即依赖私人解决问题(最少政府干预)的时期后,总跟着重大的政府干预和改革时期。一段自由主义时期后总跟着一段保守主义时期,整个周期自我重复。

(2) 政策变迁锯齿论(Zigzag Thesis)。

如果说周期论强调的是公众情绪、政治意识形态与政策变迁的关系,那么锯齿论则更关注于政策变迁与利益之间的联结。埃德温·阿曼达(Edwin Amenta)和西达·斯考克波(Theda Scocpol)认为并不存在这个所谓的政策变迁的 30 年周期,与其说政策变迁是在自由主义与保守主义这两种意识形态间转换,倒不如说其轨迹是从有利于某个群体利益的政策变迁为有利于另一个群体的政策。[10] 用"阶级斗争"或"竞争的社会联盟"的概念框架有助于解释这种变迁。因此,美国政治史中的政策变迁模式的内涵是一种锯齿效应,即在不同集团斗争、合作、博弈基础上形成的某种刺激与反应、作用与反作用力。他们提出,政策变迁锯齿论能够最好地解释 1890—1990 年公共政策的变迁。一个时期的公共政策为下一个时期的反对提供了刺激;因而,作为对前一时期政策的反作用,政策会经历重大变化。例如,在一个时期有利于一个集团的政策(如公民利益),在下一个时期会被有利于另一个集团(如企业家集团)的政策所取代。

(3) 政策变迁间断平衡论(Punctuated Equilibrium Theory)。

弗兰克·鲍姆加特(Frank Baumgarter)和布莱恩·琼斯(Bryan Jones)在《美国政治中的议程与不稳定性》一文中基于对政策问题的界定和政策议程设置的过程研究,提出对政策变迁的另一种解释,被称为政策变迁间断平衡论。[11] 通过这种模型解释美国政治过程往往受稳定和渐进主义逻辑的驱动。但为何有时会突然发生巨大的变化? 他们认为,由于权力分立、联邦主义、管辖权的多元化和重叠等因素,美国政治往往呈现体制性的分裂状态。由于这种分裂,加上总统和国会等关键政治参与者没有精力处理每一个现有的问题,他们往往倾向于服从政策子系统的决策和行动。而政策子系统由拥有相同信仰和利益的利益集团、决策者和实施官员组成,较为稳定。其结果是,一般情况下,政策变迁只能是长时段内的渐变。但当政策倡议者将政策从微观层推向宏观层时,子系统开始丧失对政策制定的垄断权,特别是政策问题的定义发生变化且引起媒体和公众广泛关注的情况下,公共政策有时会产生重大变迁。因此,当议题挑战盛行的政策形象、政治参与者能够为国家议程上的新形象动员足够的支持力量时,重大的政策变迁就可能发生。

(二) 政策范式的结构与变迁

在关于政策变迁的众多分析模型中,政策范式理论引人注目。1962

年,托马斯·库恩(Thomas Kuhn)在《科学革命的结构》一书中提出了范式(paradigm)概念[12],是指科学共同体在某一历史时期的整体观念,包括研究传统、理论框架、理论上和方法上的信念、价值观、共有范例等一整套"学科基质"[13]。在库恩看来,一门学科从前科学阶段发展为科学阶段的标志就是确立了统一的范式。某个范式在这门科学中占据主导地位,这门科学也就进入了所谓"常规科学"阶段。范式形成后,留下有待解决的问题和疑点,于是研究者的工作就是小修小补,以及将科学理论应用于实际问题。因而,范式具有收敛型思维的特点,使得科学共同体能够专注于某些特定问题的研究,不至于四面出击,一无所成。范式既定,科学共同体对那些在既有范式下解释不了的异常事件起先会视作测量误差或操作手段不当导致的"特例",置之不理;而随着异常事件不断积累,这类解释不了的疑难问题重复出现,越积越多,科学危机就此发生。这时,科学共同体中一些思维活跃的勇敢者就会怀疑范式本身,最终新的范式形成,旧范式被新范式所替代,也就是所谓"范式转换"。库恩提出,新范式主导的常规科学有朝一日同样会遇到危机,从而引发另一场"革命",被其他范式取代。因此,科学发展是一个层层积累的过程,而呈现出从"前科学"到"常规科学",然后"危机"出现,若"危机"无法克服,引起"科学革命",然后形成新的常规科学,在一轮轮"范式变迁"中不断发展前进。可以说,库恩的范式的变迁模式展现了一种历时性的过程。

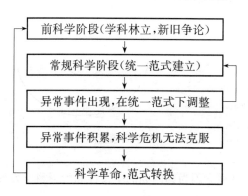

资料来源:[美]托马斯·库恩:《科学革命的结构》,北京大学出版社 2003年版。

图6.1　科学范式变迁过程

托马斯·库恩的范式与范式转换理论解释了人类对客观世界认识不断深化发展的基本过程。在此基础上,伊·拉卡托斯在《科学研究纲领方法论》一书中进一步深化,对范式变迁进行了更深入的剖析。[14]他将范式变迁具体为科学纲领的产生、发展和衰亡的过程。拉卡托斯指出,科学纲领由硬核(Hard Core)和保护带(Protective Belt)组成,硬核是经过了试错的漫长过程才形成的基本理论,它具有稳定性和确定性。保护带由辅助性假设(Auxiliary Hypotheses)和应用理论的初始条件构成,它可以随时调整和改变,以应付反常情况,以避免硬核遭到证伪的伤害。硬核类似于 DNA 的特质,是科学纲领中稳定的和深层的内涵,从根本上抗拒变迁,具有稳定性。保护带主要是指围绕在硬核周边,它对于外部的刺激不断进行调整,起到对核心的保护、修护功能,以应对外部得挑战。随着进化的展开,异常事件不断积累,保护带的保护能力减弱,硬核被突破,旧的科学纲领衰亡,新的科学纲领的硬核凝结,并形成保护带。由此经历着从产生到受到挑战、从积极防御到防御力衰退,到衰亡的变迁过程。而挑战与异常事件的积累是变迁的基本动力机制。[15]与库恩的范式变迁所展现的历时性过程相比,拉卡托斯进勾勒出这种变迁的结构更具象和清晰。

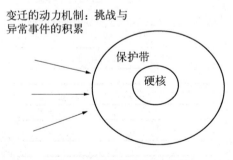

变迁的动力机制:挑战与异常事件的积累

保护带

硬核

图 6.2　科学纲领变迁结构[16]

库恩的范式概念因为其内涵的丰富性和解释科学发展的革命性观念而受到自然科学界和社会科学界的广泛关注。虽然德洛尔早在 20 世纪 70 年代就提出了政策科学范式的思想,但是将政策范式(Policy Paradigm)作为一种理论框架对公共政策进行系统研究的当属彼得·霍尔

(Peter Hall)。彼得·霍尔写道:"政策制定者习惯性地在一个由各种理念和标准组成的框架中工作,这个框架不仅指明政策目标以及用以实现这些目标的工具类别,而且还指明了它们需解决之问题的性质。像格式塔(gestalt)一样,这个框架镶嵌于政策制定者开展工作使用的每一个术语之中,它的影响力源于它常常被认为是理所当然的,而且作为一个整体难以得到仔细验证。我将把这个解释框架称作政策范式。"[17]

霍尔将政策范式变迁与社会学习紧密结合,他同意赫克罗的观点:"政治不仅应该从权力,而且从不确定性中找到它自身的来源,政府不仅行使权力,而且困惑。政策制定是以社会名义表现出来的一种集体困惑的形式。许多政治互动形成了通过政策表达出来的社会学习过程。"[18]因此,他认为,应该承认学习过程可以采取不同形式的可能性,这取决于相关政策的变迁类型,也就是说,社会学习的概念应该被加以分解。在这个思想的指导下,他将政策制定看作是一个通常含有三个关键变量的过程:指导特定领域政策的总体性目标(overarching goals);为了实现这些目标所采用的政策工具(instruments);工具的精确设置(precise settings)。这三个变量由内而外分处于核心层、中间层和边缘层。

以这三个变量为基础,霍尔区分了政策范式变迁的三种类别:现有政策工具设置的调整;实现政策目标的基本工具的转变;政策目标的变化。他进而把这三种变化分别命名为"第一序列变化"(first order change)、"第二序列变化"(second order change)和"第三序列变化"(third order change)。第一序列变化是指政策总体目标和政策工具保持不变,而政策工具设置做出调整。第二序列变化是指政策总体目标保持原样,但政策工具及其配制进行调整。第三序列变化是指政策的三个组成部分即政策目标、政策工具和工具设置同时调整。

表6.1 政策范式变迁类别

	政策工具设置	政策工具	政策目标
第一序列变化	变	不变	不变
第二序列变化	变	变	不变
第三序列变化	变	变	变

　　霍尔提出,政策范式变迁理论与库恩科学范式变迁十分相似,其中第一序列和第二序列变化可以看作常规政策制定的例子,即在不对既定政策范式整体条件带来挑战的情况下进行政策调整的过程,这相当于库恩的常规科学阶段。[19]第三序列变化可能反映一个非常不同的过程,其特征是与某一政策范式有关的政策话语的整体条件发生改变。换句话说,第一序列的变化可能呈现渐进主义特点;第二序列变化意味着朝着战略行动的方向前进了一步;第三序列变化是最根本的,因为它代表着政策制度知识框架的显著转移。对此,奥利弗(Oliver)和彭巴顿(Pemberton)认为,第三序列变化有其独特的地方,范式变迁是由特定类型事件,也就是在现行范式中被证明异常的事件所引发的过程。由于"异常事件"在现有范式下不断积累,政策制定者为了纠正这些问题,就会改变政策工具的设置并试验新的政策工具。如果他们的努力没有奏效,就会出现政策失败,从而削弱旧范式的解释力,并引发人们广泛寻找替代范式,以及进行修正政策的实验过程。[20]"这个过程最重要的内容是政策权威核心的转移。权威核心的转移似乎是范式转移的关键部分。"[21]经过一段时间,新范式的倡导者获得权威地位,并通过改变现有的组织和决策安排来使新范式制度化。这一过程就是政策范式的转移过程。

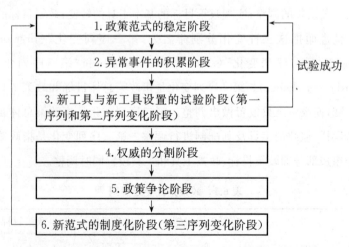

资料来源:岳经纶:《中国发展概念的再定义:走向新的政策范式》,参见岳经纶等:《中国公共政策评论(第一卷)》,上海人民出版社2007年版。

图6.3　政策范式变迁过程

除此之外,霍尔还认为,公共政策范式是构建和执行政策的决策者关于以下诸方面所共同享有的一系列理念,包括:(1)总体性目标体现的是基于特定世界观之上的规范的、认识上的原则和基本价值观,是这些决策者个人或集体的身份基础,它制约和驾驭着决策者们对特定政策领域内政策问题的界定和政策目标的诉求;(2)政策工具体现的是政策部门在因果理论基础上建立的行动策略;(3)工具的精确设置体现的是特定政策部门日常采取的个体政策工具选择[22](见表 6.2)。

表 6.2　政策范式的基本结构[23]

位置	关键变量	功能	问题界定	内　　涵
核心层	指导特定领域政策的总体性目标	硬核	要做哪些事?	基于特定世界观之上的规范的、认识上的原则和基本价值观,是这些决策者个人或集体的身份基础,它制约和驾驭着决策者们对特定政策领域内政策问题的界定和政策目标的诉求
中间层	为了实现这些目标所采用的政策工具	保护带	应该如何做?	政策部门在因果理论基础上建立的行动策略
边缘层	工具的精确设置			特定政策部门日常采取的个体政策工具选择

对于政策范式的基本结构,学者朱亚鹏曾深入阐释。他认为,关于政策范式概念的解释路径包含这样的一个假设:每一个公共政策部门包含着关于"要做哪些事"和"应该如何做"的一套内在的一致的理念。这些理念由该政策部门主要主体所塑造。"要做哪些事"构成了该政策范式的核心部分,包含决定政策策略的基本的、不可动摇的价值观,代表该理念体系的情感构成部分,并将支持该政策范式的主体粘连在一起。"应该如何做"构成了政策范式的认知要素,即决定总体干预策略和选择个体政策工具的一系列因果联系。作为政策策略和工具选择基础的各种理念可以保护政策范式的价值观,因此,认知性要素是政策范式的保护带。[24]这类似于我们上面谈到的科学纲领的结构(见图 6.4)。

219

变迁的动力机制

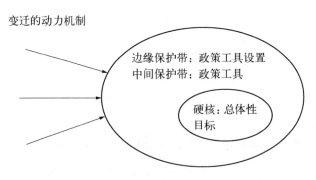

图 6.4 政策范式变迁结构

(三) 食品安全监管权配置的结构

政策范式框架强调影响人们理解公共问题及其解决办法可行性的信念、价值和态度是决定政策内容的重要因素。一旦某种政策范式形成,它就会制约政策制定者们追求的总体目标、认识公共问题的方式及选择解决办法的类型。但如果该范式越来越不能解决遇到的各种问题,这些"反常情况"日积月累到一定程度,就会推动新范式的形成和确立。这个框架也为我们理解食品安全监管权配置的变迁规律提供了借鉴。从某种意义而言,一定时期的食品安全监管权配置也是"一种由各种理念和标准组成的框架,它不仅指明政策目标以及实现这些目标的工具类别,而且还指明它们需解决之问题的性质"[25]。从这个意义而言,其配置结构也由三个部分组成。

(1) 食品安全监管的总体目标。

这是食品安全监管权配置结构的核心层,体现着一个重要的问题界定,即"要做哪些事"?它背后蕴含着决定食品安全监管政策策略的基本的、不可动摇的价值观,代表该理念体系的情感构成部分,并将支持该政策范式的主体粘连在一起。它类似于公共政策中的元政策[26]。

(2) 食品安全监管权的属性定位。

这是食品安全监管权配置结构的中间层。食品安全监管权是实现总体目标的合法性基础、重要工具和监管效力的根本保证。对食品安全监管权属性定位的厘清,有利于监管体系在因果联系基础上建立行动策略。它类似于公共政策中的基本政策。[27]

（3）食品安全监管权的具体配置。

这是食品安全监管权配置结构的边缘层。

食品安全监管权具体配置的形式从横向维度来看，有整合模式与分散模式；从纵向维度来看有垂直模式、协作模式和地方模式。这些从整个配置范式来看无非是为了实现食品安全监管总体目标而对作为政策工具的监管权所进行的设置与调整，它类似于公共政策中的具体政策[28]（见表 6.3）。

表 6.3　食品安全监管权配置的结构

位置	关键变量	功能	问题界定	内　　涵
核心层	食品安全监管的总体目标	硬核	要做哪些事？	对食品安全问题的基本界定，蕴含着基于特定世界观之上规范的、认识上的原则和基本价值观，它制约和驾驭着决策者们对食品安全监管目标的根本性理解
中间层	食品安全监管权的属性定位	保护带	应该如何做？	对食品安全监管权作为基本工具和行动策略的基础性理解
边缘层	食品安全监管权的具体配置			为了实现食品安全监管总体目标而对作为政策工具的监管权所进行的设置与调整

同样，遵循政策范式变迁理论，食品安全监管权配置结构也会发生变迁。其中，处于边缘层的食品安全监管权的具体配置发生变化，而食品安全监管权属性定位和监管总体性目标不变为第一序列变化；监管总体性目标不变，监管权具体配置和对监管权属性定位都发生变化构成第二序列变化；三者都变化构成第三序列变化（见表 6.4）。

表 6.4　食品安全监管权配置变迁类别

	监管权具体配置	监管权属性定位	监管总体目标
第一序列变化	变	不变	不变
第二序列变化	变	变	不变
第三序列变化	变	变	变

如同政策范式变迁理论的观点,食品安全监管权配置的第一序列和第二序列变化只是渐进性的常规调整,类似拉卡托斯科学纲领模型中保护带对外部基于异常事件积累而形成挑战的回应和修补,对应于库恩的常规科学阶段。具体表现为政策制定者在大量食品安全事件爆发状态下在监管权具体配置层通过分散模式或整合模式、垂直模式或属地模式的策略的调整加以修补,以及在监管权属性定位上将监管权附属于行政权还是独立于行政权的战略选择上对挑战加以回应。若这两个序列的变化依旧无法解决外部的持续性挑战,则面临着第三序列的变化,监管总体目标和背后蕴含的基本理念发生变化,因而形成食品安全监管权配置范式的根本性变迁。如霍尔所言:"作为第三序列变化之特征的从一个范式到另一个范式的运动,往往包括异常情况的积累,政策新形式的试验,以及存成政策权威核心发生转移并引发对立范式之间更广泛竞争的政策失败。这种竞争只有在新范式的支持者获得政策制定的权威地位,并能够重新安排政策过程的组织和标准操作程序,从而使新范式得以制度化时才会结束。"[29]

二、政策范式变迁的动力机制

我们了解了政策范式及其变迁的基本理论,并形成了分析食品安全监管权配置结构的大体框架。政策范式变迁产生于异常事件的积累。对于最初的异常事件,政策制定者努力纠正并尝试实验新的政策工具,但如果纠正和试验没有成功,就会出现政策失败,旧的范式被削弱,人们广泛寻找替代范式,因而政策范式变迁出现。但这种解释还过于粗泛,并没有有效展示异常事件与政策范式变迁之间的具体因果关系,即政策范式变迁的动力机制是怎样的? 由此形成了不少解释性理论可供借鉴。

(一) 倡议联盟动力机制框架

倡议联盟框架提供了一个解释政策稳定性和政策变迁的综合性框架。[30]最初由保罗·萨巴蒂斯最先提出,以后他与同事一起共同完善和丰富。倡导联盟是指具有某种共同信念体系的政策行动者群体,其成员包括来自各个政府机构和私营机构的人员。萨巴蒂斯认为行为人组成了一系列联盟,每个联盟都具有一套规范性的信念,层级结构的信念组成了联盟的信仰系统,其中包括基本准则和价值观(深层核心信仰),对社会中资源和权力适当分配的认知(政策核心信仰),以及关于政策问题领域中因果关系和利害关系的具体信念(次级方面的信仰)。基于共同的信仰系统,联盟成员往往采取协调一致的行动。倡导联盟之间竞相将其信仰体系通过调动政策资源的方式转化为公共政策。

政策变迁的动力机制由三部分组成:(1)外部的相对稳定的变量,包括问题领域的基本特性、自然资源的基本分布、主要文化价值与社会结构、基本法律框架等,这些相对稳定的变量是政策变迁的外部框架,极大限制了政策子系统参与者的选择范围。(2)外部的动态的系统事件,包括社会经济环境与技术、系统内占统治地位的联盟、决策以及其他子系统的影响等,这些因素变化的跨度一般在几年到十年间。它们的变化会改变政策子系统参与者遇到的限制条件和机会,是影响政策变迁的动态因素。(3)政策子系统的内部结构。政策子系统内各倡议联盟为了实现各自的核心信仰,寻求扩大其资源基础,对外部事件提供的机会做出反应,互相竞争、学习和互动。因此,政策变迁可以看作是这三种动力机制的共同作用,即在稳定变量提供的框架中,在动态系统事件的推动下,不同联盟都试图将他们的信念体系的核心理念和次要方面转化为政府政策,在彼此竞争和互动过程中学习并互相了解,导致信仰系统的改变,因而产生政策变迁。在此基础上,保罗·萨巴蒂斯提出了若干假设,在《政策变迁与学习:一种倡议联盟的途径》一书中通过一系列案例加以验证、解释和修正。

(二) 制度变迁的动力机制框架

制度变迁是制度的替代、转化过程,可以理解为一种制度对另一种制度的替代。[31]制度主义的制度变迁理论与我们所谈论的政策变迁有一定的联系。张毅强认为,制度以一种自我实施的方式制约参与者的策略互动,并反过来又被他们在连续变化的环境下的实际决策不断再产生出来。可见公共政策与制度本身有着某种天然的不可分割的联系。[32]从这个角度而言,制度变迁与政策变迁具有相似性,由此对制度变迁的动力机制的考察可以为理解政策变迁的动力机制提供一定的启发。

现实中的制度变迁会以不同的形式出现。(1)诱致性变迁与强制性变迁。这是按照制度变迁的主体进行的划分。诱致性变迁的主体为大多数人(群体),是由他们自发倡导、组织和实行的制度变迁。当大多数人对制度变迁的收益预期大于成本预期时,有关创新群体才会推进制度变迁。而且这种变迁的方向自下而上,从局部到整体。强制性变迁的主体是国家(政府),它是由政府命令和法律引入和实现的。(2)渐进式变迁与突进式变迁。这是按照制度变迁的速度进行的划分。渐进式变迁的过程相对平衡,新旧制度之间的轨迹平滑,不引起大的震荡。这种方式决定了从启动到完成需较长时间。突进式变迁,也称作激进式变迁,它的发展非常迅速。(3)局部变迁与整体变迁。前者指某个方面或某个层次的制度独立于其他制度的变革,或者某些地区的制度独立于其他地区的变革。整体变迁指特定社会范围内各种制度互相配合、协调一致的变迁。

关于制度变迁的动力机制,制度主义学派的不同学者给出了不同的观点:

菲尼将制度环境作为制度变迁动力机制的重要内容,他列举了影响制度变迁的若干因素。[33](1)政府因素;(2)决策者因素;(3)意识形态因素;(4)组织文化因素;(5)学习机制。特别是学习机制,菲尼认为,制度变迁的速度与学习速度相关。学习速度越快,制度变迁的速度越快。学习速度提高,促进技术进步,进而加速制度变迁。

哈耶克对制度变迁研究发现其动力机制呈现这样一种过程[34]:人类生活在一定的社会秩序中,任何社会秩序的形成所需要的知识(信息)在社会中的分布是极度分散的。尤其有相当一部分知识属于默示知识,只能意会很难言传。知识的分散化意味着人的无知。在给定知识分散化的前提下,社会成员之间的利益冲突与协调形成了一种错综复杂的互动关系。如果每个人或组织都无法理解或预期其他人或组织的行动,那么社会秩序就很难形成。好在现实中,在社会交往中存在人与人之间的交流,通过交流有些意见和想法得到大家认同并在以后的交往中大家自觉遵守,这些知识的积淀便形成了一系列规则,它使社会秩序趋于稳定并得以延续。因此,哈耶克认为,制度(规则)就是一种社会成员自发创造的并自愿遵守的共同知识的集合。它使社会成员无需担心自身知识的局限性，就可以正确预期他人可能的行动，从而大大减少交往中的不确定性。哈耶克认为，分散个体之间相互作用形成的规则叫做内部规则。个体也可以形成组织，通过组织获取更多的利益，组织会强制成员服从一些规则，这些规则叫外部规则。因此，个人与内部规则之间、个人与组织之间、内部规则与外部规则之间存在互动关系。这种个人、组织以及内部外部规则之间的复杂互动竞争关系构成制度变迁的原动力。

诺斯对制度变迁动力机制理解是[35]：制度的变迁受一系列主客观因素的制约。在这些因素中，一个社会的组织状况非常重要。组织是人们为了一些共同的目标而结合到一起形成的团体，它一方面实现着制度的功能，另一方面组织又会影响制度的运行和变迁，即既可以成为阻止制度变迁的巨大障碍，也可以成为促进制度变迁的重要力量，其中比较重要的组织有四种：政治组织（政党、政府等）、经济组织（公司、商业团体等）、社会组织（教会、俱乐部等）、教育组织（学校、大学）。制度变迁的动力机制是供给与需求的不平衡。制度是一种公共产品，供给是有限、稀缺的。随着社会发展，人们为实现利益增长，会不断提出新制度的需求。因此，当制度供给与制度需求均衡时，制度则稳定，当制度供给不能满足制度需求时，则发生制度变迁。诺斯在研究制度变迁的时候提出了一个非常重要的概念——路径依赖（path dependence），是指制度变迁过程中的自我强化、自我累积现象。已经存在的制度影响其后发生的一系列制度。诺斯认为，路径依赖类似于物理学中的惯性，制度变迁一旦进入某种轨道就会沿着它走下去。当然，有的轨道是良性的不断优化，有时则会进入恶性循环轨道，称作路径闭锁。诺斯在《制度、制度变迁与经济效益》一书中以15世纪末以来英国与西班牙为例说明这个理论。英国政府取消对商业贸易的限制，建立稳定的产权制度，形成良性路径依赖；而西班牙政府权力过大，干涉过多，导致企业破产和经济衰退，制度变迁陷入路径闭锁。诺斯认为，在制度变迁过程中，作为政治组织的政府，起着重要作用。政治组织在推行制度变迁时有两种目的：一是建立一套有利于自身统治的政治制度，从而保证自身的收益递增；二是建立一套有效的产权制度，从而保证社会成员的收入最大化和经济组织的收益递增。以上两个目标常常相互冲突。政治组织和经济组织的收益递增要求不一致。当政府(政治组织)的收益递增以经济组织的收益递减为代价,制度变迁进入路径闭锁,政府成为经济发展的阻碍。只有当政治组织和经济组织收益递增的要求一致均衡,才会出现制度变迁的良性路径依赖轨迹。因此,好的政府是促使制度变迁走向良性路径依赖轨迹,从而实现经济增长的必要条件。

(三) 多源流理论动力机制框架

约翰·金登在经典之作《议程、备选方案与公共政策》一书中提出的多源流模型虽然是针对议程设置中"在众多公共问题中,什么样的问题会成为共政策问题并被设置为政策议题"[36],即政策议程设置的动力机制的解答,但从某种程度上,为考察政策变迁的动力机制提供了一种具有解释力的思路。金登所考察的政策议程设定的动力机制由三套参数构成,分别是议题流、政策流和政治流。[37]

议题流是指问题被认知的过程,关注的是"官员是如何将其注意力固定在某一问题而不是另一问题上的"[38],使问题引起官员的注意。这主要存在三种方式:指标、焦点事件和从现行项目获得反馈。

政策流是"政策建议产生、讨论、重新设计以及受到重视的过程"[39]。它由问题专家、问题分析人士以及解决措施构成。在这里,金登提出了"政策共同体"的概念。政策共同体由政府官僚、国会议员、学者和利益集团组成。在政策共同体中,在"原汤"周围漂浮着许多意见主张,然而这些意见和主张不是简单地漂浮着,而是互相碰撞,彼此结合。经过检验,一些主张原封不动,一些被合并成新提案,一些则被取消。[40]金登认为,能够得到保留的政策建议通常是因为具备了三个标准:首先是技术上的可行性,即政策建议设计得很好并且能够得以执行;其次是价值观上的可接受性,即符合政策共同体成员所持有的共同价值观;第三是能够赢得普通公众和专业人士的默认。

政治流"涉及的是解决问题的方法的政治"[41],主要包括国民情绪的变化、选举结果、政府的变更、意识形态、政党在国会中的分布情况的变化以及利益集团压力活动等因素。金登认为,政治流独立于问题的认知和政策的研发，依据自己的动态特性和规则流动。

在金登看来，议题流、政策流和政治流各自分离，有着自己的特点、作用和运行规律。问题既不同于政策发展也区别于政治事件；政策无论是作为问题的解决方案还是作为对政治事件的回应，只是按照自己的诱因和选择标准而形成；政治同样遵循自身的发展规律而前进。但是当分离的问题流、政策流和政治流在某些关键时刻汇聚在一起时，或者解决办法与问题结合在一起，两者又与有利的政治力量相结合，则政策议程的机会之窗被打开。当然如果政策之窗因某个政策问题被打开，那么对于那些与该政策问题相近的政策问题来说，政策之窗开启的概率也会变得很高，即"溢出"（spillover）现象。金登还提出了政策企业家的概念，这些人承担起将这三种溪流汇合在一起的功能。"要使政策共同体接受一种新的思想需要很长一段时间的软化期。政策企业家——愿意投入各种资源以期待未来因他们所拥护的政策形式而有所回报的人们——以许多方式提出他们的思想。他们的目的在于软化普通公众，软化更加专业化的公众，并且软化政策共同体本身。只有经过数年努力，政策建议才能得到重视。"[42]

（四）对食品安全监管权配置变迁动力机制的借鉴之处

以上我们考察了与政策范式变迁动力机制有关的三种主要理论，并从中得以借鉴。

（1）政策范式变迁的动力机制涉及多种因素。

菲尼认为这些因素包括：政府因素、决策者因素、意识形态因素、文化因素、学习机制因素。诺斯指出度的变迁受一系列主客观因素的制约。在这些因素中，一个社会的组织状况非常重要，它一方面实现着制度的功能，另一方面组织又会影响制度的运行和变迁。即既可以成为阻止制度变迁的巨大障碍，也可以成为促进制度变迁的重要力量。其中比较重要的组织有四种：政治组织（政党、政府等）、经济组织（公司、商业团体等）、社会组织（教会、俱乐部等）、教育组织（学校、大学）。金登发现的动力机制由三套参数构成，分别是议题流、政策流和政治流。保罗·萨巴蒂斯更是就将其细分为：外部的相对稳定的变量、外部的动态的系统事件和政策子系统的内部结构,每一种因素还可进一步细分。

(2)政策范式变迁与学习机制紧密相关。

菲尼提出,制度变迁的速度与学习速度相关。学习速度越快,制度变迁的速度越快。学习速度提高,促进技术进步,进而加速制度变迁。在保罗·萨巴蒂斯的倡议联盟动力机制中学习机制所占的地位也举足轻重,因为不同联盟都试图将他们的信念体系的核心理念和次要方面转化为政府政策,在彼此竞争和互动过程中学习并互相了解,导致信仰系统的改变,因而产生政策变迁。勃伦研究中指出的制度变迁是一种扩散与移植的过程、哈耶克所强调了交流与共识的重要性都是这种学习机制的体现。值得一提的是,这与赫克罗和霍尔对社会学习对政策范式变迁具有推动作用的理解不谋而合。

(3)政策共同体在政策范式变迁的动力机制中处于主导位置,其共识的形成对政策范式变迁至关重要。

按照诺斯的研究,在制度变迁过程中,作为政治组织的政府起着重要作用。在保罗·萨巴蒂斯那里,政府细化为各种倡导联盟,即具有某种共同信念体系的若干政策行动者群体,倡导联盟之间竞相将其信仰体系通过调动政策资源的方式转化为公共政策,他们在互动中通过互相学习,达成共识,推动着政策变迁的产生与发展。在金登的多源流理论中,他将这些群体成为政策共同体,是他们决定着政策建议产生、讨论、重新设计以及受到重视的过程。

(4)众多要素之间互相影响,产生合力。

对此,哈耶克阐释为:个人与内部规则之间、个人与组织之间、内部规则与外部规则之间存在互动关系。这种个人、组织以及内部外部规则之间的复杂互动竞争关系构成制度变迁的原动力。凡勃伦对这种合力描述是:这些源于物质生活领域的制度原则被应用于其他领域,进入宗教、政治、法律之中。通过这种扩散和移植,整个制度体系趋同,具有内在的一致性和高度的整合性。金登的观点与此相同:当分离的问题流、政策流和政治流在某些关键时刻汇聚在一起时,或者解决办法与问题结合在一起,两者又与有力的政治力量相结合,则政策议程的机会之窗被打开。

结合我们的研究主题,虽然对监管权配置范式变迁产生影响的要素众多，但"为了能被交流，知识的表达形式必须清晰"[43]，在众多要素中，只能有选择地舍弃，使得"每个变量都有其独特的问题潜能"[44]。因此，在众多要素中，金登的议题流、政策流和政治流具有较强的包容性和一定的解释力。当然，如何将其从西方语境转化成中国语境下的理论还需进一步修正和完善。

三、食品安全监管权配置变迁分析模型

"模型一般是指对于现实世界的经验对象的一种'理想化'和'简单化'……在社会科学中，理论与模型两个词经常交换使用，两者都是作为分析工具来使用的观念式构建。"[45]在前面的研究中，我们以霍尔的政策范式变迁理论为基础，形成了食品安全监管权配置范式变迁的分析模型。然而，我们发现霍尔理论最薄弱的地方是缺乏对异常事件与政策范式变迁之间具体因果关系的有力描述和解释。因此，在对倡议联盟理论、制度变迁理论、多源流理论的梳理基础上，勾勒出政策范式变迁的动力机制的总体面貌。接下来，我们的任务是使两者整合，形成一个整体性的分析模型。由于这些源理论都以西方国家政策变迁为研究背景，所以在整合过程中将其结合中国语境进行修正的工作不可避免。

(一) 分析模型的结构

基于霍尔的政策范式变迁理论的形式，食品安全监管权配置范式结构由三部分组成：第一部分是处于结构核心层的食品安全监管的总体目标，其背后蕴含着决定食品安全监管政策策略的基本的价值观，代表该理念体系的情感构成部分。第二部分是处于结构中间层的对食品安全监管权的属性的定位，它是总体目标的延伸，是食品安全监管政策核心价值观的具体化，也是实现目标的工具性保证。第三部分是处于边缘层的食品安全监管权的具体配置，它又是食品安全监管权的属性的外化和表现，它的调整和变动类似于对食品安全监管权工具属性的调校。相对而言，边缘层比中间层易变灵活，中间层比核心层易变灵活。

(二) 分析模型对变迁的解释

如同政策范式会发生演变,食品安全监管权配置范式也会发生变迁。按照前面所谈到的监管权具体配置、监管权属性定位和监管总体目标的关系组合,分别形成第一序列变化、第二序列变化和第三序列变化三种情况。其中,第一序列和第二序列变化只是渐进性的常规调整,类似库恩的常规科学阶段;第三序列的变化,即监管总体目标和背后蕴含的基本理念发生变化,属于食品安全监管权配置范式的根本性变迁。范式的根本性变迁会经历一个动荡的衔接过程,然后逐渐稳定下来,随着制度化的形成,新的范式得以确立。

当然,并不是所有的因素都会导致范式的演变,主导范式会对外在刺激因素采取忽略、掩饰、试验或修补等不同应对策略。正如库恩所言的调整阶段,范式形成后,留下了有待解决的问题和疑点,对这些疑点,或者当作测量误差或操作手段不当导致的"特例"而置之不理或者在维护主导范式的前提下小修小补。而拉卡托斯的解释则更为形象,按照他的观点,食品安全监管权配置范式中的硬核是经过了试错的漫长过程才形成的基本理论或核心价值,类似于 DNA 的特质,它具有稳定性和确定性,从根本上抗拒变迁。保护带主要是指围绕在硬核周边,它对于外部的刺激不断进行调整,起到对核心的保护、修护功能,以应对外部的挑战。在食品安全监管权配置范式中,保护带的变化体现为两个层面:

首先是边缘层的食品安全监管权的具体配置的变动的形式。如我们前文所述,在纵向维度,其由集中到分散,分别表现为:垂直监管模式、协作监管模式和地方监管模式。地方监管模式又细分为省内垂直监管和属地化监管。在横向维度,其由集中到分散,分别表现为:整合型监管模式和分散型监管模式,其中分散型监管模式又细分为分部门协调型监管和分部门型监管。

其次是中间层的食品安全监管权的属性定位,主要体现监管权与行政权的关系。一般而言,其分为以下几种形式:第一种是混合型监管权,即监管权与行政权合一状态,其实质是监管权被行政权所吸纳。第二种是从属型监管权,监管权已与其他行政权分离,但并无自主性和独立性,监管权从属于行政权。第三种是独立型监管权,即监管权相对独立于其他行政权,并拥有自主性,尽力避免行政权对其干涉。

1. 混合型监管权　　　2. 从属型监管权　　　3. 独立型监管权

图6.5　食品安全监管权的属性定位

面对挑战,由具体配置或属性定位组成的保护带的调整和修补都将无法应对,食品安全事故不断爆发,保护带的保护能力减弱,舆论不

表6.5　食品安全监管权配置变迁分析模型

位置	结构	关键变量	调整方式
核心层	硬核	食品安全监管的总体目标	相对稳定,其蕴含着决定食品安全监管政策的基本的价值观
中间层	保护带	食品安全监管权属性定位	● 混合型监管权:监管权与行政权合一状态,其实质是监管权被行政权所吸纳; ● 从属型监管权:监管权已与行政权分离,但并无自主性和独立性,监管权从属于其他行政权; ● 独立型监管权:监管权相对独立于其他行政权,并拥有自主性,尽力避免行政权对其干涉
边缘层		食品安全监管权的具体配置	横向维度: ● 整合型监管模式; ● 分散型监管模式(又可细分为:分部门协调型监管和分部门型监管)<hr>纵向维度: ● 垂直监管模式; ● 协作监管模式; ● 地方监管模式(又可细分为:省内垂直监管和属地化监管)

断积累,恶评如云,甚至政权执政能力与执政合法性受到质疑或引起广泛的国际关注,终于硬核被突破,旧的范式衰亡,代表新理念、新的政策目标的新硬核凝结,并形成保护带,新的范式形成。

(三) 变迁的动力机制

根据前文对政策范式变迁的动力机制的探讨,在食品安全监管权范式变迁中,我们借用金登的多源流模型,并对其进行了一定的修正:

其一,在适用层面,金登的多源流理论是否能够运用到我们食品安全监管权配置问题的研究中? 金登理论主要针对议程设置的解释,即主要回答"问题是如何引起政府官员关注的、备选方案是如何产生的、政府议程是如何建立的"等问题。但是它的因变量仅仅限于"当一个观点成为提案时"是有局限性的,因为在实践中,政策议程的设置与政策制定环节紧密联系,无法区分。正如扎哈里亚迪斯(Zahariaids)所指出的,多源流分析并不仅仅局限于解释议程设置,也可以用来分析政策如何制定,甚至政治制定的全过程。[46]赵德余在对公共卫生政策的比较研究中,也认识到这一点,将其运用到政策制定与发展的全程中。[47]可以说,政策制定全过程其实是范式变迁的一种具体表现。从这个角度而言,多源流理论可以作为我们考察食品安全监管权配置范式变迁的重要分析工具。

其二,金登的多源流视角是以西方国家政治制度为背景而展开的理论框架。"当借鉴西方理论来研究中国的政治过程问题时,应首先要追问的是该理论的适用性",[48]因为"社会活动中所需要的知识至少有很大部分是具体的和地方性的,因此,这些地方性的知识不可能'放之四海而皆准'。外国的经验也不可能替代中国的经验。而且,由于种种文化和语言的原因,任何学者尽管试图客观传述外国经验却又都不可避免地有意无意扭曲了其试图真实描述的现象"[49]。"尽管西方的政策研究在方法上有许多值得我们借鉴的地方,但由于东西方完全不同的政治体系,甚至经济、社会和文化背景也截然不同,中国本土的政策研究尚且是新鲜的理论空间。"[50]这就意味着，在使用金登的理论时必须依照中国的语境加以改变。

在本书中国食品安全监管权配置范式变迁的动力机制中，依旧有议题流、政策流和政治流。

议题流是指"问题被认知的来自社会的自下而上的压力"，这种压力包括舆论、焦点事件、各类相关指标等，其形式类似于诱致性制度变迁中的动力机制。

政治流是指"涉及的是解决问题的方法的政治"[51]。但金登理论中的政治流包含范围非常广，涉及国民情绪的变化、选举结果、政府的变更、意识形态、政党在国会中的分布情况以及利益集团压力活动等因素。这些与中国现实语境不同，笔者将其修改成：政治关系、政治制度和政治思潮，它们共同构成了政策过程中的行动与思想层面的规则框架。[52]政治流的变化会对政策范式产生影响，其形式类似于强制性制度变迁中的自上而下的动力机制。

政策流在金登理论中指"政策建议产生、讨论、重新设计以及受到重视的过程"[53]。它由政府官僚、国会议员、学者和利益集团通过一定机制联结的政策共同体组成。那么中国语境中的政策流如何界定？

对此，胡伟和陈玲的观点具有一定的启发意义。胡伟对当代中国政治结构中的决策圈做了分析，在中国体制内结构中，由内向外分为三层：核心决策层是党政军的中央机构，主要功能是决定政策，在政策制定过程中享有较大的政治权力；第二层由民主党派组成，主要功能是利益综合；第三层是决策影响圈，由工青妇等机构、一些社团和公民组成，其功能是利益表达。[54]由此可见，在中国政治制度结构内，各种主体间的地位相差较大。陈玲在此基础上进一步深化，她认为，不同于西方政治体制中的政府，中国政府除了具有一般公共组织特征外，还烙有深刻的"中国特色"的印记。[55]正如前文提到的，政策共同体在政策范式变迁的动力机制中处于主导位置，其共识的形成对政策范式变迁至关重要，所以在设计中将政策共同体所在的政策流安排在处于议题流和政治流之间的主导位置。[56]

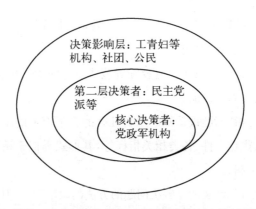

资料来源：胡伟：《政府过程》，浙江人民出版社 1998 年版，第 126 页。

图 6.6　中国政治结构中的决策圈

其三，金登认为议题流、政策流和政治流各自分离，在某个特定时刻，议题流、政策流和政治流汇聚在一起时，政策议程的机会之窗被打开。此观点虽强调了三种源流各种的运作逻辑，但忽视了在现代开放性社会和政治环境之下，各源流在汇聚之前会有着彼此之间的交流。议题流会对组成政策流的政策共同体产生压力，如同倡议联盟框架所指出的那样，外部动态的系统事件会改变政策子系统参与者遇到的限制条件和机会，它们是影响政策变迁的动态因素；政治流会对组成政策流的政策共同体流产生影响，如同倡议联盟框架中外部的相对稳定的变量，极大限制了政策子系统参与者的选择范围。在这两股源流的影响下子系统内各倡议联盟为了实现各自的核心信仰，寻求扩大其资源基础，对外部事件提供的机会做出反应，互相竞争、学习和互动。三者中，政策流处于中心位置，政策共同体的共识起到决定作用。于是，在交流和影响中，三流汇聚，形成合力，才会对主流范式形成冲击。相反，若政策共同体未形成共识，则合力较难形成，范式变迁较难发生。

因此，结合以上配置结构与动力机制的描述，笔者基本构建了食品安全监管权配置范式变迁的分析模型。接下来，将使用这个分析模型对食品安全监管权纵向配置的变迁过程和横向配置的变迁过程作系统地考察并在此基础上进行深入的解释。

变迁的动力机制

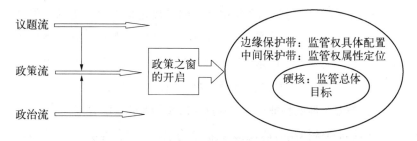

图 6.7　食品安全监管权配置变迁分析模型

第二节　食品安全监管权横向配置的变迁过程

"政策范式可以在一个国家某一阶段的总体或特定的政策领域中显现出来。"[57]根据霍尔的观点，政策范式是根植于政策制定者头脑中的知识框架，不仅支配政策目标和政策工具的选择和设置，而且还支配政策制定者对其要解决之问题的认识。[58]依照此理论而构建的食品安全监管权配置分析模型来观察我国食品安全监管权配置变迁的进程，可以发现，1979～2013 年，食品安全监管权横向配置范式依据其监管总体目标及背后的理念的不同，经历了两种类型：卫生监督范式（1979—2004 年）、安全管理范式（2004—2013 年）。在此基础上，2013 年政府机构改革对安全管理范式进行了修正，形成安全管理范式的修正版（2013 年至今）。

一、食品安全监管权横向配置的卫生监督范式（1979—2004 年）[59]

1978 年的党的十一届三中全会是当代中国历史发展的一个重要转折点，标志着中国改革开放时代的开始，改革开放的核心主题就是发展现代化。[60]1984 年党的十二届三中全会通过《中共中央关于经济体制改革的决定》，大大推动了从计划经济体制到市场经济体制的转型。[61]当时的经济体制改革，主要是以转换经营机制为重点进行企业改革，以发挥市场机制的作用为重点，建立和完善市场体系，改革和完善价格机制、改革宏观经济管理体制、改革对外经济贸易管理体制。[62]当然,从改革开放之初到1992年中共十四大决定正式建立市场经济体制,其间经历了相当长时间的过渡时期,在此阶段既有计划经济的残余,又有改革开放的新因素,整个食品安全监管体制属于介于计划经济与市场经济、政企合一与政企分离、传统管控与现代监管之间的混合模式。[63]此类混合性的特征也体现在这一阶段的监管权配置范式中。

在计划经济体制时期,国家经济结构主要以国营经济为主,集体经济为辅,个体经济很少,食品行业也是如此。当时国家对于食品方面的管控方面主要任务是解决食品数量的供给。实现温饱是当时食品领域最大的目标,食品产业发展相对缓慢,食品需求和供给结构相对稳定而单一。在公有制、政企高度合一的体制下,各类农副食品的价格由国家统一控制和调整,企业没有定价权,食品企业负责人由主管部门直接委派,其行为以强烈的政治升迁而非经济利益为导向,这使得食品企业的经营和管理都高度依附于直接主管部门。不仅在体制上从属于政府部门,而且在企业的财务、人事、物资、价格、生产、供应、销售等具体行为都受制于主观政府部门的严格管控,没有相对独立的商业利益诉求,组织运行的目标几乎完全被置换为行政组织的目标。在这种情况下,食品企业负责人没有必要冒着巨大的政治风险来弄虚作假以获取没有太多政治价值的生产和商业利润。所以,在计划经济体制下主管部门与所属企业之间在食品质量和卫生管理方面的信息不对称程度相对较低。当然,这一时期也存在一些食品事故,但主要原因并非企业因为降低成本而进行的偷工减料、违规掺假的利益冲动,而是由于受生产、经营和技术水平等客观条件限制和家庭或个人缺乏必要饮食卫生知识所引发的食物中毒等有害健康的卫生问题。[64]

以上海徐汇区为例,该地区20世纪60年代发生食物中毒事件107起,中毒人数4 237人,到了70年代这两个数据分别下降至71起和2 058人,其中,食物中毒的主要原因:交叉污染,占48.60%;放置时间过长,占23.36%;食物变质,占14.95%;其他,占13.08%。[65]在江苏省,1974—1976年食物中毒趋势逐年下降,1974年发生177起,中毒人数5 978人;1975年发生133起,中毒人数9 989起;1976年发生96起,中毒人数 5 871 人。三年来食物中毒死亡率为 0.17％,其中,农民占 89％,致死原因主要是误食有毒动植物。[66] 广州市在 70—90 年代发生家庭食物中毒事故 610 起,其中 70 年代发生的就占 61.84％,主要原因是居民自我保护意识和卫生意识较低所引起的食物中毒。[67] 可见当时的食品问题大都属于发生在食品消费环节中的中毒事故。因此,食品卫生的概念占主导,食品安全在某种意义上等同于食品卫生。加上受当时苏联的卫生防疫体制的影响,食品卫生管理自然属于卫生部门的职权范围。1965 年批准发布的《食品卫生管理试行条例》规定"卫生部门应当负责食品卫生的监督工作和指导工作",从而确定了监管权配置相对集中于卫生部门的格局,奠定了食品安全监管权配置"卫生监督"范式的萌芽。

改革开放之后,虽然食品工业迅速发展,大量食品生产经营者涌现,但由于路径依赖的原因,计划经济时期中食品管控领域的众多因素依旧存在,对 1979 年之后产生一定的影响。用本书构建的分析模型来观察,可以发现,1979—2004 年的食品安全监管权横向配置有一些共同特点,因而可把这一阶段的配置称作食品安全监管权横向配置的"卫生监督"范式(见表 6.6)。其标志是 1979 年国务院颁布的《食品卫生管理条例》和 1982 年通过的《食品卫生法(试行)》。

(1) 在问题界定方面,把食品安全问题看作是一种卫生问题。

在这样的界定框架下,首先,食品卫生观的内涵侧重于食品必须符合饮食卫生标准,认为食品管理的中心是制定饮食卫生标准。其次,关注点局限在流通和消费环节,主要是消费环节。第三,将食品安全事故归因于食品产业受生产、经营和技术水平等客观条件限制和家庭或个人缺乏必要饮食卫生知识。

(2) 在食品安全监管总体目标方面,认为其核心是卫生监督。

1979 年国务院《食品卫生管理条例》对卫生监督内涵认定为:"提高食品质量,防止食品污染,预防食品中有害因素引起食物中毒、肠道传染病和其他疾病。"1982 年《食品卫生法(试行)》认为其主要目标是:"防止食品污染和有害因素对人体的损害,保障人民身体健康,增强各族人民体质。"

（3）在食品安全监管权属性定位方面，属于混合型监管权。

基于对食品安全监管总体目标是卫生监督的内涵认定，将监管权与卫生管理权合一，其实质是监管权被卫生管理权所吸纳。在这种混合状态下，工作重心在于逐步制订各类食品、食品原料、食品添加剂和食品包装材料的卫生标准以及检验方法。监督食品生产、经营单位和主管部门，都要把食品卫生工作列入生产计划和工作计划，把食品卫生标准和卫生要求列入产品质量标准和工作要求之中，严格执行，保证实现。

（4）食品安全监管权的具体配置方面，采取整合型监管模式，由卫生行政部门领导食品卫生监督工作。

具体而言，《食品卫生法（试行）》规定由卫生部门下属的卫生防疫站或卫生监督检验所负责食品卫生监督工作，执行食品卫生监督机构的职责。[68]监督管理方式以软性管控手段为主，主要包括：监督食品生产和经营单位把食品卫生工作的好坏，作为考核成绩和组织竞赛、评比的重要内容之一；监督监督食品生产和经营单位建立健全食品卫生规章制度，组织职工学习和掌握食品卫生科学知识，教育他们自觉遵守制度，保证食品卫生质量；食品卫生管理、检验人员，有权对本部门、本单位食品卫生进行监督，发现食品生产和经营工作中有违反国家食品卫生法令、卫生标准和卫生要求的现象时，有权进行批评、制止，必要时可以向上级领导机关反映情况；卫生部门和各有关部门要加强食品卫生科学研究，积极开展技术革新活动；对于违反本条例的单位和个人，应当根据情节轻重，分别给予批评教育、限期改进、罚款、没收等处置。对于情节严重、屡教不改、造成食物中毒或重大污染事故的单位和事故责任者，应当责令停止生产（营业）、赔偿损失，给予行政处分，直至提请司法部门追究刑事责任。

从 2000 年开始，中国城镇居民消费结构的恩格尔系数已降低至 40％以下。[69]在联合国粮农组织提出的生活发展阶段判定标准中恩格尔系数为 60％以上的为绝对贫困阶段，50％—60％为温饱阶段，40％—50％为小康阶段，30％—40％为富裕阶段，30％以下为最富裕阶段。按照这个标准，从 2000 年开始，中国城镇居民生活水平已开始进入富裕阶段，2006 年城镇居民恩格尔系数达到 35.78％[70]（见表 6.7）。

表 6.6　食品安全监管权横向配置范式:卫生监督范式(1979—2004 年)

监管权配置范式	卫 生 监 督 范 式
时　　间	1979—2004 年
问题界定	食品问题是一种卫生问题,局限于消费环节
食品安全监管 总体目标	卫生监督:提高食品质量,防止食品污染,预防食品 中有害因素引起食物中毒、肠道传染病和其他疾病
食品安全监管权 属性定位	混合型监管权:监管权与卫生管理权合一状态,其实 质是监管权被卫生管理权所吸纳
食品安全监管权 的具体配置	整合型监管模式,卫生行政部门领导食品卫生监督 工作
监管政策话语	通过食品卫生监督,增进人民身体健康,更好地为社 会主义现代化建设服务

表 6.7　1998—2006 年我国城镇居民消费恩格尔系数

年　份	1998	1999	2000	2001	2002	2003	2004	2005	2006
恩格尔 系数(%)	44.48	41.86	39.18	37.94	37.68	37.12	37.73	36.69	35.78

资料来源:《中国统计年鉴》(1999—2007 年)。

随着人们生活水平从温饱向小康和富裕阶段发展,21 世纪初,我国居民人均日摄入蛋白质 70.5 克、能量 2 383 千卡、脂肪 54.7 克,完全达到营养供给标准。[71]在人均食品消费支出占消费总支出逐年下降的同时,食品消费总量仍不断增长。1989 年我国城镇居民人均食品支出 660 元,到 2003 年人均食品支出已达 2 417 元,由此带来食品消费结构也发生相应变化。在新的消费结构下,人们已从吃饱、吃好转向日益关注健康,对食品质量的要求越来越高,在品质方面,要求食品的品种优良、营养丰富、口感好;在加工方面,不接受滥用食品添加剂、防腐剂、人工合成色素等化学品;在卫生方面,更注重是否存在农药残留、重金属污染和细菌超标等问题;在包装方面,注重包装的美感和包装材料的质量及卫生。

食品消费结构的变化,也体现为粮食等淀粉类食品的消费比重下降,蔬菜、水果、禽蛋、乳制品、猪牛羊肉类、海鲜及水产品等其他产品的消费比重上升。这种消费结构也推动着食品产业迅速增长,拥有巨大的消费市场。据统计[72],在 2000—2011 年,猪牛羊肉、牛奶、禽蛋产量的增长率与 GDP 的增长基本同步。猪肉、牛肉、羊肉产量分别由 2006 年的 4 650.5 万吨、576.7 万吨、363.8 万吨增长到 2010 年的 5 071.2 万吨、653.1 万吨、398.9 万吨,分别增长了 9.0%、13.2%、9.6%。牛奶产量由 2006 年的 3 193.4 万吨增长到 2010 年的 3 575.6 万吨,增长了 12.0%,禽蛋产量由 2006 年的 2 424.0 万吨增长到 2010 年的 2 762.7 万吨,增长了 14.0%。随着生活水平的提高,水产品越来越受到人们青睐,在居民饮食结构中的比重越来越高。受消费需求拉动,我国水产品产量持续上扬,1996 年全国水产品产量为 3 288.1 万吨,而 2011 年的产量达到 5 603.2 万吨,累计增加 70%,人均水产品由 2000 年的 39.4 公斤增加到 2011 年的 41.6 公斤。与此同时,我国也成为蔬菜和水果的生产和消费大国,2011 年蔬菜产量达 6.77 亿吨,占世界蔬菜总产量的 30%;水果产量达 9 593 万吨,占世界总产量的 14%。蔬菜和水果产量都居世界第 一位。我国蔬菜和水果的种植面积分别从 1996 年的 10 491 千公顷和 8 553 千公顷,增长到 2010 年的 188 999.9 千公顷和 11 543.9 千公顷,蔬菜种植面积增长 81.1%,水果种植面积增长 35.0%。[73]在这种情况下,我国食品工业在国民经济中的地位越来越高。2005 年,全国食品工业总产值为 20 324 亿元,到 2011 年,食品工业总产值已达 78 078 亿元,比 2005 年累计增长 284.2%,年平均增长 25.2%。食品工业总产值占国内生产总值的比例也由 2005 年的 11.09%增长到 2011 年的 16.56%(见表 6.8)。

表 6.8　2005—2011 年食品工业与国内总产值的变化

年　份	食品工业总产值(亿元)	国内生产总值(亿元)	所占比重(%)
2005	20 324	183 217	11.09
2006	24 801	211 924	11.70
2007	32 426	257 306	12.60
2008	42 373	300 670	14.09
2009	49 678	341 401	14.55
2010	61 278	403 260	15.20
2011	78 078	471 564	16.56

资料来源:笔者根据国家统计局编制的《中国统计年鉴》(2005—2012 年)整理。

在迅速增长的同时,食品产业隐患也随着扩展,食品监管凸显诸多薄弱环节,食品安全问题丛生,直接对食品安全监管权配置的"卫生监督"范式形成冲击,促进了范式的变迁。按照笔者的分析模型观察,其动力机制如下:

(1)议题流维度。

所谓议题流是指"问题被认知的来自社会的自下而上的压力",这种压力包括舆论、焦点事件、各类相关指标,其实质是库恩所说的"挑战范式的异常事件的积累",在食品安全领域具体表现为食品安全事故。2000 年之后,中国的食品安全事故急剧增加。一般而言,食物中毒报告是反映食品安全水平的重要方面,按照卫生部提供的统计数据,在这一时期,我国食物中毒事件、中毒人数、死亡人数有着明显的增加(见图6.9、图 6.10、图 6.11)。从图中可见,全国上报的中毒事件,1997 年 522起,1999 年 591 起,2003 年急剧上升达 1481 起,此后高居不下。从食物中毒报告的统计数据来看,我国每年中毒人数约为 1 万—4 万人,但专家估计上报数字可能尚不到实际发生数的 1/10。也就是说,在食品

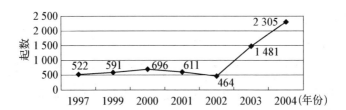

资料来源:根据《全国卫生事业发展情况统计公报》(1997—2004 年)和《中国卫生统计年鉴》(1990—2004 年)整理。

图 6.8　1997—2004 年卫生部公布全国食物中毒起数

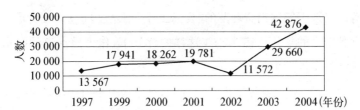

资料来源:根据《全国卫生事业发展情况统计公报》(1997—2004 年)和《中国卫生统计年鉴》(1990—2004 年)整理。

图 6.9　1997—2004 年卫生部公布全国食物中毒人数

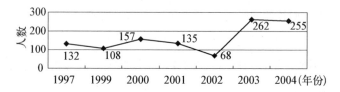

资料来源:根据《全国卫生事业发展情况统计公报》(1997—2004 年)和《中国卫生统计年鉴》(1990—2004 年)整理。

图 6.10　1997—2004 年卫生部公布全国食物中毒死亡人数

安全问题凸显期,我国每年食物中毒人数至少在 20 万—40 万人。根据世界卫生组织估计,发达国家食源性疾病的漏报率在 90% 以上,发展中国家则为 95% 以上。[74] 以此推论,我国目前掌握的食物中毒数据仅为我国实际发生的食源性疾病的一小部分。

金登认为,问题引起政府决策者关注的原因常常在于某些指标完全表明那里本来就有一个问题存在。[75] 食物中毒数据为代表的大量食品安全事故的爆发所形成的议题流对食品安全监管权配置的卫生监督范式形成震撼性的冲击,代表着旧范式所立足的现实基础已出现了巨大的动摇。随着改革开放的发展,人们生活水平从温饱向小康和富裕阶段发展,对食品产业的要求不断提高,已不同于计划经济体制时期停留在消费环节简单的温饱水平。20 世纪 80 年代末开始,经历了 10 多年的发展,食品产业的产业链已经分别向上下游延伸到养殖种植、食品加工、食品流通等多个环节。随着食品产业链条的拉长,以及经济体制改革导致的乳制品、肉制品等食品生产企业从体制上与轻工业主管部门分离后激发的面对市场需求的生产活力,原有的局限于餐饮消费环节的"食品卫生"理念已日益无法满足公众对食品安全的整体性需求。在这样的背景下,作为焦点事件的阜阳劣质奶粉事件发生了。[76]

2001 年,国务院发布了 57 号通知,将原来由质监部门负责的流通领域商品质量监管职能划归工商部门;质监部门主要负责生产领域的商品质量监管。阜阳市治理经济环境办公室当时专门在《阜阳日报》上刊登了这份通知。后来,为了照顾质监局的利益,市治理经济环境办公室只好又发了个通知,决定在阜阳市暂缓执行国务院的上述规定。而由此造成的后果是:质监局和工商局都可以管流通领域。模糊的行政职责划分依然存在。[77]

作为焦点事件的阜阳劣质奶粉事件充分暴露了卫生监督范式已无法适应现实的发展,成为促成范式变迁的关键性诱发因素。

(2) 政治流维度。

政治流是指"涉及的是解决问题的方法的政治"[78],主要包括政治关系、政治制度、政治思潮,它们共同构成了政策过程中的行动与思想层面的规则框架。[79]政治流的变化会对政策范式产生影响,其形式类似于强制性制度变迁中的自上而下的动力。1978 年之后,对政治关系、政治制度、政治思潮领域影响最大的主题是改革。特别是 1992 年党的十四大决定正式建立社会主义市场经济体制之后,改革是最大的政治。十四大上提出,"理顺产权关系,实行政企分开,落实企业自主权","转变政府职能的根本途径是政企分开","凡是国家法令规定属于企业行使的职权,各级政府都不要干预。下放企业的权利,中央政府部门和地方政府都不得截留"[80]。1993 年 3 月全国八届人大一次会议通过的《国务院机构改革方案》决定撤销轻工业部等七个部委,1993 年列入国家计划的轻工业品只剩 6 种。这意味着,存在了 44 年之久的轻工业部门逐步退出历史舞台,包括肉制品、酒类、粮食、乳制品等诸多食品饮料制造行业的企业在体制上正式与轻工业主管部门分离,食品领域政企合一的模式被打破,食品生产和企业经营权下放给地方政府国有资产管理部门,或进行股份制改革。

在国务院机构改革领域,1998 年改革侧重点为优化政府职能结构,强调把政府职能转变到宏观调控、社会管理和公共服务方面。2003 年 3 月,国务院机构改革提出的改革宗旨是"以人为本,执政为民"。其改革目标是:建立与社会主义市场经济相适应,与社会主义民主政治相配套的行为规范、运转协调、廉洁高效的行政管理体制;明确政府职能是宏观调控、社会管理和公共服务方面;明确机构改革的重点是围绕政府职能转变的主题,提出提高政府治理能力,提高人民群众满意度的口号。2003 年 10 月党的十六届三中全会召开,会议提出了"以人为本,树立全面、协调可持续的发展观,促进经济社会和人的全面发展"的新的发展理念。[81]而食品安全问题涉及人民的健康和生活质量,对于食品安全的保障是以人为本理念最具体的表现。这些构成了冲击旧范式的自上而下的动力。

(3) 政策流维度。

政策流是指"政策建议产生、讨论、重新设计以及受到重视的过程。"[82]政策共同体在政策范式变迁的动力机制中处于主导位置,其共识的形成对政策范式变迁至关重要。因此,在议题流自下而上与政治流自上而下的压力影响下,政治共同体的共识也逐渐发生着变化。"政策范式是根植于政策制定者头脑中的知识框架,不仅支配政策目标和政策工具的选择和设置,而且还支配着政策制定者对其要解决之问题的认识。"[83]而在中国,政策制定者本身就是政策共同体的主要成员,身处政策流中心,因此,作为知识框架的政策范式与政策流中的共识高度重合。共识的改变与政策范式的改变呈现较大同步性。同样,对旧范式的调整和修正也是这种改变的重要组成部分,因此,政策流的共识和范式的改变共同以渐进的形式发生。

如前所述,随着人们生活水平的提高,食品产业迅猛发展,食品产业的外延已延伸到农业、食品生产和加工业、食品流通、食品经营和餐饮等整个产业链环节,农用食品种植和饲养、深加工、流通以及现代餐饮业都实现了飞速发展,主要局限于餐饮消费环节的卫生监督理念已无法适应食品产业外延的拓展和变化,由此带来的食品安全事故的增加逐渐被政策共同体所注意,监管权配置边缘层开始调整,第一序列即监管权具体配置逐渐出现变化。1998年,在对外经济贸易部国家进出口商品检验局、农业部进出口动植物检疫局、卫生部进出口卫生检疫局基础上,成立国家进出入境检验检疫局,主管出入境卫生检验、动植物检疫和商品检验工作,全面掌管我国进口食品安全。2011年,该局与国家质量技术监督局合并成立国家质量技术监督检验检疫总局,承担食品卫生国家标准的审批和发布工作。农业部负责初级农产品的质量监督,工商部门负责流通领域的商品质量监督。2003年,将原有的国家药品监督局转换为国家食品药品监督管理局,并将食品安全的综合监督、组织协调和依法组织查处重大事故的职能赋予该机构。

质检部门、工商部门、农业部门、食药监管理局在食品监督领域主体地位的确立,折射出卫生部门权力的削弱,由此,混合型监管权,即监管权与卫生管理合一状态被打破,监管权被卫生管理所吸纳的属性定位发生变化,第二序列调整完成。与此同时,议题流对政策流的压力依旧在持续增加,作为议题流中焦点事件的发生在 2003—2004 年的阜阳奶粉事件成为政策之窗,直接导致第三序列的变化。2004 年 9 月,国务院《关于进一步加强食品安全工作的决定》颁布,在监管体制上明确提出"按照一个监管环节一个部门监管的原则,采取分段监管为主、品种监管为辅的方式",范式转换完成。

二、食品安全监管权横向配置的安全管理范式(2004年至今)

用食品安全监管权配置变迁的分析模型来观察,可以发现,2004年后的食品安全监管权配置情况与之前截然不同,可以把这一阶段归纳为"安全管理"范式(见表 6.9)。其主要特点为：

(1) 在问题界定方面,把食品安全问题看作是一种安全问题。

如果说食品卫生观侧重于食品必须符合饮食卫生标准,其关注点局限在流通和消费环节,并把食品安全事故归因于食品产业受生产、经营和技术水平等客观条件限制和家庭或个人缺乏必要饮食卫生知识,现在的食品安全观的内涵更为丰富。首先,它是一个包容性的理念。从内容来看,将食品卫生、食品质量和食品营养等相关概念都加以包容；从外延来说,拓展到农业、养殖业、食品生产与加工、包装、储藏、运输、销售和消费等产业链的全过程。其次,它是一综合性的概念。与食品卫生等单一学科概念不同,食品安全与综合性治理紧密相连。不同国家在不同时期,食品安全所面临的突出问题和治理要求截然不同。在发达国家,食品安全所关注的方面主要是因科学技术引发的问题,如转基因食品对人体健康的影响；而在发展中国家,食品安全所侧重的方面是因市场经济发育不成熟而引发的诸如假冒伪劣产品肆虐、有毒有害食品的非法经营等问题。而我国社会发展的复杂性在于经济社会诸多因素不平衡导致的既有发展中国家面临的困境,又有发达国家面临的难题,因此我国食品安全问题兼具以上两方面内容。

(2) 在食品安全监管总体目标方面,认为其核心是安全管理。

《食品安全法》第 1 条对监管总体目标的具体表述为:"保证食品安全,保障公众身体健康和生命安全。"2004 年 9 月国务院《关于进一步加强食品安全工作的决定》认为,安全管理目标蕴含着决定食品安全监管政策的基本的价值观是"以人为本、执政为民的思想,全面履行人民政府的职责"。从这个意义来看,在安全管理范式中已将食品问题的监管总目标提升到政治层面,从中突出政府对社会民众做出的承诺和承担的最基本的责任。

(3) 在食品安全监管权属性定位方面属于从属型监管权。

国务院《关于进一步加强食品安全工作的决定》中规定:"进一步理顺有关监管部门的职责。按照一个监管环节由一个部门监管的原则,采取分段监管为主、品种监管为辅的方式,进一步理顺食品安全监管职能,明确责任。"这意味着监管权虽已结束了与卫生管理行政权的合一状态,但由于分段监管的各部门自身拥有在本领域完整的行政权,因此,食品安全监管权从属于分段监管的各部门自身的行政权,并无自主性和独立性。

(4) 食品安全监管权的具体配置方面,采用分散型监管模式。

即将监管权主要配置于卫生、农业、质检、工商和食品药品监管等部门。其中,农业部门负责初级农产品环节的监管;质检部门负责食品生产加工环节的监管;工商部门负责食品流通环节的监管;卫生部门负责餐饮业和食堂等消费环节的监管;食品药品监管部门负责对食品的综合监管,组织协调和依法查处重大事故,并直接向国务院报告食品安全监管工作。此即所谓"五龙治水"模式。

表 6.9　食品安全监管权横向配置范式:安全管理范式(2004—2013 年)

监管权配置范式	安　全　管　理　范　式
时　　间	2004—2013 年
问题界定	食品问题是一种安全问题,涉及食品产业链的全过程
食品安全监管总体目标	安全监管:保证食品安全,保障公众身体健康和生命安全。其背后蕴含的基本的价值观是,"以人为本、执政为民的思想,全面履行人民政府的职责"
食品安全监管权属性定位	从属型监管权:监管权已一定程度与行政权分离,但并无自主性和独立性,监管权从属于农业部门、质检部门、工商部、卫生部门和食品药品监督管理各部门的行政权
食品安全监管权的具体配置	分散型监管模式:经历了分部门型监管和分部门协调型监管两阶段
监管政策话语	食品安全关系到广大人民群众的身体健康和生命安全,关系到经济健康发展和社会稳定,关系到政府和国家的形象;为恢复和提高我国食品信誉,确保人民身体健康和生命安全,必须采取切实有效措施,进一步加强食品安全工作

　　2004 年,以分散型监管模式作为监管权具体配置、从属型监管权作为监管权属性定位的安全监管范式在建立之初暂时发挥了作用,曾一度遏制了食品安全问题上升的态势(见图 6.12 中 2004—2006 年的数据)。[84]

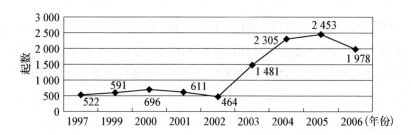

资料来源:根据《全国卫生事业发展情况统计公报》(1997—2006 年)和《中国卫生统计年鉴》(1990—2006 年)整理。

图 6.11　1997—2006 年卫生部公布全国食物中毒起数

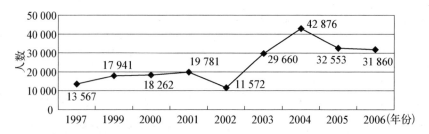

资料来源:根据《全国卫生事业发展情况统计公报》(1997—2006 年)和《中国卫生统计年鉴》(1990—2006 年)整理。

图 6.12　1997—2006 年卫生部公布全国食物中毒人数

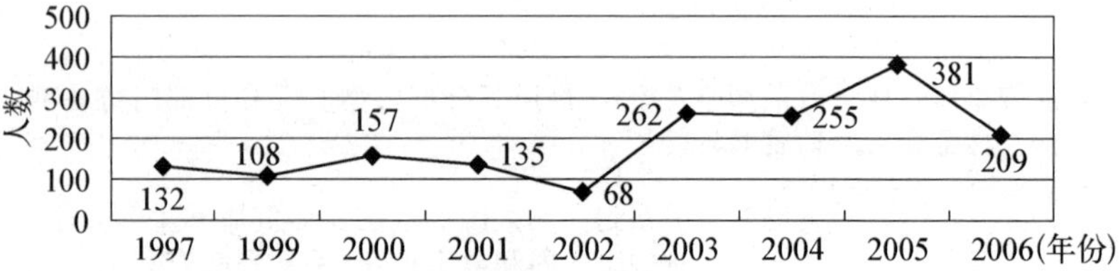

资料来源:根据《全国卫生事业发展情况统计公报》(1997—2006 年)和《中国卫生统计年鉴》(1990—2006 年)整理。

图 6.13　1997—2006 年卫生部公布全国食物中毒死亡人数

但是,在议题流维度,随着人们对食品安全越来越关注,媒体也将此作为一个报道热点,由此食品安全问题成为一种强大的象征性符号,触动着所有人最敏感的神经末梢。按照金登的观点:"焦点事件的另一个变异形式是强大符号的出现和传播。无论如何,热门的头脑中都会出现一个主题,而且一种符号也会进一步集中他们的注意力……这样一种符号所扮演的角色不是议程建立过程中的原动力,而(很像个人经验那样)是对已发生的某事具有强化作用的加固物和某种集中注意力具有很强烈影响的事物。一些符号之所以变得流行起来并具有很重要的聚焦作用,其原因在于它们迅速捕捉住人们已经以一种比较模糊、分散的方式感觉到的某种现实。"[85]

近几年来食品安全问题导致的重大事件频发,一些地区食品安全问题让人触目惊心。以下是根据媒体报道从 2004—2010 年间依照危害程度整理的若干具有代表性的重大食品安全事件(见表 6.10)。

表 6.10　2004—2010 年我国媒体报道的一些重大食品安全事件

年 份	事 件 名 称
2004	阜阳劣质奶粉、广州散装陈酒、陈化粮、四川彭州有毒泡菜、龙口粉丝事件、毒蘑菇事件、巨能钙过氧化氢事件、伊利酸奶提前标注、雀巢幼儿奶粉转基因事件
2005	全球查处苏丹红一号、雀巢奶粉碘含量超标、光明回奶事件、哈根达斯脏厨房事件、PVC 保鲜膜争议、禽流感卷土重来、如皋假酒村、星巴克月饼事件、卡夫乐之转基因事件、品品得毒茶事件
2006	福寿螺致病、人造蜂蜜事件、毒猪油事件、口水油沸腾鱼、瘦肉精中毒、大闸蟹致癌、苏丹红鸭蛋、"嗑药"的多宝鱼、有毒的桂花鱼、陈化粮事件
2007	思念速冻食品检出致病菌、龙凤速冻食品检出致病菌、上海星巴克出售过期苹果汁、五粮液幸运星糖精超标、台湾味全食品旗下奶粉被查出致病菌、北京王致和乳腐保质期内发霉、香港 Godiva 朱古力遭停售事件、统一方便面吃出烟头、浙江多美滋奶粉中出现蛆事件、乐事薯片等 23 种进口食品抽检不合格
2008	三鹿奶粉事件、人造红枣、柑橘疫情、康师傅矿泉水水源事件、打蜡板栗、激素豆芽、意大利进口白兰地甲醇超标、进口大豆蛋白粉检出转基因成分
2009	广州瘦肉精中毒事件、王老吉违法添加剂、哒哒哒问题鸡蛋、杜餐具、农夫山泉水源污染事件、统一食品"砒霜门"、台北麦当劳和肯德基检出致癌物、美赞臣等进口食品被检出质量不合格、味全奶粉被检出高危致病菌、雪碧汞毒事件
2010	湖南金浩茶油化学物质超标、地沟油事件、小龙虾致病菌、银鱼加甲醛、苏丹红染色橙、面粉增白剂加石灰、五常稻花香造假冒成毒大米、蜂胶造假事件、旺旺仙贝大肠杆菌超标事件

资料来源:景程民:《中国食品安全监管体制运行现状和对策研究》,军事医学科学出版社 2013 年版,第 27 页。

在政治流维度,改革进一步深化。前五次行政体制改革,通过机构精简和调整,总体上适应了推进经济体制改革的需要。但是,改革还缺乏政府职能切实转变的基础,改革对象大多集中于经济管理部门,对政府的社会管理与公共服务职能关注不够。2008 年党的十七届二中全会通过《关于深化行政管理体制改革的意见》,将改革向纵深推进:一是在指导思想领域,提出必须坚持以人为本、执政为民,把维护人民群众的根本利益作为改革的出发点和落脚点。二是将改革的目标定位为:为实现政府职能向创造良好发展环境、提供优质公共服务、维护社会公平正义的根本转变,实现行政运行机制和政府管理方式向规范有序、公开透明、便民高效的根本转变,建设人民满意的政府。三是为了实现改革的目标,具体手段包括:以政府职能转变为核心,把不该由政府管理的事项转移出去,把该由政府管理的事项切实管好,从制度上更好地发挥市场在资源配置中的基础性作用,更好地发挥公民和社会组织在社会公共事务管理中的作用,更加有效地提供公共产品;中央政府要加强经济社会事务的宏观管理,合理界定政府部门职能,明确部门责任,确保权责一致,理顺部门职责分工。按照精简统一效能的原则和决策权、执行权、监督权既相互制约又相互协调的要求,紧紧围绕职能转变和理顺职责关系,进一步优化政府组织结构,规范机构设置,探索实行职能有机统一的大部门体制,完善行政运行机制。此外,岳经纶在《中国发展概念再定义:走向新的政策范式》一文中认为,中央领导层换届也是政治维度中对政策范式产生冲击的重要因素。[86] 按照这个观点,2012年11月习近平出任总书记,2013年3月李克强出任总理,由此领导层换届带来的执政理念的变化也成为重要因素。

议题流越来越大的压力在政治流"以人为本、执政为民、建设人民满意的政府"改革话语的框架中汇聚于政策流,其形成的共识与安全监管范式的核心理念并无二致,但为了应对议题流压力,范式的保护带要进行一定的调整以回应外部压力。这主要体现在以下两个序列的变化:

第一,第一序列变化,即位于边缘层的食品安全监管权的具体配置发生变化。首先对基于集体行动困境、弊端丛生的分部门型监管形式进行改革,加强其协调性,将隶属于各部的食品安全监管权加以一定程度的整合,使分部门监管向分部门协调型监管发展。2008年3月,全国人大十一届一次会议批准通过了国家食药监局并入卫生部的机构改革方案,明确由卫生部承担食品安全综合协调、组织查处食品安全重大事故的责任。2010年2月,国务院设立食品安全委员会统筹指导食品安全工作;设立国务院食品安全办公室作为食品安全委员会的办事机构。由此构成第一序列的变化,即食品安全监管权的具体配置的变化。

第二,第二序列变化,即除了位于边缘层的食品安全监管权的具体配置发生变化之外,处于中间层的食品安全监管权属性定位也发生调整。2013 年按照党的十八大、十八届二中全会精神和第十二届全国人大第一次会议审议通过的《国务院机构改革和职能转变方案》,通过组建食药监总局将分属各部门的处于生产、流通、消费各环节的监管权合一,以实现食品安全监管权横向配置的整合,即实现监管权从分散模式向整合模式转型,在监管权属性定位领域,将从属性监管权调整为相对独立于其他行政权,拥有一定自主性。

通过这两个序列的变化,完成了在范式整体框架不变,即核心层,问题界定和总体目标不变的情况下,对食品安全监管权配置范式中的监管权属性定位和监管权具体配置两方面进行修正。因此,从这个意义而言,笔者认为 2013 年的食药监领域的改革并非是整体范式即"安全管理范式"的变化。如前所述,建立食药监总局,将监管权从分散模式向整合模式转型,结束分段监管的局面仅是位于边缘层的食品安全监管权的具体配置的修正,将从属性监管权调整为相对独立于其他行政权,仅是位于中间层的食品安全监管权属性定位修正,形成第一序列和第二序列的变化。"一个政策范式一旦形成,就具有一定的稳定性,但并非绝对不发生变化。在坚持现有价值观的前提下,人们可能认为实现这些价值观的手段和方式是可以协商的。离政策范式的核心越近,要改变政策遇到的阻力就会越大。而当关于某项公共政策所有认知因素,即政策目标,政策策略、方案及政策工具都发生变化时,就被认为是发生了政策发生的变化,"[87]同样,在监管权配置安全监管范式中,虽然第一序列和第二序列发生变化,但其体现认知因素的问题界定依旧是认为食品问题是一种安全问题,监管总体目标尚未改变,认为通过食品安全监管,以保证食品安全,保障公众身体健康和生命安全;其背后蕴含的基本的价值观,是"以人为本、执政为民的思想,全面履行人民政府的职责"。从这个意义而言,笔者将 2013 年的食药监改革依旧定位于安全监管范式,但由于监管权属性定位于具体配置都进行了修正和调整以更好地实现总体目标,因此称之为"安全监管修正范式"。另外,值得一提的是,"以人为本、执政为民的思想,全面履行人民政府的职责"依旧是政府执政的核心理念,食品监管权配置范式的变化与政策范式变化一样,"是政策学习的结果,第一序列和第二序列的变化的累积不会自动导致第三序列变化的出现……政策范式转移是一个社会性的过程。一种范式能否取代另一种范式,不仅仅取决于双方的论点,而是在于支持该范式的政策主体的职位在特定的制度框架下是否处于优势地位,在于他们在相关冲突中控制辅助性资源的能力,在于掌握将自己的范式强加给其他主体所依赖的权力的外在影响等因素"[88]。

表 6.11　食品安全监管权横向配置范式:安全管理修正范式(2013 年起)

监管权配置范式	安　全　管　理　修　正　范　式
时　　间	2013 年起
问题界定	食品问题是一种安全问题,涉及食品产业链的全过程
食品安全监管总体目标	安全监管:保证食品安全,保障公众身体健康和生命安全;其背后蕴含的基本的价值观,是"以人为本、执政为民的思想,全面履行人民政府的职责"
食品安全监管权属性定位	独立型监管权:监管权相对独立于其他行政权,并拥有一定程度的自主权
食品安全监管权的具体配置	整合型监管模式:分属各部门的处于生产、流通、消费各环节的监管权整合于独立的食药监总局
监管政策话语	食品药品安全是重大的基本民生问题,党中央、国务院高度重视,人民群众高度关切,改革完善食品监管体制,整合机构和职责,有利于政府职能转变,更好地履行市场监管、社会管理和公共服务职责;有利于理顺部门职责关系,强化和落实监管责任,实现全程无缝监管;有利于形成一体化、广覆盖、专业化、高效率的食品监管体系,形成食品监管社会共治格局,更好地推动解决关系人民群众切身利益的食品安全问题

第三节　食品安全监管权纵向配置的变迁过程

上述笔者用食品安全监管权配置范式变迁的分析模型对 1979—2013 年中国食品安全监管权横向配置变迁的情况进行了描述和解释,发现在此时期,食品安全监管权配置范式依据其监管总体目标及背后的理念的不同,经历了两个类型,分别是卫生监督范式(1979—2004年)、安全管理范式(2004—2013 年)。从这个视角出发,模式能否用到纵向配置的变迁?本研究认为,探讨食品安全监管权纵向配置变迁必然是在中央与地方关系的视野中进行。中国是一个典型的单一制国家,中央政府设定的制度结构一定程度上决定了地方政府的行为空间。在这样的结构中,"下级政府必须服从上级政府的领导,各级地方政府必须服从中央政府的领导"[89]。因此,在中央层面横向维度的食品安全监管权配置范式及其变迁,构成了纵向维度的食品安全监管权配置范式及其变迁的框架。

一、食品安全监管权纵向配置的卫生监督范式(1979—2004 年)

任何制度都是在一定前提下沿着特定的轨迹发展的,"并不是随心所欲的创造,并不是在自己选定的条件下创造,而是在既定的、从过去继承下来的条件下创造"[90]。1979 年之前相当长时期内在食品领域的管控方式必然会对 1979 年之后的卫生监督范式产生一定的影响。这是我们探讨纵向配置卫生监督范式的前提。

新中国成立之初,由于当时的食品安全事件大部分都是发生在食品消费环节的中毒事故,因此食品安全在某种意义上等同于食品卫生;加上长期受苏联卫生体制的影响,对于食品卫生的管理从一开始起就处于卫生部门的职权范围内,在纵向配置维度,各级卫生防疫站成为食品管控最重要的主体之一。1949 年,原长春铁路管理局成立了我国最早的卫生防疫站,此后相继推广至东北地区的部分城市。1950 年开始,我国各级地方政府开始在原防疫大队、专业防治队的基础上自上而下构建起省、地(市)、县各级卫生防疫站,内设食品卫生科或食品卫生组。到 1952 年底,我国已建立各级各类卫生防疫站 147 个,卫生防疫人员总数达 20 504 人。[91] 1953 年 1 月,政务院第 167 次会议正式批准在全国建立各省、自治区、直辖市直到县级的卫生防疫站,开展食品卫生监督检验工作。1954 年,卫生部颁布《卫生防疫站暂行办法和各级卫生防疫站编制》,对各级地方卫生防疫站的职能、任务、业务范围做了规定。[92] 1956 年底,全国有 29 个省、自治区、直辖市及其所属的地(市)、州、县(旗)全部建立了防疫站。1959 年,由于当时大部分人民公社的卫生所都建立起卫生防疫组,由此,在纵向维度,全国范围内,初具规模的卫生防疫和食品卫生监督体系基本成型。[93]

随着 20 世纪 50 年代国家对农业、手工业和资本主义工商业社会主义改造完成,一套专业分工色彩浓厚的苏联式管理体制建立,由于食品产业涉及范围较广,许多部门都有自己的与食品相关的领域,食品产业在当时国民经济体系中并不算是一个单独产业,所以从纵向体系而言,轻工业部、粮食部、农业部、商业部、对外贸易部都成为各自领域涉及食品的主管部门。由此,各食品生产经营单位都直接接受各自主管部门管控,食品卫生管控权限划分的依据既不是完全依照生产、经营、加工等分段环节,也不是完全按照食品的具体品种进行分工,而是直接依据食品企业的主管关系来进行管理职责划分。举例来说,由于食品饮料、酒类、发酵制品、罐头制品、乳及乳制品、糖及糖制品、饮料、食品添加剂等产品生产企业的主管权属于各级轻工业部门,其具体质量管控由轻工业部门掌控;农业部门负责管控粮食和各类经济作物在种植环节、牲畜在饲养环节的具体质量;粮食部负责管控粮食、油料、饲料在加工和销售环节的质量;部分与食品生产有关的化工原料由化工部门管控;商业部门负责管控各类食品在城市地区的计划调拨、仓库储藏方面的质量;这些在农村地区则由各级供销合作社负责。因此,在纵向维度,当时的政府部门与企业的关系,与其说是监督管理关系,不如说这是部门内部上下级的行政管控关系。由此形成了寓食品卫生管理于行政管理中,主管部门与卫生部门共同管控的整体格局。[94]

1978 年党的十一届三中全会以后,中国经济出现转机。在农村,家庭联产承包责任制建立;在城市,发展非国有经济的战略逐步展开。到 80 年代中期,包括集体经济、个体经济和私营经济在内的非国有成分在国民经济中占据了举足轻重的地位,占工业产出份额的 1/3 以上。[95]随着农业和农村经济体制改革的推进,农业产量稳步提高,粮食总产量由 1978 年的 3.05 亿吨提高到 1984 年的 4.07 亿吨。[96]人均粮食占有量达到 400 公斤,食品结构也得到初步改善,肉、禽、蛋等副食品的消费量随之上升。人均日热量获得量为 2 650 千卡,蛋白质人均日获得量为 66.6 克,脂肪人均日获得量为 51.4 克,其中来自动物性的蛋白

质占总量的 11.1％。整体而言,已达到温饱型的生活水平。[97]如表 6.12
所示,以 1984 年为例,农村居民年粮食消费量达 266.52 公斤,比 1978
年增长 18.52 公斤,增长率达 7.47％;鲜菜年消费 140.03 公斤,比 1978
年稍有减少;食用植物油年消费 2.47 公斤,比 1978 年增长 1.17 公斤,
增长率达 90％;牛羊肉类年消费 10.62 公斤,比 1978 年增长 4.86 公斤,
增长率达 84.38％;家禽年消费 0.94 公斤,比 1978 年增长 0.69 公斤,增
长率达 276％;鲜蛋年消费 1.84 公斤,比 1978 年增长 1.04 公斤,增长率
达 130％;水产品消费 2.13 公斤,比 1978 年增长 1.29 公斤,增长率达
153.57％。同样,如表 6.13 所示,以 1984 年为例,由于副食品消费量的
增加,城镇居民粮食消费量为 142.08 公斤,比 1964 年减少;鲜菜年消
费 149.04 公斤,比 1964 年增长 18.72 公斤,增长率达 14.36％;植物食
用油年消费 7.08 公斤,比 1964 年增长 4.86 公斤,增长率达 218.92％;
肉类年消费 19.86 公斤,比 1964 年增长 10.98 公斤,增长率达
133.58％;家禽年消费 2.88 公斤,比 1964 年增长 2.4 公斤,增长率达
500％;鲜蛋年消费 7.62 公斤,比 1964 年增长 5.48 公斤,增长率达
268.63％;水产品年消费 7.80 公斤,比 1964 年增长 3.12 公斤,增长率
达 66.67％。

表 6.12　中国农村居民人均全年主要农副食品消费量

(单位:公斤)

种类 ＼ 年份	1978	1980	1981	1984	1990	1996	2001
粮　食	248	257	256.14	266.52	262.08	256.19	237.98
鲜　菜	142	127	123.99	140.03	134	106.26	109.30
食用植物油	1.30	1.40	1.89	2.47	3.54	4.48	5.51
肉　类	5.76	7.74	8.70	10.62	11.34	12.90	14.50
家　禽	0.25	0.66	0.70	0.94	1.26	1.93	2.87
鲜　蛋	0.80	1.20	1.25	1.84	2.41	3.35	4.72
水产品	0.84	1.10	1.28	1.74	2.13	3.37	2.87

注:肉类为猪肉和牛羊肉之和,水产品主要包括鱼虾。
资料来源:《中国农村统计年鉴》,中国统计出版社 2002 年版。

表 6.13　中国城镇居民人均全年主要农副食品消费量

（单位:公斤）

种类＼年份	1957	1964	1981	1984	1990	1999	2001
粮　食	167.16	155.76	145.44	142.08	130.72	84.91	79.69
鲜　菜	109.14	130.32	152.34	149.04	138.70	114.94	115.86
食用植物油	4.20	2.22	4.80	7.08	6.40	7.78	8.08
猪　肉	6.72	8.22	16.92	17.10	18.46	16.91	15.95
牛羊肉	1.20		1.68	2.76	3.28	3.09	3.17
家　禽	1.20	0.48	1.92	2.88	3.42	4.92	5.30
鲜　蛋	3.29	2.04	5.22	7.62	7.25	10.92	10.41
水产品	7.62	4.68	7.26	7.80	7.69	10.34	10.33

注:水产品主要包括鱼虾。

资料来源:《中国农村统计年鉴》,中国统计出版社 2002 年版。

改革开放后经济政策的调整,使大量与食品相关的产业部门迅速发展。农产品总值从 1978 年的 1 567 亿元,增长到了 1983 年的 3 120.7 亿元,5 年内翻了一番。[98] 食品工业总产值在 1979—1984 年年平均递增 9.3％,比 1953—1978 年 6.8％高出 2.5 个百分点[99],到 1987 年总产值已达 1 134 亿元,是 1978 年的 4 倍,产业规模在整个国民经济中位居第 3 位[100],1999 年食品工业总产值达 6 020.3 亿元,是 1978 年的 12.76 倍(见图 6.14)。产业规模的扩大带动了食品生产、经营和餐饮企业的

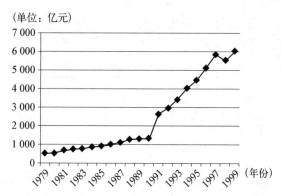

资料来源:作者根据《中国食品年鉴》数据整理。

图 6.14　1979—1999 年食品工业年总产值增长幅度

数量大幅剧增。以乳业为例，1949 年我国的各类乳制品厂数量不超过
10 所，1980 年全国乳品企业增长到 700 多家。[101] 而猪肉加工业解放初
期仅有较大屠宰场 5 个、冷藏库 23 座，到 1983 年我国共有各种肉类加
工企业 1 145 个、冷藏库 1 312 座。[102] 1985 年底，全国仅农村饮食服务
业网点就达 140.1 万个，从业人员 226.1 万人，相对 1977 年分别增长了
15.6 倍和 3.98 倍。

　　通过食品安全监管权配置变迁分析模型来观察，可以发现，在这个
阶段，在中央层面，横向维度的食品安全监管权配置的"卫生监督"范式
形成，与此相应，此范式也在纵向层面展开，因此，1979—2004 年食品
安全监管权纵向配置同为"卫生监督范式"（见表 6.14）。

表 6.14　食品安全监管权纵向配置范式：卫生监督范式（1979—2004 年）

监管权配置范式	卫　生　监　督　范　式
时　　间	1979—2004 年
问题界定	食品问题是一种卫生问题，局限在消费环节
食品安全监管 总体目标	卫生监督：提高食品质量，防止食品污染，预防食品中有害因素引起食物中毒、肠道传染病和其他疾病
食品安全监管权 属性定位	混合型监管权：监管权与地方政府的卫生管理权合一状态，其实质是监管权被地方政府的卫生管理权所吸纳
食品安全监管权 的具体配置	地方监管模式，地方政府下属的卫生行政部门领导食品卫生监督工作，其中：1979—1998 年属地化监管，1998—2004 年省内垂直监管
监管政策话语	通过食品卫生监督，增进人民身体健康，更好地为社会主义现代化建设服务

　　首先，在问题界定方面，把食品安全问题看作一种卫生问题。在食
品安全监管总体目标方面，认为其核心是卫生监督，主要目标是防止食
品污染和有害因素对人体的损害，保障人民身体健康，增强各族人民体
质。问题界定和总体目标是监管权配置范式中最核心的内容，体现着
一定时期内相对稳定的理念框架和价值观。正如前文提到的，中国是
一个典型的单一制国家，中央政府设定的制度结构一定程度上决定了
地方政府的行为空间。全国各级政权机关自觉肯定、服从和接受中央
的领导和监督。[103] 按照邓小平的提法："地方要维护中央权威，中央说

话要算数。"[104]在这样的结构中,"下级政府必须服从上级政府的领导,各级地方政府必须服从中央政府的领导"[105]。因此,在中央层面横向维度的食品安全监管权配置范式及其变迁必然也是纵向维度的食品安全监管权配置范式及其变迁的框架中进行。在这个框架中,两者的问题界定和政策目标同一。

其次,在食品安全监管权属性定位方面,属于混合型监管权,即监管权与地方政府的卫生管理权处于合一状态,其实质是监管权被地方政府的卫生管理权所吸纳。食品安全监管权的具体配置方面,由地方政府下属的卫生行政部门领导食品卫生监督工作。

值得注意的是,在前文中,我们提到在中央层面横向维度的"卫生监督范式"中,食品安全监管权属性定位方面属于混合型监管权,即监管权与卫生管理权合一状态,其实质是监管权被卫生管理权所吸纳。在食品安全监管权的具体配置方面,采取整合型监管模式,由卫生行政部门领导食品卫生监督工作。那为何与纵向维度的属性定位、具体配置不同?其原因在于,在我国食品领域,除进口食品外,中央政府各部门原则上不承担具体的食品安全监管业务,也不直接管辖各地区的监管机构,其职责主要是监督和指导地方政府开展监管工作,以及组织查处重大食品安全事故。[106]

1980年以后,中国计划经济体制开始发生变化,与当时经济改革中大力发展多种经济成分的趋势一致,食品工业发展中也推行了"多成分、多渠道、多形式"的原则,实行国营、集体、个体一起发展策略,大中小企业与前店后厂相结合,生产经营模式与所有制结构都发生了很大变化。以北京市为例,1983年,北京市的全民所有制食品工业企业数量为297家,但从1984—1985年仅一年时间,各城区和郊县就新增了560多个集体食品企业、520多个个体食品加工户,还有500多个工商兼营的前店后厂,生产人员从5万多人增加到7万多人。[107]食品工业所有制界限的突破使得多年来国营食品企业一家独大的局面被逐渐打破。这种多元所有制并存的所有制结构,使得改革开放之前"寓食品卫生管理于行政管理中,主管部门与卫生部门共同管控"的整体格局相形见绌,大量的集体和民营食品生产企业游离于主管部门的管控体制之外。与此同时，另一个管控主体卫生部门的防疫站系统的也没有发挥理想的作用。虽然建立了从各省、自治区、直辖市直到县级的卫生防疫站负责食品安全管控工作，但由于卫生防疫机构身兼卫生防疫和卫生监督双重职能，从机构名称就可判断，其工作重心在卫生防疫，卫生监督在其次，再加上卫生监督又包括环境卫生、劳动卫生、食品卫生等多种内容，一直以来，食品管控工作在卫生防疫系统乃至整个卫生系统一直处于边缘化状态。在这些因素的共同作用下，食品卫生状况开始下降，食品卫生和食物中毒事件呈现上升趋势。以广州市为例，1979 年共发生食物中毒事件 46 起，中毒人数为 302 人，而 1982 年食物中毒事件上升为 52 起，中毒人数上升为 1 097 人。[108]浙江省 1979 年发生食物中毒事件 132 起，中毒人数为 3 464 人，病死率为 0.49％，而 1982 年中毒事件上升至 273 件，中毒人数上升至 3 946 人，病死率上升0.71％。[109]食品工业的迅速增长，加上所有制改革之后国营、集体、个体企业等不同经营模式共同发展，使得食品领域的质量水平良莠不齐，食品企业鱼龙混杂，而面对问题管控能力又不断削弱，这是这一时期食品安全问题增多的主要原因。

因此，在行业主管部门和卫生防疫系统食品安全管控功能弱化的情况下，为了应对恶化的局面，地方政府的作用逐渐增强。1982 年 11 月发布的《食品卫生法（试行）》，虽然延续了计划经济时期的做法，继续强调"食品生产经营企业的主管部门负责本系统的食品卫生工作"，但在食品卫生监督上，主管部门的作用明显弱化，地方政府的监管权力得到强化。该法单独列出"食品卫生监督"一章，首次明确由各级政府的卫生部门领导食品卫生监督工作。[110] 1995 年 10 月全国人大发布的《食品卫生法》，对此作了明确规定，具体内容如下：

（1）各级人民政府的食品生产经营管理部门应当加强食品卫生管理工作，并对执行本法情况进行检查。[111]县级以上地方人民政府卫生行政部门在管辖范围内行使食品卫生监督职责。[112]

（2）食品卫生监督职责是：进行食品卫生监测、检验和技术指导；协助培训食品生产经营人员，监督食品生产经营人员的健康检查；宣传食品卫生、营养知识，进行食品卫生评价，公布食品卫生情况；对食品生产经营企业的新建、扩建、改建工程的选址和设计进行卫生审查，并参加工程验收；对食物中毒和食品污染事故进行调查，并采取控制措施；对违反本法的行为进行巡回监督检查；对违反本法的行为追查责任，依法进行行政处罚等。[113]

（3）县级以上人民政府卫生行政部门设立食品卫生监督员。食品卫生监督员由合格的专业人员担任，由同级卫生行政部门发给证书。[114]

（4）国务院和省、自治区、直辖市人民政府的卫生行政部门，根据需要可以确定具备条件的单位作为食品卫生检验单位，进行食品卫生检验并出具检验报告。[115]

（5）县级以上地方人民政府卫生行政部门对已造成食物中毒事故或者有证据证明可能导致食物中毒事故的，可以对该食品生产经营者采取临时控制措施。[116]

这些意味着食品安全监管权纵向配置范式中，具体配置方面由地方政府下属的卫生行政部门领导食品卫生监督工作和监管权属性定位方面混合型监管权的明确化。从另外一个角度看，这些改变加上农业、工商、质监等行政部门均由地方政府分级管理，共同构成食品安全监管的"地方分级管理"体制。

在"卫生监督范式"下，食品安全监管权的具体配置还有一次大的调整，即 1998 年开始的、地方监管模式由属地化监管转向省内垂直监管。1998—2000 年间，中央政府为了打破地方政府对市场的地区分割，建立全国统一市场，决定实行行政体制改革。其中与食品安全监管相关的改革是，将工商和质监这两个行政部门由属地化监管（地方分级管理）改为省以下垂直管理。[117]此外，2000 年，中央政府组建药品监督管理局（2003 年改组成食品药品监督管理局），各省、市、县设立对应的食品药品监督机构，同样实行省以下垂直管理。[118]

这次食品安全监管权的具体配置的调整是否意味着"卫生监督范式"的变化呢？笔者认为，地方监管模式由属地化监管开始转向省内垂直监管与"卫生监督范式"本身无关。其主要理由是：

第一，这次调整是为了克服市场监管机构由地方分级管理所带来的弊端，以便在全国范围内形成统一执法和统一监管，防止地方保护主义的干扰。在经济改革的背景下，由于大量集体和民营食品生产和经营企业迅速涌现，对国有食品生产和经营部门下辖的企业构成直接竞争关系。为了保证自身所辖的国有食品企业能够在日趋激烈的市场竞争中取得优势地位，一些主管部门放松了对下属国有食品企业在食品卫生方面的要求[119]，还有一些地方政府领导认为，严格管理食品问题会阻碍经济搞活[120]，由此，地方保护主义盛行。时任国务院副总理吴邦国曾论及此次改革的原因："质量技术监督部门在打击制售假冒伪劣商品，维护市场秩序方面，做了许多工作，但是，制售假冒伪劣商品及市场欺诈等违法行为还没有从根本上得到遏制。之所以如此，原因是多方面的，但质量技术监督部门层层属地化管理是一个重要原因，这种体制难以保证监督部门独立、统一、严格、公正执法，不可避免地受到地方保护主义的干扰，办案难、处罚难，执法人员甚至因公正执法而屡遭打击报复。"[121]

第二，这次调整是药品监管部门垂直化改革对食品监管部门带动的结果。1998 年以前，虽然在具体的权力和利益纷争时，负责药品管控的卫生药政部门与医药管理部门之间的矛盾非常精锐，但是他们之间存在着共同的利益汇合点，即希望按照美国食品药品监督管理局（FDA）的模式成立统一、集中、高效的药品管理体制。按照刘鹏的研究，其原因除了克服地方保护主义，结束混乱、分权、低效的药品管理体系之外，还有一个主要的原因就是这样一个统一、集中体系能使他们获取更大的权力。[122]具体体现为，药政管理局和医药管理局都希望通过药品管理体制改革使自己升格为正部级机构；两个部门都希望借 FDA 模式将管理权统揽到自己手中，因为过去，无论药政还是医药管理部门都只能对地方各省的相关部门进行业务上的指导，无法控制其财政、人事等重要资源。一些重要权力，诸如仿制药审批权、开办药品生产和经营单位许可权等依旧掌握在省级卫生部门手中，而 FDA 式的地区派出制模式，刚好可以为他们控制地方相关部门提供正当性依据。[123]设想中的中央一体化垂直和中央派出垂直的模式遭到了地方强有力的挑战。[124]最后，折衷接受的是省以下垂直的形式。而 FDA 模式除了药品还包括食品监管,因此药监的改革必然会带动食品管理体系的改革。所以,2000 年中央政府组建药品监督管理局,2003 年在药品监管局基础上改组成食品药品监督管理局,各省、市、县设立对应的食品药品监督机构,实行省以下垂直管理。

基于这两个原因,1998 年之后食品安全监管权的具体配置的调整,即属地化监管变为省内垂直管理,并不是基本政策目标和问题界定的变化,不属于范式的变迁;况且,其监管权属性的定位也依旧是混合监管,只不过监管权与地方政府的卫生管理权合一状态中的"地方"一词的内涵由各级地方政府卫生管理权转变为省级地方政府的卫生管理权而已。[125]

二、食品安全监管权纵向配置的安全管理范式(2004 年至今)

一般而言,监管权纵向配置范式虽然也受议题流、政治流、政策流的冲击,但在单一制国家中央地方关系的框架中,它的变迁是随着中央层面横向维度的监管权配置范式的变迁而被带动的。能够导致范式变迁议题流并不直接作用于地方政府,而是作用于整体范式。在整体范式变迁的带动下,体现为中央对地方领导关系的政治流和政策流自上而下地对纵向范式进行冲击,驱动其产生变化。对于这种机制,朱光磊以国务院与省级政府的关系为例做了解释:"国务院与省人民政府的关系使领导关系。这在中国就其主体而言,是由典型的单一制国家这一特点决定的。根据宪法,在国务院所享有的 18 项职权中,每一项都涉及它对各省级地方的全面、直接的领导关系,同时省级政府要以一定的方式向国务院报告工作。同时,国务院还通过自己的工作部门,对省级地方相应的部门进行对口的业务领导或业务指导,从而形成所谓的'条条'管理。除了这两个渠道,国务院还可以通过行政立法、政府计划管理、政府财政、税收和预算管理、监察和审计等行政监督、机构和人员的编制控制等多种手段领导省级政府的工作。但是省级政府负责人的人事安排,主要由中共中央负责,国务院的领导人作为中央政治局的成员,也可以在确定或批准省级政府负责人人选问题上起重要作用,国务院副总理对于其分管工作方面的省级政府副职负责人人选也可以发表一定的意见。"[126]

表 6.15　食品安全监管权纵向配置范式:安全管理范式(2004 年至今)

监管权配置范式	安　全　管　理　范　式
时　　　间	2004 年至今
问题界定	食品问题是一种安全问题,涉及食品产业链的全过程
食品安全监管总体目标	安全监管:保证食品安全,保障公众身体健康和生命安全;其背后蕴含的基本的价值观是"以人为本、执政为民的思想,全面履行人民政府的职责"
食品安全监管权属性定位	从属型监管权:监管权已一定程度与其他行政权分离,但并无自主性和独立性,监管权从属于地方的农业部门、质检部门、工商部、卫生部门等各部门的行政权和食品药品监督管理部门(2004—2013 年)
食品安全监管权的具体配置	地方监管模式,地方政府下属的食药监部与质检、工商、卫生等部门合作监管,其中:2004—2007 年省内垂直监管,2008 至今是属地化监管
监管政策话语	食品安全关系到广大人民群众的身体健康和生命安全,关系到经济健康发展和社会稳定,关系到政府和国家的形象,为恢复和提高我国食品信誉,确保人民身体健康和生命安全,必须采取切实有效措施,进一步加强食品安全工作

　　因此,食品安全监管权纵向配置的安全监管范式内容在许多方面与中央层面的横向范式一致。

　　首先,纵向范式中的问题界定和总体目标与横向范式同一。其问题界定是将食品问题看做是一种安全问题,涉及食品产业链的全过程。在此界定下,总体目标是进行安全监管,即保证食品安全,保障公众身体健康和生命安全;其背后蕴含的基本的价值观是"以人为本、执政为民的思想,全面履行人民政府的职责"。问题界定和总体目标是监管权配置范式中最核心的内容,持续稳定,在一定的时期内,不易变动。

　　其次,食品安全监管权属性定位是从属型监管权。也就是说与前一个范式"卫生监督范式"相比,监管权已与行政权一定程度分离,但并无自主性和独立性,监管权从属于地方的农业部门、质检部门、工商部、

263

卫生部门等各部门的行政权和食品药品监督管理部门(2004—2013年)。值得一提的是,2004年国务院《关于进一步加强食品安全工作的决定》在监管区属性定位方面,也提到了强化地方政府对食品安全监管的责任问题,非常鲜明地指出:地方各级人民政府对当地食品安全负总责,统一领导、协调本地区的食品安全监管和整治工作。建立健全食品安全组织协调机制,统一组织开展食品安全专项整治和全面整顿食品生产加工业;进一步搞好与有关监管执法部门的协调和配合,加强综合执法、联合执法和日常监管,尤其要解决执法监督中的不作为和乱作为问题;切实落实责任制和责任追究制,明确直接责任人和有关负责人的责任,一级抓一级,层层抓落实,责任到人;坚决克服地方保护主义,增强大局意识,不得以任何形式阻碍监管执法,绝不能充当不法企业和不法分子的"保护伞"[127]。

第三,食品安全监管权具体配置方面,实行地方监管模式,即地方政府下属的食药监部与质检、工商、卫生等部门合作监管。这种具体配置,在横向间与中央层面的横向配置范式中分散于不同部门一一对应,其中:农业部门负责初级农产品环节的监管;质检部门负责食品生产加工环节的监管;工商部门负责食品流通环节的监管;卫生部门负责餐饮业和食堂等消费环节的监管;食品药品监管部门负责对食品的综合监管,组织协调和依法查处重大事故,形成"五龙治水"模式,充分体现国务院《关于进一步加强食品安全工作的决定》中"按照一个监管环节一个部门监管的原则,采取分段监管为主、品种监管为辅的方式"。

"安全管理"范式在运作过程中也遇到了一系列的挑战。

在议题流维度,如前文中我们谈到的,2000年之后,中国的食品安全事故急剧增加。这些事故的矛头直指地方,引起了人们对省内垂直监管效果的质疑。据统计,从2004—2007年,我国主要媒体共曝光食品安全事件792件[128],涉及地区包括北京、上海、广东等28个省和直辖市。[129]涉及面之广、严重程度之大折射出食品安全形势的严峻性和普遍性。

在政治流维度,在监管体制方面存在较大的矛盾和冲突。1998年地方监管模式由属地化监管开始转向省内垂直监管的改革之后,承担食品安全监管职责的五家行政部门不再统一由地方分级管理，其中，三家（工商、质监、食品药品监管）实行省以下垂直管理，两家（卫生、农业）继续保留地方分级管理。这种体制上的不一致隐含着内在矛盾。按照1995年颁布的《食品卫生法》，县级以上卫生行政部门行使食品卫生监督职责，而工商、质监、食品药品监管等部门却不归县、市政府管辖，这将导致县、市级卫生部门与这三家行政部门在食品安全监管上难以协调。体制上的内在矛盾隐含着进一步改革的必要。

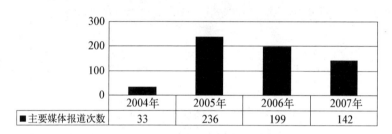

资料来源：《易粪相食：中国食品安全状况调查（2004—2011 年）》，http://www.zccw.info/.

图 6.15　2004—2007 年我国主要媒体报道的食品安全事件次数

与此同时，在政策流领域，政策共同体主要成员发生重要变化而导致话语体系转向。2006—2007 年，极力主张垂直化模式加强集权的一些国家食药监局的高层官员相继因腐败落马。其中包括，食药监局局长郑筱萸、食药监局医疗器械司司长郝和平、药品审评司司长曹文庄、化学药品处处长卢爱英、药典委员会秘书长王国荣。由此，对监管权集权的批评声鹊起，舆论普遍认为，这些重大腐败源于监管权过于集中，缺乏制约和监督。[130]如同当初药监部门垂直改革推动食品监管垂直改革一样，现在对药监部门集权的削弱措施，也间接导致由省内垂直向属地化的回归。

可以发现，这些议题流、政治流和政策流对纵向配置范式的冲击方向如同当初范式的构建一样，也是自上而下地进行。2008 年 11 月，国务院办公厅发布《关于调整省级以下食品药品监督管理体制有关问题的通知》，将省级以下食品药品监督管理机构改为地方分级管理，有关人事管理、财产设备和经费预算一同划归地方政府。2011 年 10 月，为了配合食品药品监管机构划为地方分级管理，国务院办公厅发布《关于调整省级以下工商质监行政管理体制加强食品安全监管有关问题的通知》(国办发[2011]48号),将工商部门和质监部门也由省级以下垂直管理改为地方政府分级管理。此项行政体制调整之后,工商、质监部门在业务上接受上级部门的指导和监督,以地方管理为主,人员编制和经费预算随之划归地方政府。经过以上调整,食品安全监管体制又回到了地方分级管理模式。从此次调整中可以看到,属于对边缘层食品安全监管权的具体配置的调整,并非核心价值、问题界定和总体目标的改变,在纵向配置中"安全管理"范式并未出现整体性的范式变迁。

<h2 style="text-align:center">第四节 解释与评论</h2>

如果说前文笔者运用的是截面研究[131],即在某个特定时间点,以静态视角,对监管权的配置从横向和纵向两个角度进行分析,以描述其逻辑关系的话,这里采取的是纵贯研究[132],从动态的视角,以较长的时间段为研究范围,对食品安全监管权配置的变迁加以考察,探索变化过程背后的社会背景和现实条件,回答一些我们感兴趣的问题,包括:在宏观上,中国食品安全监管权配置如何变化? 其变化规律是怎样的?是哪些因素导致变化?

围绕这几个问题,我们根据彼得·霍尔的政策范式变迁理论构建起一个分析模型,以此为框架考察我国食品安全监管权横向配置和纵向配置的变迁过程,并由此得出一些发现:

一、对食品安全监管权配置结构与变迁的解释[133]

霍尔将政策范式的结构由内至外,分为三个层次:首先,是指导特定领域政策的总体性目标,它处于范式结构的核心层,其背后蕴含着基于特定世界观之上的规范的、认识上的原则和基本价值观,是这些决策者个人或集体的身份基础,它制约和驾驭着决策者们对特定政策领域内政策问题的界定和政策目标的诉求;其次,是为了实现这些目标所采用的政策工具,它处于范式的中间层,其实质是建立在因果关系认识基础上的行动策略;再次,是工具的精确设置,处于范式结构的边缘层,是对政策工具及其组合的调整,具有较大的灵活性。

霍尔的模型为我们理解食品安全监管权配置的结构及其变迁的规律提供了借鉴。一定时期的食品安全监管权配置也是"一种由各种理念和标准组成的框架,它不仅指明政策目标以及实现这些目标的工具类别,而且还指明它们需解决之问题的性质"。[134]食品安全监管权配置范式的结构与霍尔的政策范式结构具有对应关系。

(1)首先是食品安全监管的总体目标。

这是食品安全监管权配置结构的核心层,体现着一个重要的问题界定,即"要做哪些事"? 它背后蕴含着决定食品安全监管政策的基本的、不可动摇的价值观,将支持该政策范式的主体粘连在一起,体现着政策范式的价值理性。在对食品安全监管权横向配置变迁过程的分析中,我们发现,从1979—2013年,食品安全监管权配置范式依据其监管总体目标及背后的理念的确有所不同:

1979—2004年,属于食品安全监管权配置的"卫生监督"范式。这种范式把食品问题看作卫生问题,侧重于食品必须符合饮食卫生标准,关注点局限在流通和消费环节,特别是消费环节。食品安全事故归因为食品产业受生产、经营和技术水平等客观条件限制和家庭或个人缺乏必要饮食卫生知识。基于这样的基本判断,当时的食品安全监管总体目标是卫生监督,具体内容是提高食品质量,防止食品污染,预防食品中有害因素引起食物中毒、肠道传染病和其他疾病,防止食品污染和有害因素对人体的损害,保障人民身体健康,增强各族人民体质。

2004—2013年,属于食品安全监管权配置的"安全管理"范式。这种范式把食品问题界定为安全问题。第一,它认为食品安全是一个包容性的理念,从内容来看,将食品卫生、食品质量和食品营养等相关概念都加以包容;从外延来说,拓展到农业、养殖业、食品生产与加工、包装、储藏、运输、销售和消费等产业链的全过程。第二,它认为食品安全是一综合性的概念。与食品卫生等单一学科概念不同,食品安全与综合性治理紧密相连。不同国家在不同时期,食品安全所面临的突出问题和治理要求截然不同。在发达国家,食品安全所关注的方面主要是因科学技术引发的问题,如转基因食品对人体健康的影响;而在发展中国家,食品安全所侧重的方面是因市场经济发育不成熟而引发的诸如假冒伪劣产品肆虐、有毒有害食品的非法经营等问题。而在我国,社会发展的复杂性体现为经济社会诸多因素不平衡导致的既有发展中国家面临的困境又有发达国家面临的难题,因此我国食品安全问题兼具以上两方面内容。第三,它认为食品安全是一个政治概念,食品安全与生存权紧密相连,无论是发达国家还是发展中国家,维护食品安全都体现了政府对社会民众最基本的责任与最必需的承诺。

(2)食品安全监管权属性。

这是食品安全监管权配置结构的中间层。食品安全监管权是实现总体目标的合法性基础、重要工具和监管效力的根本保证。对食品安全监管权属性和定位的厘清,有利于在监管体系因果联系的基础上建立行动策略。与监管权的总体目标比较,它的变动性相对较大。

在1979—2004年的食品安全监管权配置的"卫生监督"范式中,食品安全监管权属性的定位是混合型监管权。即将监管权与卫生管理权合一状态,其实质是监管权被卫生管理权所吸纳。在这种混合状态下,工作重心在于逐步制订各类食品、食品原料、食品添加剂和食品包装材料的卫生标准以及检验方法。监督食品生产、经营单位和主管部门,都要把食品卫生工作列入生产计划和工作计划,把食品卫生标准和卫生要求列入产品质量标准和工作要求之中,严格执行,保证实现。

在2004—2013年的食品安全监管权配置的"安全管理"范式中,食品安全监管权属性定位是从属型监管权。国务院《关于进一步加强食品安全工作的决定》规定:"进一步理顺有关监管部门的职责。按照一个监管环节由一个部门监管的原则,采取分段监管为主、品种监管为辅的方式,进一步理顺食品安全监管职能,明确责任。"这意味着监管权虽已结束了与卫生管理行政权的合一状态,但由于分段监管的各部门自身拥有在本领域完整的行政权,因此,食品安全监管权从属于分段监管的各部门自身的行政权,并无自主性和独立性。

(3)食品安全监管权的具体配置。

这是食品安全监管权配置结构的边缘层。食品安全监管权具体配置的形式从横向维度来看,有整合模式与分散模式;从纵向维度而言,有垂直模式、协作模式和地方模式。从整个配置范式来看,这些无非是为了实现食品安全监管总体目标而对作为政策工具的监管权所进行的设置与调整。

从1979—2004年的食品安全监管权配置的"卫生监督"范式中,食品安全监管权的具体配置采取整合型监管模式,由卫生行政部门领导食品卫生监督工作。具体而言,《食品卫生法(试行)》规定由卫生部门下属的卫生防疫站或卫生监督检验所负责食品卫生监督工作,执行食品卫生监督机构的职责。[135] 监督管理方式以软性管控手段为主,主要包括:监督食品生产和经营单位把食品卫生工作的好坏,作为考核成绩和组织竞赛、评比的重要内容之一;监督监督食品生产和经营单位建立健全食品卫生规章制度,组织职工学习和掌握食品卫生科学知识,教育他们自觉地遵守制度,保证食品卫生质量;食品卫生管理、检验人员,有权对本部门、本单位食品卫生进行监督,发现食品生产和经营工作中有违反国家食品卫生法令、卫生标准和卫生要求的现象时,有权进行批评、制止,必要时可以向上级领导机关反映情况;卫生部门和各有关部门要加强食品卫生科学研究,积极开展技术革新活动;对于违反本条例的单位和个人,应当根据情节轻重,分别给予批评教育、限期改进、罚款、没收等处置。对于情节严重、屡教不改、造成食物中毒或重大污染事故的单位和事故责任者,应当责令停止生产(营业)、赔偿损失,给予行政处分,直至提请司法部门追究刑事责任。

在2004—2013年的食品安全监管权配置的"安全管理"范式中,食品安全监管权的具体配置方面,采用分散型监管模式,将监管权主要配置于卫生、农业、质检、工商和食品药品监管等部门。其中,农业部门负责初级农产品环节的监管;质检部门负责食品生产加工环节的监管;工商部门负责食品流通环节的监管;卫生部门负责餐饮业和食堂等消费环节的监管;食品药品监管部门负责对食品的综合监管,组织协调和依法查处重大事故,并直接向国务院报告食品安全监管工作,即所谓的"五龙治水"模式。

政策范式的变迁有三种类型,包括:第一序列变化,即政策总体目标和政策工具保持不变,而政策工具设置做出调整;第二序列变化,即政策总体目标保持原样,但政策工具及其配制进行调整;第三序列变化,即政策的三个组成部分即政策目标、政策工具和工具设置同时调整。其中,第三序列变化代表着旧范式整体价值观的崩溃,意味着范式的转移。是什么因素导致政策范式变迁呢? 即导致政策范式变迁的动力机制是什么? 霍尔认为,政策范式变迁的原因类似于库恩科学范式变迁中"异常事件"的积累,政策制定者为了纠正这些问题,就会改变政策工具的设置并试验新的政策工具。如果他们的努力没有奏效,就会出现政策失败,从而削弱旧范式的解释力,并引发人们广泛寻找替代范式,以及进行修正政策的实验过程,若修补未获成功,政策目标及其背后蕴含的价值观招致挑战,最终形成范式转移。在这个过程中,学习机制起到较大的作用。

遵循政策范式变迁理论,食品安全监管权配置范式的变迁也有相同的机制,其中:处于边缘层的食品安全监管权的具体配置发生变化,而食品安全监管权属性定位和监管总体性目标不变,构成第一序列变化;监管总体性目标不变,监管权具体配置和对监管权属性定位都发生变化,构成第二序列变化。三者都变化,构成第三序列变化。

如果说霍尔政策范式变迁的基础是库恩的范式变迁观点,那么在参照霍尔政策范式变迁理论的同时,为了更深入地解释变迁的具体机制,笔者引入了伊·拉卡托斯的科学研究纲领变迁的视角。伊·拉卡托斯在《科学研究纲领方法论》一书对库恩的观点进一步深化,对范式变迁进行了更深入的剖析。[136] 他将范式变迁具体为科学纲领的产生、发展和衰亡的过程。拉卡托斯指出,科学纲领由硬核(hard core)和保护带(protective belt)组成。硬核是经过了试错的漫长过程才形成的基本理论,它具有稳定性和确定性;保护带由辅助性假设(auxiliary hypotheses)和应用理论的初始条件构成,它可以随时调整和改变,以应付反常情况,以避免硬核遭到证伪的伤害。硬核类似于脱氧核糖核酸(DNA)的特质,是科学纲领中稳定的和深层的内涵,从根本上抗拒变迁,具有稳定性。保护带主要是指围绕在硬核周边,它对于外部的刺激不断进行调整,起到对核心的保护、修护功能,以应对外部得挑战。随着进化的展开，异常事件不断积累，保护带的保护能力减弱，硬核被突破，旧的科学纲领衰亡，新的科学纲领的硬核凝结，并形成保护带。由此经历着从产生到受到挑战，从积极防御到防御力衰退、到衰亡的变迁过程。而挑战与异常事件的积累是变迁的基本动力机制。[137]与库恩的范式变迁所展现的历时性过程相比，拉卡托斯进一步勾勒出这种变迁的具象性的结构。

　　由此结合霍尔与拉卡托斯的理论，用笔者的食品安全监管权配置范式变迁分析模型来观察我国食品安全监管权配置的变迁进程，可以发现，第一序列和第二序列变化只是渐进性的常规调整，只是拉卡托斯科学纲领模型中保护带对外部基于异常事件积累而形成挑战的回应和修补，具体表现为：政策制定者在大量食品安全事件爆发状态下，监管权具体配置层通过分散模式或整合模式、垂直模式或属地模式的策略的调整加以修补，以及在监管权属性定位上将监管权附属于行政权还是独立于行政权的战略选择上对挑战加以回应。若这两个序列的变化依旧无法解决外部的持续性挑战，则面临第三序列的变化，监管总体目标和背后蕴含的基本理念发生变化，因而形成食品安全监管权配置范式的根本性变迁。如霍尔所言："作为第三序列变化之特征的从一个范式到另一个范式的运动，往往包括异常情况的积累，政策新形式的试验，以及存成政策权威核心发生转移并引发对立范式之间更广泛竞争的政策失败。这种竞争只有在新范式的支持者获得政策制定的权威地位，并能够重新安排政策过程的组织和标准操作程序，从而使新范式得以制度化时才会结束。"[138]

　　虽然我们分析食品安全监管权配置范式的变迁状况，但是对于动力机制只用简单的一句"异常事件的积累"，解释未免过于粗泛，于是笔者考察了与变迁有关的"倡议联盟动力机制框架"、"制度变迁的动力机制框架"和"多源流理论动力机制框架"，并从中得以借鉴；随后借用金登的多源流模型，将议题流、政策流和政治流的思路结合中国政治社会的现实进行了一定的修正，经过对食品安全监管权横向配置变迁的分析，我们发现这个分析模型大体能够描述和解释导致中国食品安全监管权配置的变迁（见表6.16）。

表 6.16　食品安全监管权配置范式的变迁

监管权配置范式	卫生监督范式	安全管理范式	
时　间	1979—2004 年	2004—2013 年	2013 年起至今(在问题界定与总体目标不变的前提下,对安全管理范式进行了一些修正)
问题界定	食品问题是一种卫生问题,局限在消费环节	食品问题是一种安全问题,涉及食品产业链的全过程	
食品安全监管总体目标	卫生监督:提高食品质量,防止食品污染,预防食品中有害因素引起食物中毒、肠道传染病和其他疾病	安全监管:保证食品安全,保障公众身体健康和生命安全,其背后蕴含的基本的价值观,是"以人为本、执政为民的思想,全面履行人民政府的职责"	
食品安全监管权属性定位	混合型监管权:监管权与卫生管理权合一状态,其实质是监管权被卫生管理权所吸纳	从属型监管权:监管权已在一定程度上与其他行政权分离,但并无自主性和独立性,监管权从属于农业部门、质检部门、工商部、卫生部门和食品药品监督管理各部门的行政权	独立型监管权:监管权相对独立于其他行政权,并拥有一定程度的自主权
食品安全监管权的具体配置	合型监管模式,卫生行政部门领导食品卫生监督工作	分散型监管模式:经历了分部门型监管和分部门协调型监管两阶段	整合型监管模式:分属各部门的处于生产、流通、消费各环节的监管权整合于独立的食药监总局
监管政策话语	通过食品卫生监督,增进人民身体健康,更好地为社会主义现代化建设服务	食品安全关系到广大人民群众的身体健康和生命安全,关系到经济健康发展和社会稳定,关系到政府和国家的形象,为恢复和提高我国食品信誉,确保人民身体健康和生命安全,必须采取切实有效措施,进一步加强食品安全工作	食品药品安全是重大的基本民生问题,党中央、国务院高度重视,人民群众高度关切。改革完善食品监管体制,整合机构和职责,有利于政府职能转变,更好地履行市场监管、社会管理和公共服务职责;有利于理顺部门职责关系,强化和落实监管责任,实现全程无缝监管;有利于形成一体化、广覆盖、专业化、高效率的食品监管体系,形成食品监管社会共治格局,更好地推动解决关系人民群众切身利益的食品安全问题

二、食品安全监管权横向与纵向配置变迁的比较

除了对食品安全监管权横向配置变迁的过程进行考察,还需对食品安全监管权纵向配置变迁的过程进行研究。通过对食品安全纵向配置变迁问题的大量资料的收集、描述与分析,笔者认为,探讨食品安全监管权纵向配置变迁必然是在中央与地方关系的视野中进行。中国是一个典型的单一制国家,中央政府设定的制度结构在一定程度上决定了地方政府的行为空间。因此,在中央层面横向维度的食品安全监管权配置范式及其变迁的框架决定了纵向维度的食品安全监管权配置范式的变迁。也就是说,中央层面横向维度的监管权配置范式变迁模型能运用到纵向配置变迁中去,只是在一部分具体细节方面会与中央层面的有所不同。通过对它们的比较(见表 6.17),可以发现:

表 6.17 卫生监督范式下食品安全监管横向与纵向配置比较

监管权配置范式	卫 生 监 督 范 式	
时　　间	1979—2004 年	
监管权配置维度	食品安全监管权横向配置(中央层面)	食品安全监管权纵向配置(地方层面)
问题界定	食品问题是一种卫生问题,局限在消费环节	
食品安全监管总体目标	卫生监督:提高食品质量,防止食品污染,预防食品中有害因素引起食物中毒、肠道传染病和其他疾病	
食品安全监管权属性定位	混合型监管权:监管权与卫生管理权合一状态,其实质是监管权被卫生管理权所吸纳	混合型监管权:监管权与地方政府的卫生管理权合一状态,其实质是监管权被地方政府的卫生管理权所吸纳
食品安全监管权的具体配置	整合型监管模式,卫生行政部门领导食品卫生监督工作	地方监管模式,地方政府下属的卫生行政部门领导食品卫生监督工作,其中:1979—1998 年属地化监管,1998—2004 年省内垂直监管
监管政策话语	通过食品卫生监督,增进人民身体健康,更好地为社会主义现代化建设服务	

首先,中央层面的食品安全监管权横向配置范式是一个大框架,占主导地位,纵向配置总体上与其保持一致。位于核心层的食品安全监

管权问题界定与总体目标,作为稳定的原则与价值观在横向与纵向配置层面共享。位于中间层的食品安全监管权属性定位基本相同,只是纵向配置中将其具体为地方领域。位于边缘层的食品安全监管权具体配置,纵向配置在与横向配置呼应的同时,也有些区别。这也证明了监管权配置范式结构中,边缘层的灵活性大于中间层,中间层灵活性大于核心层的观点。

其次,在监管权配置范式变迁的动力机制方面,横向配置范式直接受议题流、政治流、政策流的冲击,产生政策之窗,随之变迁发生。但在纵向配置中,虽然也受议题流、政治流、政策流的冲击,但在单一制国家中央地方关系的框架中,纵向配置范式的变迁是随着中央层面横向维度的监管权配置范式的变迁而被带动的。也就是说,能够导致范式变迁议题流并不直接作用于地方政府,而是作用于整体范式,在整体范式变迁的带动下,体现中央对地方领导关系的政治流和政策流自上而下地对纵向范式进行冲击,驱动其变化。也正因如此,横向配置范式变迁对纵向配置变迁的影响有一段时间差。

三、局限性与简单评论

在本章的研究中,基于霍尔等诸多学者的理论,构建了监管权配置变迁的分析模型,并对食品安全监管权横向配置变迁过程和食品安全监管权纵向配置变迁过程加以解释、比较和深化。本分析模型只是将政策范式模型应用到食品安全监管权配置领域的一个初步尝试。"社会研究除了会受到自然科学研究相同的各种自然条件的限制以外,还会受到政治、社会各因素的影响。社会研究的困难不只体现在变量多、原因复杂,还体现在要对这些变量进行研究时,所受到的各种社会因素的限制也比较多。"[140]本研究中也存在不少的局限性,比如研究中虽然从政治流、政策流和议题流对范式变迁的动力机制做了一定的解释,但由于诸如制度透明度低、黑箱效应、收集数据的有限性等因素,解释尚未达到精确的程度;又比如,作为范式变迁主导的政策共同体的组成部分,政治家、官员、专家们在推动变迁和社会学习过程中的角色依旧比较模糊等,这些都有待在以后的研究中加以深化。

表 6.18　安全管理范式下食品安全监管横向与纵向配置比较

监管权配置范式	安 全 管 理 范 式	
时　　间	2004—2013 年[139]	
监管权配置维度	食品安全监管权横向配置(中央层面)	食品安全监管权纵向配置(地方层面)
问题界定	食品问题是一种安全问题,涉及食品产业链的全过程	
食品安全监管总体目标	安全监管:保证食品安全,保障公众身体健康和生命安全,其背后蕴含的基本的价值观是,"以人为本、执政为民的思想,全面履行人民政府的职责"	
食品安全监管权属性定位	从属型监管权:监管权已在一定程度上与其他行政权分离,但并无自主性和独立性,监管权从属于农业部门、质检部门、工商部、卫生部门和食品药品监督管理各部门的行政权	从属型监管权:监管权已在一定程度上与其他行政权分离,但并无自主性和独立性,监管权从属于地方的农业部门、质检部门、工商部、卫生部门等各部门的行政权和食品药品监督管理部门(2004—2013 年)
食品安全监管权的具体配置	分散型监管模式:经历了分部门型监管和分部门协调型监管两阶段	地方监管模式,地方政府下属的食药监部与质检、工商、卫生等部门合作监管,其中2004—2007 年省内垂直监管,2008 至今是属地化监管
监管政策话语	食品安全关系到广大人民群众的身体健康和生命安全,关系到经济健康发展和社会稳定,关系到政府和国家的形象,为恢复和提高我国食品信誉,确保人民身体健康和生命安全,必须采取切实有效措施,进一步加强食品安全工作	

第五节　本 章 小 结

本章主要从动态的角度来分析以下问题:中国食品安全监管权的配置如何变化? 哪些因素导致其变化? 研究的逻辑是演绎法,首先,依据彼得·霍尔的政策范式变迁框架和其他相关理论,构建起一个关于食品安全监管权配置变迁的分析模型,认为其结构有三个部分组成:食品安全监管的总体目标；食品安全监管权的属性定位；食品安全监管权的具体配置。其次，通过此分析框架对食品安全监管权横向变迁与纵向变迁过程的描述与分析，发现 1979—2013 年，食品安全监管权横向配置范式依据其监管总体目标及背后的理念的不同，经历了两个类型，分别是卫生监督范式（1979—2004 年）、安全管理范式（2004—2013年），在此基础上，2013 年政府机构改革对安全管理范式进行了修正，形成了安全管理范式的修正版（2013 年至今）。第三，通过对监管权纵向配置的考察，发现这个范式也基本符合监管权纵向配置的变迁状况。即中央层面的食品安全监管权横向配置范式是一个大框架，纵向配置总体上与其保持一致。第四，对监管权配置变迁情况作进一步的比较、解释和深化。

注释

1. 张毅强：《风险感知、社会学习与范式转移》，复旦大学出版社 2011 年版，第 64 页。

2. 王骚、靳晓熙：《动态均衡视角下的政策变迁规律研究》，《公共管理学报》2005 年第 4 期。

3. ［美］小约瑟夫·斯图尔特等：《公共政策导论》，中国人民大学出版社 2011 年版，第 126 页。

4. 林水波、张世贤：《公共政策》五南图书出版公司 2006 年版，第 337 页。

5. James Anderson, *Public Policymaking：An Introduction*，Boston：Houghton Miffli，1990，p.257.

6. Gay Peters, *American Public Policy：Promise and Performance*，NJ：Chatham House，1986，pp.142—144.

7. 宁骚：《公共政策学》，高等教育出版社 2003 年版，第 453—454 页。

8. ［美］小约瑟夫·斯图尔特等：《公共政策导论》，中国人民大学出版社 2011 年版，第 128 页。

9. 参见 Arthur Schlesinger, *The Cycles of American History*，Boston：Houghton Mifflin，1986.

10. Edwin Amenta, Theda Scocpol, "Taking Exception：Explaining the Distinctiveness of American Public Policies in the Last Century", In：F.G.Castles, *The Comparative History of Public Policy*，New York：Oxford University Press，1989.

11. Frank Baumgarter, Bryan Jones, *Agendas and Instability in American Politics*，Chicago：University of Chicago，1993.

12. 库恩的范式概念本身并不确定如一。英国学者玛格丽特·马斯特曼（Margaret-Masterman）在《范式的本质》一文中对库恩的范式观做了系统考察。她从《科学革命的结构》一书中列举了库恩使用的 21 种不同含义的范式，将其概括为三类：第一类是作为一种信念、一种形而上学的思辨，它是哲学范式或元范式；第二类是作为一种科学习惯、一种学术传统、一个具体的科学成就，它是社会学范式；第三类是作为一种依靠本身成功示范的工具、一个解答疑难的方法、一个用来类比的图像，它是人工范式或构造范式。参见〔英〕玛格丽特·马斯特曼：《范式的本质》，参见〔英〕伊·拉卡托斯：《批判与知识的增长》，桂冠图书股份有限公司1994年版。

13. 〔美〕托马斯·库恩：《科学革命的结构》，北京大学出版社2003年版，第156—188页。

14. 〔英〕伊·拉卡托斯：《科学研究纲领方法论》，上海译文出版社1986年版。

15. 〔英〕伊·拉卡托斯：《科学研究纲领方法论》，上海译文出版社1986年版，第66—68页。

16. 同上书。

17. 〔美〕彼得·霍尔：《政策范式、社会学习和国家：以英国经济政策的制定为例》，参见岳经纶等：《中国公共政策评论（第一卷）》，上海人民出版社2007年版，第7—8页。

18. Hugh Heclo, *Modern Social Politicsin Britain and Sweden*, New Haven：Yale University Press，1974，pp.305—306.

19. 〔美〕彼得·霍尔：《政策范式、社会学习和国家：以英国经济政策的制定为例》，参见岳经纶等：《中国公共政策评论（第一卷）》，上海人民出版社2007年版，第7页。

20. Michael Oliver, Hugh Pemberton, *Learning and Change in 20th Century British Economic Policy*, Harvard University，2003，pp.12—13.

21. Peter Hall, "Policy Paradigms, Social Learning and the State", *Comparative Politics*，1993，25(3)，pp.275—296.

22. Peter Hall, "Policy Paradigms, Social Learning and the State", *Comparative Politics*，1993，25(3)，pp.275—296.

23. Ibid.

24. 朱亚鹏：《住房问题与住房政策的范式转移》，参见岳经纶等：《中国公共政策评论（第一卷）》，上海人民出版社2007年版，第63页。

25. Peter Hall, "Policy Paradigms, Social Learning and the State", *Comparative Politics*，1993，25(3)，p.279.

26. 元政策是用以指导和规范政策行为的一整套理念和方法的总称。它相对于作为有关机构团体和个人的行动准则或指南的一般公共政策，是指规范和引导政策制定行为本身的准则和指南。它是关于政策的政策，其功能在于保障各项子政策遵循同一套理念，谋求实现统一的政策目标。

27. 基本政策是用以指导具体政策的战略安排，它主要确定具体政策应采取的态度，依据的假设和遵循的指导原则。

28. 具体政策是为了解决具体问题而提供的行动准则，属于战术或策略安排。

29. Peter Hall, "Policy Paradigms, Social Learning and the State", *Comparative Politics*，1993，25(3).

30. 〔美〕保罗·萨巴蒂斯等：《政策变迁与学习：一种倡议联盟的途径》，北京大学出版社2011年版，第18页。

31. 罗必良：《制度经济学》，山西经济出版社2005年版，第131页。

32. 张毅强：《风险感知、社会学习与范式转移》，复旦大学出版社2011年版，第64页。

33. 〔美〕戴维·菲尼：《制度安排的需求与供给》，参见奥斯特罗姆：《制度分析与发展的反思》，商务印书馆2001年版，第122—158页。

34. 〔英〕弗里德里希·哈耶克：《法律、立法与自由》，中国大百科全书出版社2000年版。

35. 〔美〕道格拉斯·诺斯：《制度、制度变迁与经济绩效》，上海三联书店1994年版。

36. ［韩］吴锡泓等：《政策学的主要理论》，复旦大学出版社 2005 年版，第 337 页。

37. ［美］约翰·金登：《议程、备选方案与公共政策》，中国人民大学出版社 2004 年版。

38. 同上书，第 142 页。

39. 同上书，第 180 页。

40. 杨冠琼：《公共政策学》，北京师范大学出版社 2009 年版，第 140 页。

41. ［美］小约瑟夫·斯图尔特等：《公共政策导论》，中国人民大学出版社 2011 年版，第 64 页。

42. ［美］约翰·金登：《议程、备选方案与公共政策》，中国人民大学出版社 2004 年版，第 181 页。

43. ［美］肯尼斯·赫文等：《社会科学研究的思维要素》，重庆大学出版社 2008 年版，第 3 页。

44. 同上书，第 14 页。

45. 方雷等：《政治科学研究方法概论》，北京大学出版社 2011 年版，第 49—50 页。

46. Nikolaos Zahariadis, Christopher Allen, "Ideals, Networks and Policy Stream: Privatization in Britain and Germany", *Policy Studies Review*, 1995(14), pp.71—98.

47. 赵德余：《政治制定的逻辑》，上海人民出版社 2010 年版，第 177—179 页。

48. 任峰、朱旭峰：《转型期中国公共意识形态政策的议程设置：以高校思政教育十六号文件为例》，《开放时代》，2010 年第 6 期。

49. 苏力：《法治及其本土资源》，中国政法大学出版社 1996 年版，第 18 页。

50. 陈玲：《制度、精英与共识》，清华大学出版社 2011 年版，第 33 页。

51. ［美］小约瑟夫·斯图尔特等：《公共政策导论》，中国人民大学出版社 2011 年版，第 64 页。

52. 按照王浦劬的观点，政治现象在逻辑结构上分为政治关系、政治体系和政治文化（思潮）等。笔者据此受到启发，参见王浦劬：《政治学基础》，北京大学出版社 2006 年版，第 6 页。

53. ［美］约翰·金登：《议程、备选方案与公共政策》，中国人民大学出版社 2004 年版，第 180 页。

54. 胡伟：《政府过程》，浙江人民出版社 1998 年版，第 124—130 页。

55. 陈玲：《制度、精英与共识》，清华大学出版社 2011 年版，第 34—35 页。

56. 由于政府与党的关系、人大关系、政协关系不在本书分析范围，为了防止变量过多，在研究中不细分政府、党、人大、政协、民主党派等因素，总称其为政治精英和知识精英。

57. 岳经纶：《中国发展概念的再定义》，参见岳经纶等：《中国公共政策评论（第一卷）》，上海人民出版社 2007 年版，第 51 页。

58. Michael Oliver, Hugh Pemberton, *Learning and Change in 20th Century British Economic Policy*, Harvard University, 2003, pp.12—13.

59. 在第一章与第二章中提到，在公共行政学中，对监管的理解存在不同的层面。宏观层面的监管，往往是作为政府职能的形式出现；微观层面的监管，一般是作为政策工具而使用；中观层面的监管是一种公共政策的形式。本研究使用的是中观层面对监管的理解，认为监管是政府依据法律、法规，管理和控制各类微观市场主体，以纠正市场失灵的政策活动。按照这个概念，监管权行使的根本目标是为了纠正市场失灵。此目标是监管与计划经济体制下政府经济管理的分水岭。监管以市场机制为前提，是对市场机制的补充和完善。而计划经济体制下政府的经济管理则不顾市场规律，否定市场，强调指令性计划，政府同时兼有市场主体的所有者、经营者、管理者和分配者等多重角色。1992 年

10 月党十四大正式确定建立社会主义市场经济改革的目标，市场体制逐渐建立。理论上计划经济与市场经济泾渭分明，但现实中，从计划经济到市场经济有过相对长时间的摸索和过渡的时期，在这个时期内计划和市场因素混合在一起，此时，我国的食品卫生监管处于"混合型体制"。所以，从这个角度而言，监管权存在，但是处于一种模糊、混合的状态。据此，本研究中食品安全监管权配置的时间范围涵盖了 1979—1992 年的从计划经济到市场经济的过渡时期。

60. 林尚立：《当代中国政治形态研究》天津人民出版社 2000 年版，第 367 页。

61. 1980 年当时国务院体制改革办公室负责人薛暮桥就主张，把改革重点放到"物价管理体制改革"和"流通渠道改革"方面，逐步取消行政定价制度，建立起商品市场和金融市场。吴敬琏认为，薛暮桥意见的实质是主张建立以市场为基础的经济体系。参见吴敬琏：《当代中国经济改革》，上海远东出版社 2004 年版，第 59 页。

62. 从计划经济过渡到市场经济是经济体制的一种彻底转型，现在看来，这个转型过程大致是这样的：首先，将市场机制部分引入到大一统的计划经济体制内来，在其内部培育出一个新的市场机制生长点。然后，随着它的成长壮大，逐渐成为与计划经济并立的另一极，从而使计划经济与市场经济"双轨"并存、共同调节经济运行。最后，市场经济体制取代计划经济体制，占据调节国民经济运行的主导地位，经济转型宣告完成。参见韩琪：《中国经济论纲》，中国对外经济贸易出版社 2005 年版，第 40 页。

63. 吴林海等：《中国食品安全发展报告 2012》，北京大学出版社 2012 年版，第 188 页。

64. 马骏等：《中国行政国家六十年：历史与未来》，格致出版社 2012 年版，第 251—252 页。

65. 陈雪珠：《徐汇区 30 年（1960～1989）食物中毒分析》，《上海卫生防疫》，1990 年，第 233—235 页。

66. 江苏省《1974—1976 年食物中毒分析》，《国内医学文摘》，1979 年，第 178 页。

67. 李迎月等：《1970—1999 年广州市食物中毒情况分析》，《广东卫生防疫》，2001 年第 2 期，第 73—75 页。

68. 1982 年《食品卫生法（试行）》第三十一条。

69. 恩格尔系数（engel's coefficient）是食品支出总额占个人消费支出总额的比重。19 世纪德国统计学家恩格尔根据统计资料，对消费结构的变化得出一个规律：一个家庭收入越少，家庭收入中（或总支出中）用来购买食物的支出所占的比例就越大，随着家庭收入的增加，家庭收入中（或总支出中）用来购买食物的支出比例则会下降。推而广之，一个国家越穷，每个国民的平均收入中（或平均支出中）用于购买食物的支出所占比例就越大，随着国家的富裕，这个比例呈下降趋势。

70. 不过，农村居民的恩格尔系数比城镇居民要高，2000 年达到 43% 左右，属于小康阶段。

71. 魏益民等：《中国食品安全控制研究》，科学出版社 2008 年版，第 62 页。

72. 以下数据根据国家统计局编制的《中国统计年鉴》（1997—2012 年）整理。

73. 卢凌霄等：《中国蔬菜产地集中的影响因素分析》，《财贸经济》，2010 年第 6 期，第 113—120 页。

74. 颜海娜：《食品安全监管部门间关系研究》，中国社会科学出版社 2010 年版，第 3 页。

75. [美]约翰·金登：《议程、备选方案与公共政策》，中国人民大学出版社 2004 年版，第 114 页。

76.《阜阳劣质奶粉事件》，http://baike.baidu.com/link?url=RjIo8xnK2QS9CZzjasFv3qrqglJ6NEh9cau7wrivALP4Jvjiv1vZgU9AU8sn41xfu_L_dYTUE4GmJPcrwt_8zK。

77.《一个父亲拷问执法部门》，http://news.sina.com.cn/c/2004-04-29/10503176256.shtml.

78. ［美］小约瑟夫·斯图尔特等:《公共政策导论》，中国人民大学出版社 2011 年版，第 64 页。

79. 按照王浦劬的观点，政治现象在逻辑结构上分为政治关系、政治体系和政治文化（思潮）等几部分。作者据此受到启发，参见王浦劬:《政治学基础》，北京大学出版社 2006 年版，第 6 页。

80. 江泽民:《在中国第十四次全国代表大会上的报告（1992 年 10 月 12 日）,《人民日报》1992 年 10 月 21 日。

81. 参见:《中共中央关于完善社会主义市场经济体制若干问题的决定》，人民出版社 2003 年版。

82. ［美］约翰·金登:《议程、备选方案与公共政策》，中国人民大学出版社 2004 年版,第 180 页。

83. Michael Oliver, Hugh Pemberton, *Learning and Change in 20th Century British Economic Policy*, Harvard University, 2003, pp.12—13.

84. 一般而言，关于每年全国食物中毒事件的统计存在三个比较重要的版本，分别是每年的《全国卫生事业发展情况统计公报》、《中国卫生统计年鉴》和《全国食物中毒报告情况的通报》。前两个来源比较一致，《全国食物中毒报告情况的通报》中的中毒事件、中毒人数和死亡人数的数量比前两个来源要少。本图所使用的数据来源于比较一致的《全国卫生事业发展情况统计公报》（1997—2006 年）和《中国卫生统计年鉴》（1990—2006 年）。比较有意思的是，在研究中，笔者发现一个奇怪的事情:2007 年开始，《中国卫生统计年鉴》不再公布食物中毒的数据。卫生部以每一年的《食物中毒报告情况的通报》作为食物中毒的权威数据。以 2006 年为例，卫生部公布的《2006 年全国食物中毒报告情况的通报》中写明，卫生部通过中国疾病控制中心网络直报系统共收到全国食物中毒报告仅 596 起，又强调报告起数比上年减少 4.03%，这与《2006 年中国卫生统计年鉴》中记载的当年 2 453 件报告数在数据方面呈现极大差距。由此可见，食物中毒统计公布的口径发生了变化，在数据公布方面做了一定的"和谐"。有一些学者也与笔者有同样的怀疑。参见刘鹏:《中国食品安全监管 60 年》，参见马骏等:《中国"行政国家"六十年》，上海人民出版社 2012 年版，第 267 页。为体现科学性，本研究使用 2004—2006 年的数据，依旧采用于 2004 年前一致的、可信度较高的来源《全国卫生事业发展情况统计公报》（1997—2006 年）和《中国卫生统计年鉴》（1990—2006 年）中的数据。

85. ［美］约翰·金登:《议程、备选方案与公共政策》，中国人民大学出版社 2004 年版,第 122—123 页。

86. 岳经纶:《中国发展概念再定义:走向新的政策范式》，参见岳经纶等:《中国公共政策评论（第一卷）》，上海人民出版社 2007 年版，第 56—59 页。

87. 朱亚鹏:《住房问题与住房政策的范式转移》，参见岳经纶等:《中国公共政策评论（第一卷）》，上海人民出版社 2007 年版,第 63 页。

88. Peter Hall, "Policy Paradigms, Social Learning and the State", *Comparative Politics*, 1993, 25(3), pp.275—296.

89. 周天勇:《中国行政体制改革 30 年》，上海人民出版社 2008 年版，第 192 页。

90. ［德］卡尔·马克思等:《马克思恩格斯选集》（第 1 卷），人民出版社 1972 年版，第 603 页。

91. 戴志澄:《中国卫生防疫体系五十年回顾》，《中国预防医学杂志》，2003 年第 4 期,第 241—243 页。

92. 张福瑞:《对卫生防疫职能的再认识》，《中国公共卫生管理杂志》，1991 年第 2

期,第67—69页。

93. 刘鹏:《中国食品安全监管60年:体制变迁与绩效评估》,参见马骏等:《中国"行政国家"六十年》,上海人民出版社2012年版。

94. 吴林海、钱和:《中国食品安全发展报告·2012》,北京大学出版社2012年版,第184—187页。

95. 吴敬琏:《当代中国经济改革》,上海远东出版社2004年版,第61页。

96. 蔡昉:《中国经济转型30年》,社会科学文献出版社2009年版,第22页。

97.《中国农村统计年鉴》,中国统计出版社2002年版。

98. 中华人民共和国农牧渔业部宣传司:《新中国农业的成就和发展道路》,农业出版社1984年版,第23页。

99. 吕律平:《国内食品工业概况》,《经济日报出版社》,1987年版,第76页。

100. 杨理科、徐广涛:《我国食品发展迅速,今年产值跃居工业部门第三位》,《人民日报》1998年11月29日。

101. 张保锋:《中外乳品工业发展概览》,哈尔滨地图出版社2005年版,第67页。

102. 吕律平:《国内食品工业概况》,经济日报出版社1987年版,第76页。

103. 朱光磊:《当代中国政府过程》,天津人民出版社2008年版,第264页。

104.《邓小平文选》(第三卷),人民出版社1993年版,第277页。

105. 周天勇:《中国行政体制改革30年》,上海人民出版社2008年版,第192页。

106. 曹正汉、周杰:《社会风险与地方分权》,《社会学研究》,2013年第1期。

107. 北京市统计局等:《北京食品工业》,北京科技出版社1986年版,第52页。

108. 丁佩珠:《广州市1976—1985年食物中毒情况分析》,《广东卫生防疫》,1988年第4期,第79—80页。

109. 丛黎明等:《浙江省1979—1988年食物中毒情况分析》,《浙江预防科学》,1990年第1期,第5—6页。

110. 1982年《食品卫生法(试行)》第30条。

111.《食品卫生法》,第17条。

112. 同上书,第32条。

113. 同上书,第32条。

114. 同上书,第34条。

115. 同上书,第36条。

116. 同上书,第37条。

117. 1998年9月,国务院批转《国家工商行政管理局工商行政管理体制改革方案》(国发[1998]41号),将工商部门由地方分级管理改为省以下垂直管理。此项改革的主要内容是:省(自治区、直辖市)工商行政管理局仍为省级政府的直属部门,归属省级政府领导和管理;地(市)和县级工商行政管理局则改为上一级工商行政管理局的直属机构,不再归属同级地方政府领导和管理。1999年3月,国务院批转《国家质量技术监督局质量技术监督管理体制改革方案》(国发[1999]8号),将质监部门改为省以下垂直管理,改革内容与工商部门相同。

118.《国务院批转国家药品监督管理局药品监督管理体制改革方案的通知》(国发〔2000〕10号),2000年6月7日。

119. 吴林海、钱和:《中国食品安全发展报告2012》,北京大学出版社2012年版,第191页。

120. 刘志成:《我国的食品卫生监督事业与食品卫生学》,《中国公共卫生学报》,1991年第5期。

121.《吴邦国副总理在全国质量技术监督管理体制改革工作会议上的讲话》,1999

年 3 月 26 日。

122. 刘鹏:《转型中的监管型国家建设》,中国社会科学出版社 2011 年版,第 232—235 页。

123. 同上书,第 237—238 页。

124. 同上书,第 243—249 页。

125. 在本书第五章中谈到,属地化监管和省内监管都属于地方监管模式。

126. 朱光磊:《当代中国政府过程》,天津人民出版社 2008 年版,第 282 页。

127. 参见《国务院关于进一步加强食品安全工作的决定》第三条中的第二款。

128. 统计来源:《易粪相食:中国食品安全状况调查(2004—2011 年)》。其中,主要媒体包括纸媒来源和网络来源,纸媒来源有新华网、《京华时报》《北京晚报》《北京娱乐信报》《广州日报》《南方日报》《北京青年报》《新京报》《北京晨报》《齐鲁晚报》《重庆晚报》等。网络来源包括中国新闻网、新浪、新华网、搜狐、人民网、网易、腾讯、食品伙伴网。参见《易粪相食:中国食品安全状况调查(2004—2011 年)》,http://www.zccw.info/.

129.《易粪相食:中国食品安全状况调查(2004—2011 年)》,http://www.zccw.info/.

130. 刘鹏:《转型中的监管型国家建设》,中国社会科学出版社 2011 年版,第 328 页。

131. 截面研究(cross-sectional study),也叫横向研究、横剖研究,其特点是选择某个特定时间,分析研究对象在该时间点上的状况,关注于共时性下的变量间关系。参见[美]艾尔·巴比:《社会研究方法》,华夏出版社 2009 年版,第 103 页。

132. 纵贯研究(longitudinal study),也叫纵向研究、历时研究,其特点是在不同时间点或较长时间段内对某种社会现象进行观察,关注于历时性下的社会现象的发展过程,描述社会现象之家的相互关系,分析社会现象产生的历史背景和社会条件,探索社会现象的前后联系。相比截面研究,纵贯研究不但可以描述事物变化的过程,而且与截面研究相比,更能解释和他所不同现象之间的相互联系和因果关系。参见[美]艾尔·巴比:《社会研究方法》,华夏出版社 2009 年版,第 104 页。

133. 由于食品安全监管权横向配置属于中央层面,是主导范式,对纵向配置产生决定性影响,监管权横向配置体系整个范式整体面貌,因此食品安全监管权横向配置范式等同于食品安全监管权配置范式。下同。

134. Peter Hall, "Policy Paradigms, Social Learning and the State", *Comparative Politics*, 1993, 25(3), p.279.

135. 1982 年《食品卫生法(试行)》第 31 条。

136. 参见[英]伊·拉卡托斯:《科学研究纲领方法论》,上海译文出版社 1986 年版。

137. [英]伊·拉卡托斯:《科学研究纲领方法论》,上海译文出版社 1986 年版,第 66—68 页。

138. Peter Hall, "Policy Paradigms, Social Learning and the State," *Comparative Politics*, 1993, 25(3).

139. 由于 2013 年食品监管大部制改革,安全管理范式在横向配置上有所修正,但落实到地方还有段时间,措施尚未完全显现,因此比较中的时间范围限定于 2004—2013 年。

140. 风笑天:《社会学研究方法》,中国人民大学出版社 2005 年版,第 5 页。

第七章

结　语

食品安全监管改革是行政体制改革的重要组成部分,2003—2013年的历次国务院机构改革必然涉及食品安全监管问题。[1]因为"食品药品安全是重大的基本民生问题,党中央、国务院高度重视,人民群众高度关切……但实践中食品监管……整体行政效能不高。同时,人民群众对药品的安全性和有效性也提出了更高要求,药品监督管理能力也需要加强。改革完善食品药品监管体制,整合机构和职责,有利于政府职能转变,更好地履行市场监管、社会管理和公共服务职责;有利于理顺部门职责关系,强化和落实监管责任,实现全程无缝监管;有利于形成一体化、广覆盖、专业化、高效率的食品药品监管体系,形成食品药品监管社会共治格局,更好地推动解决关系人民群众切身利益的食品药品安全问题"[2]。在本书中,笔者分析了食品安全监管权横向配置与纵向配置的外在表现、内在逻辑和面临的挑战与争议,并将政策范式理论、制度变迁理论、政策源流理论等众多视角有机结合,形成分析框架,并以此框架考察了食品安全监管权配置横向变迁的进程与纵向变迁的进程,解释食品安全监管权力配置变迁的总体面貌、基本规律和背后的推动因素。依据这些研究成果,从监管权配置角度如何改善中国食品安全监管能力?在现有的食品安全监管权配置格局上如何进一步对食品安全监管体制加以完善?这是本章首先要解决的问题;其次,本章要对研究进行回顾与总结。

笔者从边缘层的"食品安全监管权的具体配置"、中间层的"食品安全监管权属性的定位"、核心层的"食品安全监管的总体目标"这三个层面提出一些想法与建议。

第一节　具体配置:构建高效合理的机制

（1）食品安全监管权具体配置的横向维度。

从食品安全监管权具体配置的横向维度来看,2013 年国务院机构改革方案对监管权配置进行整合和统一,组建国家食药监总局,建立大部制。此配置的目的是希望在职责界定方面,统一监管领域的重要环节,消解职能交叉和重复;在利益关系方面,打破部门壁垒和本位主义;在组织结构方面改变"碎片化"局面,减少协调与合作的成本;在约束机制方面,促进规范化约束,以权威带动监管效率的提高。这种整合型监管模式是对以往监管权分散配置模式中集体行动的困境的突破,有利于政府职能的转变,理顺部门职能关系,强化和落实监管责任,有利于形成一体化、广覆盖、专业化、高效率的食品监管体系。[3]也符合世界各国食品安全监管权配置变革的趋势。以其他国家食品安全监管的历史发展来看,监管权的配置也呈现从分散到统一的趋势。1995 年之前,丹麦的食品安全监管权横向配置分散于农业部、渔业部和食品部三个部门,三大部门下设一些代理机构,还有 200 多个服务单位,形成庞大的管理体系。这种监管权分割的状况使得一些领域内出现了职责重复设置,而另一些领域又出现管理真空。其结果是一度出现各部门监管中冲突不断,监管效率低下,资源利用效率低下,食品安全出现了一系列问题。1995 年丹麦政府启动改革,将监管权由分散模式向整合模式转型,构建食品、农业和渔业部,统一行使监管权,以提高监管效率。[4]加拿大的食品安全监管权原分散于农业部、渔业海洋部、卫生部和工业部等部门,分散的体制同样带来职能冲突和效率低下,1997 年加拿大议会通过《加拿大食品监督署法》,开始食品监管权配置改革,将监管权集中于大食品监督署,负责统一监管,真正实现"从农田到餐桌"的全程管理。[5]德国的食品监管权也由环境、食品和农村事务部承担。[6]

通过食药监大部制将监管权配置加以整合,并非终点而是一个开始,大部制后的食药监总局依旧面临众多挑战。以英国为例,尽管早在2000 年 4 月就成立食品标准局,其最初意图是负责"从农田到餐桌"的整个食品链的全部监管,但由于关系未理顺,改革并未到位。[7]因此,一方面,必须在食药监部门内部进一步进行治理结构的创新与优化。治理结构是指组织的各利益相关者在决策、执行、监督过程中共同参与而形成的体制安排,以界定组织内部不同主体间的权责分配。因此,在食药监大部制内部需按照决策、执行和监督分离的原则,建立权责分明、互动互利、运转协调的治理结构和运作机制,在部内集中发挥决策职能,细化和具体落实执行责任,强化监督机制,以确保"决策科学民主、执行规范高效、监督到位有力"。有学者提出,应该进一步采取决策与执行相对分离的创新[8],包括:使部门的政策性、综合性内设机构以决策为主,主要负责政策制定和协调;使执行性、专业性的内设机构与部门相对分离,专门负责政策执行;部门下属或直属机构,保持相对独立性,作为部门执行机构。是否将药监部门中的执行事务为主的内设机构转为相对独立的执行机构,需要根据实际情况,作进一步探索。另一方面,依旧要理顺与其他部门间在食品安全监管领域的权责关系,建立有效的协调机制。即使大部制其依旧有边界。食药监总局虽然整合了食品生产加工环节和流通环节的监管权,但食品产业链复杂、繁琐、综合,食药监总局的监管权依旧存在边界,面临着与农业部、国家卫生和计划生育委员会、国家质量监督检验检疫总局、国家工商行政管理总局、商务部、公安部等部门的协调问题,因此依旧需要理顺与这些部门之间的责权关系,界定职责范围,建立起健全高效的协调机制,以有效沟通,信息共享,形成工作合力。

(2)食品安全监管权具体配置的纵向维度。

在食品安全监管权具体配置的纵向维度,现阶段采取的是地方政府分级管理的属地化模式,以贯彻"地方政府负总责"[9]的原则。对于这种监管权配置方式,批评之声不绝于耳,其焦点集中在此模式基于委托—代理难题而产生的种种弊端,包括:监管激励不足、信息不对称致使属地化监管中机会主义的形成;代理人双重角色的干扰;监管能力不平衡和面对跨区域食品问题的监管碎片化等。有一些学者提出应将监管权纵向配置的改革方向从属地化模式转向垂直模式。其理由是:一方面,垂直化监管通过将地方政府某些机构中的人、财、物划归上级部门,有利于保持政令统一、畅通,使得政府过程高效快捷,有利于营造公正、公平和竞争的发展环境;另一方面,中央政府自上而下直接介入食品安全问题治理,可以克服地方政府在监管领域的机会主义,突破地方保护主义和监管合谋带来的监管实效,并有利于增强跨地区食品问题监管上的协调,因而总体上解决食品安全监管方面的委托—代理难题,大幅度改善食品安全频发的现状。但与此同时,垂直化监管也并非一剂包治百病、立竿见影的良药,它自身也会带来一些问题,比如:垂直化监管虽然消解了地方政府的影响,但同时却强化了部门利益;垂直化监管若未构建与地方政府之间科学、规范、畅通的合作机制,得不到地方政府配合和支持,会影响监管效果;垂直化监管使地方权力与责任不对称问题更突出,影响地方政府积极性和独立性;垂直化监管机构与地方政府有较多利害关系,无法避免地方政府的干扰,甚至会被"俘获"。对于这两方面都存在争议的两难问题如何解决? 是继续保持属地化模式还是改革为垂直化监管?

他山之石,可以攻玉。笔者通过研究其他国家的监管权纵向配置的形式,希望从中得到启发。在丹麦、加拿大、德国、美国、荷兰、韩国、法国、英国、日本共9个国家中,既包括法国、日本在内单一制国家,也包括美国、德国在内的联邦制国家,在它们的监管权纵向配置模式中,完全采取垂直化监管模式的只有丹麦一国,其将全国划分为11个区域,每个区域设立食品、农业和渔业部的地方管理站进行垂直监管。但丹麦实现垂直监管有其特殊性,首先,它是一个小国,面积4.3万平方公里,仅比我国的台湾稍大些;其次,人口比较集中,全国524.8万人口中近四分之一,即134万人口居住在首都根本哈根;第三,丹麦的食物结构相对单一,以鱼类和肉类为主,食品产业相对集中,主要集中在渔业与畜牧业,其中捕鱼量占欧盟三分之一,畜牧产品近三分之二出口。这些特殊性决定丹麦垂直监管模式并不具备很强的借鉴作用。在这9国中,完全采取属地监管是德国、英国和日本。日本比较特殊,其中央监管机构主要负责进口食品的监管,而其食品的60%以上来自进口,因此地方政府属地化监管任务非常有限;其他两个国家采取属地化或与其联邦制下中央地方政府分工有关或者与其地方自治传统有关。其中,德国食品安全监管权纵向配置中,联邦政府只是负责立法和协调,监管权主要由地方政府行使,但其基础是联邦制政治制度。[10]在英国,中央政府承担食品安全监管的立法,地方政府负责食品安全监管权的行使。地方监管机构分为两层,一是郡或地方,二是区,加起来共 295个单位。除此之外,还有 36 个大都市区、33 个伦敦自治区和 50 个单立的管理当局。这些地方监管当局履行《1990 年食品法》规定的职责,其余的职责由郡或区议会承担。这种属地化监管与其长期以来积淀深厚的地方自治的传统有关。这 9 国中,加拿大、美国、荷兰、法国、韩国五国采取协作监管的形式,即地方政府负责本地区食品安全的监管,中央政府负责涉及全国范围的或基于外部性而溢出形成跨区域的食品安全问题的监管。同时,对于共管事务,中央监管机构与地方监管机构积极协作。以美国为例,各州对本州餐饮、食品零售业等监管的基础上,对于跨州性的食品生产销售,采取联邦政府与地方协作的形式。美国中央监管机构为了开展监管工作,在美国各地区设置了联邦监管督察机构,构成覆盖全美国的监管系统。[11]这一套监管系统分四个层级:设在华盛顿的监管事务办公室总部(ORA)、设在各大区域的大区监管办公室(regional office)、设在大区内主要城市的地区办公室(district office),以及设在地区内各个重要城市的监管员常驻工作站(supervisor)。[12]

表 7.1　9 个国家食品监管权横向与纵向配置比较

纵向配置 ＼ 横向配置	整合模式	分散模式
垂直监管	丹麦	无
协作监管	加拿大	美国、荷兰、韩国、法国
属地监管	德国	英国、日本

资料来源:作者自制。

相比完全垂直或完全属地而言,协作监管模式既能发挥地方积极性,又能加强中央监管部门的掌控力,对地方形成一定形式的监督和制约,同时对跨区域的食品安全问题与地方进行有效协作。由此可见,我国食品安全监管权纵向配置层面,短期内可以依照国土资源管理与督察和环保执法督察的形式建立协作型监管机构,按区域派出,对地方政府在食品安全监管领域的活动进行督察,对监管中发现的问题,由派驻地的食品督察派出机构向其督察范围内的相关省级和计划单列市人民政府提出整改意见,在此基础上达到监管效率与地方积极性之间平衡。

与此同时,我们还要看到问题的另外一面,正如我们前文谈到的,有时候地方政府不能履行职责源于地方政治生态失衡[13]。对此,周天勇认为:"本来应该地方人大、法律、新闻、公民诉讼、社会组等机制来解决的假冒伪劣、食品安全、生态环境等问题,由于没有发挥这些机制的作用而发生问题,就由中央管起来。于是事无巨细,中央管了地方的事务。这样各行各业都发生问题,不从地方人大、法律、新闻、社会组织、公民诉讼等机制考虑出路,而是每一个行业都要受到中央管理,最后把地方政府的完整性给肢解了。中央最终也是管不了,管不好。"[14]的确如此。试想,如果有一天,一个地方政府监管食品安全问题不力导致食品安全事故频发,这个地方的群众监督和舆论监督足以形成强大的压力,这个地方的人大机关也敢于对政府提起质询或罢免程序,那么新一届的政府机关还会忽视食品安全监管吗! 因此,从长远来看,"更重要的是推动地方民主选举和基层自治进程,促使地方政府更多地为当地居民的福祉负责"[15],通过合理的机制,使地方政府真正意义上向当地人民负总责,而不是对中央或上级领导负总责,这可能是解决属地监管困境的一把钥匙。

第二节 监管权属性定位:保持独立性与可控性的平衡

食品安全监管权是实现总体目标的合法性基础、重要工具和监管效力的根本保证。在横向维度的监管权属性定位层面,如前文所述,我国食品安全监管权属性定位经历了一个从混合型监管权到从属型监管权,直至独立型监管权的变迁过程。2013 年国务院机构改革后构建的食药监总局的大部制形式从某种程度上构建了独立型监管权。在这种权力属性定位中,监管权相对独立于其他行政权,并拥有一定程度的自主权。这意味着我国食品安全领域的监管依据有某种形式的独立性，表现在设置上监管机构已相对独立于政府其他行政部门，以保证监管权的行使不受其他因素影响和干涉。李瑞昌曾在《政府间网络治理》一书中谈到，环保相关职能部门职能的内在冲突，即环保监管权分散配置于建设部、林业局、水利部、气象局、国土资源部、交通部、卫生部、科技部、海洋局等部门，但同时这些部门还拥有其他行政职能，有时候这些部门为了选择一些可以获利的审批性职能而放弃监控性职能。[16]从某种意义而言，这种部门职能的内在冲突的背后其实就是监管权与其他行政权的冲突。在分散型监管模式时期，食品安全监管领域也不例外，卫生部门、农业部门、质检部门、工商部门所拥有的行政权有时与食品安全监管权之间产生冲突，对监管行为形成一定程度干扰。从这个角度看，独立性监管权的形成有利于摆脱这些干扰，提高监管效率。但是，这种独立性的保证，不仅仅只是机构整合这么简单，必须要使行使监管权的主体具有明确的法律地位以确保自行处理监管活动，确保监管事务不受包括国家机关在内的其他因素的影响。[17]

首先，作为强制力源泉的监管权的合法性基础在于法律授权。按照行政法的解释，这种授权是指通过法定方式将行政职权的一部分或全部授予某个组织的法律行为。[18]其次，监管权及其运作必须具有合法性，即依法监管。具体而言，监管权必须基于法律授权才能存在，监管权的行使必须依据法律。因此，只是以《国务院机构改革和职能改变方案》、国务院办公厅《关于印发国家食品药品监督管理总局主要职责内设机构和人员编制规定的通知》、国务院《关于地方改革完善食品药品监督管理体制的指导意见》等确定的机构整合已难以保证食品监管机构的独立性，必须进一步通过法律的形式确定食品监管机构的法律主体地位，确保其监管权的独立地位，并提供一个保障监管权运作的基础性法律框架。

监管权的定位是独立性与可控性的平衡，因此，在保证监管权不受其他行政权力干扰、保持独立性的同时，也必须强化责任机制，形成一定程度的监督制约机制。食药监总局随着监管权整合的完成，与其他大部制改革一样，相比传统体制下的部门，权力有很大增长。如果这些权力协调运用恰当,会提高监管效能,促进公共利益的实现;如果缺乏制约就会损害公共利益,原国家药监局局长郑筱萸专断弄权、贪污腐败案就是典型的例子。这些约束机制包括以下两个方面:

第一个方面是内部约束机制:(1)确立保证其责任机制有效实施的规则和标准,使之成为规范行政活动的标尺;(2)确立权责一致和分工负责的原则,贯彻首长负责制和工作责任制;(3)借助绩效管理、目标管理等手段为责任机制的运作提供支持。

第二个方面是外部约束机制,主要是法治原则对监管权的控制,其中包括:

(1)监管权及其运作必须具有合法性,即依法监管。具体而言,监管权必须基于法律授权才能存在,监管权的行使必须依据法律。监管机构通过授权获得监管权,但此权力的运作须有一定限制。首先,它是一种从属权力,受授权法的制约[19];其次,法律授权时也规定了行使权力的标准和限度;再次,立法机关对监管权的行使具有否决权;最后,司法机关也可以通过事后审查的方式与立法机关事前审查的方式互相补充,共同对监管权进行制约。这种审查包括:审查立法机关对监管机构授权是否违宪;依据行政相对人的起诉裁判监管机构的监管行为是否合法;审查监管法规和监管裁判是否合法;等等。

(2)监管权的行使必须具有公开性。即除了法律明确规定的豁免情况之外[20],监管活动须对社会公开。这是行政公开原则在监管权领域的体现。行政公开是公民民主参与管理,监督行政机关及其工作人员,防止行政权力滥用,维护自身权力不受非法侵犯的前提。监管权的行使也不例外,其公开性主要体现在监管的过程、监管法规制定、监管裁判的公开方面。首先,监管的过程必须开放、透明和可预测。其次,监管法规的制定应该与其他公共政策的制定一样,公民有正当参与和影响的途径。因为"根据现代公共决策理念,在监管的过程中,不应将公众视为监管对象,而应该视为共同参与决策的合作伙伴,应该更加关注大部分民众的利益,或者扩大监管行政的社会代表性"[21]。再次,监管裁决必须公开。监管裁决大多是对监管对象行为的禁止和权利的剥夺,因此法律通常会对其规定严格的保护和程序性要求。

在监管权的定位中,独立性与可控性是互相矛盾的两个方面。监管权的独立性表现在设置上,监管机构独立于政府其他行政部门,监管权的行使不受其他因素影响和干涉;可控性主要通过法治原则加以实现,体现在监管依法、监管自律和监管公开。两者如何保持其平衡,至关重要。

在横向维度的食品安全监管权配置逐渐从从属走向独立,纵向维度依旧是从属型监管,即监管权已在一定程度上与其他行政权分离,但从属于地方政府,并无自主性和独立性。长期以来,在中央对地方采用行政逐级发包和政治竞标赛模式的激励机制下[22],中央政府考评地方政府政绩主要侧重于其任期内当地经济发展水平,主要指标是 GDP 的增长速度。相对 GDP 等可被统计的指标来说,在信息不对称情况下,政府很难有效观察到地方政府是否努力执行食品安全监管职责;地方政府要想在其任期内政绩突出,必须重视 GDP 增长,由此地方政府的其他行政职能与其所承担的食品安全监管职能形成冲突。因此,相对横向维度、中央层面的监管权属性定位走向独立的现状,在纵向维度上,监管权属性定位的厘清与中央地方关系中的激励机制、中央与地方的事权划分、政府管理与地方政府规模结构的关系、如何认识地方政府的特殊利益等众多因素相关,其关系理顺过程必然融合于行政体制改革的过程之中,道路漫长。

第三节　监管总体目标:实现食品安全管理向食品安全治理的转型

食品安全监管的总体目标背后蕴含着决定食品安全监管政策的基本的价值观,同时决定着纵向配置与横向配置,并相对稳定。改革开放之后,监管的总体目标经历了从卫生监督范式到安全管理范式两个阶段。相比卫生监督观,现阶段的安全管理观将对食品问题的关注点延伸到整个食品产业链,同时与生存权紧密相连,体现了食品问题背后的政治内涵,即无论是发达国家还是发展中国家,维护食品安全都体现了政府对社会民众最基本的责任,是政府必需的承诺,也是从某种程度体现了一个国家政府执政水平的高低。

社会经济的发展、社会公众的新的需求不断推动着作为监管总体目标和基本理念的"安全管理观"的拓展,其中有两个重要因素将逐渐注入食品安全监管权配置范式的核心层。

(1)优质监管的理念。

第一个重要因素是优质监管理念。最早提出优质监管理念的是经济合作与发展组织(OECD),在其 1997 年的监管改革综合报告中,结合各成员国监管改革的实践,总结了一系列提高政府监管能力、优化监管治理的标准,并通过一套名为"监管影响评估"(Regulatory Impact Assessment)的评估体系来对各成员国提供指导(见表 7.2)。

表 7.2　OECD 国家关于增强监管能力、优化监管质量的良好规范

建立一套监管的管理系统	在最高的政治层面上正式通过监管改革政策; 为监管政策制定确立一套明确的标准体系; 强化监管能力建设
优化新型监管的质量	科学评估监管政策的影响; 与受影响的相关利益体进行协调; 运用一些替代性的监管方式; 提高监管的协调能力
提升既有监管体系的质量	评估和革新已有监管体系; 减少文牍主义、形式主义

资料来源:OECD, The OECD Report on Regulatory Reform:Synthesis。

此外,以奉行自由经济著称的世界银行也根据各国实践,对监管质量提出自己的标准,制定了一套"监管质量指数"。英国政府将"优质监管"称为"理性监管"或"善的监管",对其内涵提出一个简洁的指导性纲要,将其标准概括为十点[23]:(1)确定议题,确保监管与问题成比例;(2)尽量简单,以目的为基础的监管;(3)为将来预留灵活性,设定监管发展的总体性目标而非具体方式;(4)尽量简短;(5)预测对竞争及贸易的影响;(6)最小化合规成本;(7)与先前的监管相结合;(8)确保监管得到有效实施与规范;(9)确保监管的实施效力能够得到评估;(10)允许充足的时间。

综合不同的关于优质监管的标准和各国的监管历史,可以发现各国的监管实践都经历一个由监管体系初步建立到实现优质监管(high-quality regulation)的过程。[24]前一阶段的主要目标在于确立监管者与监管对象在体制上的分离,明确监管者监管权力的法律来源,建立监管行为的基本法律基础,规范监管权力的统一行使,为监管部门配备基本的监管资源等;而后一阶段的主要目标在于强化监管者的行政和产业独立性,界定各级政府在监管中的分工协作关系,建立对监管权监督和制约的权力制衡体系以及优化监管基础设施建设等。对照这些标准,我国食品安全监管体系建设中第一阶段有一些目标尚未完成,距离真正意义上的优质监管的目标还任重道远。"优质监管"理念的融入将推动食品安全监管建设的发展。

(2)治理的理念。

第二个重要因素是治理的理念。与"食品安全管理"作为一个政治概念不同,"食品安全治理"属于一个社会概念,它来源于治理理论。罗西瑙(James Rosenau)在其代表作《没有政府的治理》和《21世纪的治理》中将治理定义为:"一系列活动领域里的管理机制,它们虽未得到正式授权,却能有效发挥作用。与统治不同,治理指的是一种由共同的目标支持的活动,这些管理活动的主体未必是政府,也无需依靠国家的强制力量来实现。换句话说,与统治相比,治理是一种内涵更为丰富的现象。它既包括政府机制,同时也包含非正式、非政府的机制。"[25]格里·斯托克(Gerry Stoker)根据对各种治理概念的梳理,提出治理的五个视角:(1)治理指出自政府但又不限于政府的一套社会公共机构和行为者;(2)治理明确指出在为社会和经济问题寻求解决方案的过程中存在着界限和责任方面的模糊之点;(3)治理明确肯定了在涉及集体行为的各个社会公共机构之间存在着权力的依赖;(4)治理指行为者网络的自主治理;(5)治理认为,办好事情的能力不仅仅限于政府的权力,不在于政府下命令或运用其权威。[26]在所有定义中,联合国全球治理委员会在《我们的全球伙伴关系》(1995)的报告中,对治理的界定具有权威性和代表性,其认为治理是:"各种公共的或私人的机构管理其共同事务的诸多方式的总和,是使相互冲突或不同的利益得以调和并且采取联合行动的持续的过程。这既包括有权迫使人们服从的正式制度和规则,也包括各种同意或认为符合其利益的非正式的制度安排。"[27]

　　食品安全治理与食品安全管理存在着很大的区别。首先,主体不同。食品安全管理的主体是作为社会公共权威的政府。治理虽需要权威,但这权威并非一定是政府。治理的主体强调其多元性,可以是公共机构,也可以是私人机构,甚至是公私机构的合作,建立消费者为核心的参与体制,引导消费者组织与行业组织,提倡公众对食品安全监管从决策、实施到监管的全过程的监督和参与。其次,在权力运行过程中的向度不同。在管理的指导下,权力依循自上而下的方向运作,监管部门依据自身的权威,发号施令,制定和实施监管政策,对社会公共事务实行单一向度的管理。而食品安全治理主要通过合作、沟通、协调等方式实施管理,其向度是一个上下互动的过程。建立消费者、行业组织、企业及监管部门的上情下达、下情上达的交流沟通机制,必要时给予一定的财力、物力支持。

　　只有将"优质监管"与"治理"理念逐步注入监管目标的价值体系中,才能不断推动监管能力的提高,实现"食品安全管理"范式向"食品安全治理"范式的转型。

表 7.3　食品安全监管权配置范式转型

监管权配置范式	卫生监督范式	安全管理范式	安全治理范式
问题界定	食品问题是一种卫生问题,局限在消费环节	食品问题是一种安全问题,涉及食品产业链的全过程	食品问题不仅是安全问题,更是一个治理问题,不仅是食品产业的问题,更涉及全社会的共同努力
监管总体目标	卫生监督:提高食品质量,防止食品污染,预防食品中有害因素引起食物中毒、肠道传染病和其他疾病	安全监管:保证食品安全,保障公众身体健康和生命安全,其背后蕴含的基本的价值观是,"以人为本、执政为民的思想,全面履行人民政府的职责"	安全治理:保证食品安全,保障公众身体健康和生命安全,在多元化监管主体、多样化监管手段、多渠道的合作、协调机制基础上进行的社会性治理
学科视野	医学领域	多学科综合,升华为以"政府责任"为核心的政治性问题	多学科综合、多主体综合、多手段综合、多渠道综合,不仅仅是政治问题,而是升华为"社会治理"为核心的社会性问题

第四节 研 究 回 顾

研究始于问题。在社会科学研究中,研究者可以根据个人的偏好来选择研究问题,但这并不意味着研究者可以随心所欲地提出问题。加里·金认为,社会科学研究中所提出的问题应该满足两个标准:第一,研究议程应该提出一个现实世界中的重要问题,即对理解政治、社会或经济生活,对理解显著影响众人生活的事务,或对理解和预测可能产生有害或有益影响的事件而言,该问题应该具有重要的意义。第二,研究方案应该致力于提供关于世界某些方面的可检验的科学解释,通过提高我们集体能力的方式来为某个特定的学术领域做出自己的贡献。[28]

从第一条标准来看,食品安全监管权配置的问题具有重要意义。监管权配置的合理性和科学性直接影响到作为监管对象的食品安全水平。以食品安全监管权横向配置为例,2004—2013 年间采取的分段监管模式一定程度上既有职能重复交叉的地方,又有职能空白的真空地带,使得食品安全监管部门之间合作困难、职责不清,被许多学者认为是导致监管效率低下的主要原因。在食品安全监管权纵向配置方面,"地方政府负总责"属地化监管模式却因为"地方政府长期以增加 GDP为工作重心,食品安全往往为地方招商引资和经济发展让路,食品安全监管工作落实不到实处"[29],"地方保护主义和监管合谋现象是造成大规模食品生产企业生产不安全食品的关键原因"[30]。由此可见,从理论角度对食品安全监管权配置进行系统考察和研究可以为监管体制的完善和监管水平的提高提供整体性的指导。

从第二条标准来看,对食品安全监管权配置问题的研究,国内学术界尚处于起步阶段,存在很多空白点,缺乏系统的分析框架,也没有合理的解释路径。本书力求在这方面有所开拓。首先,在对监管权的概念、分类与特征全面考察的基础上,揭示监管权配置的内涵与依据。其次,着力于对食品安全问题本身与中国食品安全制度进行背景性的勾勒,分析食品安全问题的成因与基本性质,梳理中国食品安全问题的历史与现状,介绍中国食品安全监管的制度构架,从而形成了理解中国食品安全问题和监管制度的一幅全景式图案。第三,从食品安全监管权配置的纵向和横向两个维度,介绍了监管权配置的外在表现,探讨其内容、主要职能和具体机构设置,揭示现阶段食品安全监管权横向配置和纵向配置设计的内在逻辑,指出其面临的挑战和争议之处。第四,将霍尔的政策范式学说、拉卡托斯的科学研究纲领、制度变迁理论、金登的多源流学说等理论加以整合,构建了中国食品安全监管权配置变迁的分析模型,并以此观察我国改革开放以来食品安全监管的实践,从政策目标、监管权属性的定位和具体配置三个方面解释我国食品安全监管权配置的结构和变迁的路径,从政治流、政策流和议题流三个角度分析监管权配置的动力机制和演化趋势。全书总体上回答了以下核心研究问题:中国食品安全监管权是如何配置的,配置的逻辑是什么? 中国食品安全监管权配置如何变迁,哪些因素导致其变迁? 从监管权配置角度如何改善中国食品安全监管能力?

研究是一个充满挑战的过程。在研究过程中,笔者遇到了许多困难,包括技术上、资料上和知识储备方面。研究中也存在着一定的局限性,主要有以下几点:

首先,食品安全监管体制改革在近几年来改革的力度较大,文件众多,模式变化较快,导致研究资料的更新速度有时难以跟上改革的速度。虽然 2013 年在监管权横向配置方面通过食药监总局的建立,形成大部制,但在笔者写作过程中,其配套措施和具体的制度安排还在进行中,因此使研究在细节上不甚完美,难免一些遗漏之处。

其次,食品安全监管权配置既涉及横向的中央层面的部门间关系,又涉及纵向的中央地方关系,其范围非常广,受政治、经济、社会等众多因素影响。在众多变量和复杂因素面前,个人能力有限,因此资料收集有限,书中的理论阐述和所举案例难免片面。

再次,本研究在对食品安全监管权配置变迁的描述和解释也存在某些局限性。比如,虽然从政治流、政策流和议题流对范式变迁的动力机制做了一定的解释,但由于制度透明度低、黑箱效应、收集数据的有限性等因素,解释尚未达到精确的程度;同时作为范式变迁主导的政策

共同体的组成部分,政治家、官员及专家们在推动变迁和社会学习过程
中的角色依旧比较模糊等。

　　食品监管权配置问题的研究内容丰富,具有拓展性。如何将监管
权配置模型进一步精细化,并能通过更多案例加以检验? 将食品安全
监管权配置研究的思路拓展,看其能否运用到比如环境、生产安全等其
他社会性监管领域,检验其解释力? 如何进一步开阔视野,对西方国家
的包括食品监管问题在内的社会性监管进行系统的研究,为我国监管
体制的改革提供更多的借鉴? 这些问题都是笔者需要重视和进一步探
索的。

注释

　　1. 2003 年国务院机构改革方案,在国家药品监督管理局的基础上组建国家食品药品监督管理局,仍作为国务院直属机构。2008 年国务院机构改革方案将国家食品药品监督管理局改由卫生部管理,并相应对食品安全监管队伍进行整合。2013 国务院改革方案组建国家食品药品监督管理总局。

　　2. 国务院《关于地方改革完善食品药品监督管理体制的指导意见》(国发[2013]18 号)。

　　3. 国务院《关于地方改革完善食品药品监督管理体制的指导意见》(国发[2013]18 号)。

　　4. 郑风田、胡文静:《从多头监管到一个部门说话:我国食品安全监管体制急待重塑》,《中国行政管理》,2005 年第 12 期。

　　5. 杜治琴等:《加拿大食品监督管理体制简介》,《中国卫生法制》,2003 年第 4 期。

　　6. 美国、荷兰、韩国等国虽未通过大部制将食品安全监管权整合,但监管权仅分散在有限的几个政府部门中,并通过协调机制发挥作用,监管权行使虽非一体化但也高效、统一。参见秦富等:《欧美食品安全体系研究》,中国农业出版社 2003 年版。

　　7. 颜海娜:《食品安全监管部门间关系研究》,中国社会科学出版社 2010 年版,第 269 页。

　　8. 沈荣华:《中国政府改革》,中国社会出版社 2012 年版,第 68 页。

　　9. 国务院《关于地方改革完善食品药品监督管理体制的指导意见》(国发[2013])18 号。

　　10. 魏益民等:《中国食品安全控制研究》,科学出版社 2010 年版,第 40 页。

　　11. 袁曙宏、张敬礼:《百年 FDA》,《中国医药科技出版社》2008 年版,第 101—112 页。

　　12. 具体分为:(1)监管事务办公室总部,位于华盛顿特区,由总部办公室、大区管理办公室、强制执行办公室、违法调查办公室组成;(2)大区监管办公室,隶属于监管事务办公室总部管理。首先,将美国划分为五个大区:东北大区、中部大区、东南大区、西南大区、太平洋大区。其次,在每个大区设立 1—2 个大区监管办公室,东北大区办公室设在纽约和新英格兰,中部大区办公室设在费城和芝加哥,东南大区办公室设在亚特兰大,西南大区办公室设在达拉斯和堪萨斯城,太平洋大区办公室设在旧金山;(3)地区办公室,

隶属于大区监管办公室。例如,在中部大区共设立了 7 个地区监管办公室,分别是费城地区办公室、巴尔的摩地区办公室、辛辛那提地区办公室、新泽西地区办公室、芝加哥地区办公室、底特律地区办公室明尼阿波利斯地区办公室;(4)监管员常驻工作站,隶属于地区办公室。例如,在中部大区的明尼阿波利斯地区办公室,下设 9 个监管员常驻站。此外,各大区监管办公室,设立联邦—州联络处,负责管理与各州合作的监管项目。在一些具体的监管项目上,FDA 与相关的州政府签订授权协议,委托当地检验机构按照 FDA 的方法检验食品,并由联邦政府付费。

13. 潘洪其:《政府职能调整:重要的是建立良好的地方政治生态》,《北京青年报》,2006 年 11 月 15 日。

14. 周天勇等:《中国行政体制改革 30 年》,上海人民出版社 2008 年版,第 179—180 页。

15. 周振超:《当代中国政府"条块关系"研究》,天津人民出版社 2009 年版,第 216 页。

16. 李瑞昌:《政府间网络治理》,复旦大学出版社 2012 年版,第 289—290 页。

17. 盛学军:《政府监管权的法律定位》,《社会科学研究》,2006 年第 1 期,第 102 页。

18. 罗豪才:《行政法》,北京大学出版社 1996 年版,第 76 页。

19. [美]伯纳德·施瓦茨:《行政法》,群众出版社 1986 年版,第 7 页。

20. 一般情况下,豁免范围包括国家机密、商业秘密和个人隐私等。

21. 唐要家:《试析政府管制的行政过程与控制机制》,《天津社会科学》,2008 年版,第 4 期,第 79 页。

22. 周黎安:《转型中的地方政府》,上海人民出版社 2008 年版。

23. [英]安东尼·奥格斯:《规制:法律形式与经济理论》,中国人民大学出版社 2008 年版,第 339 页。

24. 刘鹏:《转型中的监管国家建设》,中国社会科学出版社 2011 年版,第 341 页。

25. [美]詹姆斯·罗西瑙:《没有政府的治理》,江西人民出版社 2001 年版,第 5 页。

26. [英]格里·斯托克:《作为理论的治理:五个论点》,《国际社会科学》,1999 年第 2 期,第 19—33 页。

27. 全球治理委员会:《我们的全球伙伴关系》,天津大学出版社 1995 年版,第 23 页。

28. Gray King etc., *Designing Social Inquiry*: *Scientific Inference In Qualitative Research*, Princeton: Princeton University Press, 1994:15.

29. 孙宝国等:《中国食品安全监管策略研究》,科学出版社 2013 年版,第 26 页。

30. 杨合岭、王彩霞:《食品安全事故频发的成因及对策》,《统计与决策》,2010 年第 4 期。

参 考 文 献

一、中 文 类

［奥］哈耶克:《个人主义与经济秩序》,邓正来译,北京经济学院出版社1989年版。

［德］彼得·阿特斯兰德:《经验性社会研究方法》,李路路等译,中央文献出版社1995年版。

［德］柯武刚,史漫飞:《制度经济学》,韩朝华译,商务印书馆2000年版。

［德］马克思、恩格斯:《马克思恩格斯著作全集》,人民出版社1956年版。

［德］马克斯·韦伯:《经济与社会》,林荣远译,商务印书馆1998年版。

［法］卢梭:《社会契约论》,何兆武译,商务印书馆2003年版。

［韩］吴锡泓等:《政策学的主要理论》,金东日译,复旦大学出版社2005年版。

［美］R.麦克法夸尔、费正清:《剑桥中华人民共和国史(上)》,谢亮生等译,中国社会科学院出版社1998年版。

［美］W.吉帕·维斯库斯等:《管制经济学》,陈甬军译,机械工业出版社2004年版。

［美］阿马蒂亚·森:《贫困与饥荒》,王宇、王文玉译,商务印书馆2001年版。

［美］艾尔·巴比:《社会研究方法》,邱泽奇译,华夏出版社2009年版。

［美］安东尼·唐斯:《官僚制内幕》,郭小聪等译,中国人民大学出版社2006年版。

［美］奥利弗·威廉姆森:《治理机制》,王健等译,中国社会科学出版社2001年版。

［美］奥内斯特·吉尔霍恩等:《美国行政法和行政程序》,黄列译,吉林大

学出版社 1990 年版。

[美]奥斯特罗姆:《制度分析与发展的反思》,王诚等译,商务印书馆 2001 年版。

[美]保罗·萨巴蒂斯等:《政策变迁与学习:一种倡议联盟的途径》,邓征译,北京大学出版社 2011 年版。

[美]保罗·萨缪尔森、威廉·诺德豪斯:《经济学》,高鸿业等译,中国发展出版社 1992 年版。

[美]彼得·布劳等:《现代社会中的科层制》,马戎等译,学林出版社 2001 年版。

[美]伯纳德·施瓦茨:《行政法》,徐炳译,群众出版社 1986 年版。

[美]博登海默:《法理学:法律哲学与法律方法》,邓正来译,中国政法大学出版社 1999 年版。

[美]布坎南:《市场经济和国家》,平乔新等译,北京经济学院出版社 1988 年版。

[美]布鲁斯·金格马:《信息经济学》,马费成等译,山西经济出版社 1999 年版。

[美]戴维·杜鲁门:《政治过程:政治利益与公共舆论》,陈尧译,天津人民出版社 2005 年版。

[美]戴维·米勒等:《布莱克维尔政治学百科全书》,邓正来译,中国政法大学出版社 2002 年版。

[美]丹尼尔·史普博:《管制与市场》,余晖译,三联书店 1999 年版。

[美]道格拉斯·诺斯:《制度、制度变迁与经济绩效》,刘守英译,上海三联书店 1994 年版。

[美]哈罗德·孔茨等:《管理学》,张晓君等译,经济科学出版社 1998 年版。

[美]吉尔伯特·罗兹曼:《中国的现代化》,陶骅译,江苏人民出版社 2003 年版。

[美]杰伊·沙夫里茨等:《公共行政导论(第六版)》,刘俊生等译,中国人民大学出版社 2011 年版。

[美]肯尼斯·赫文等:《社会科学研究的思维要素》,李涤非等译,重庆大学出版社 2008 年版。

［美］拉塞尔·林登:《无缝隙政府:公共部门再造指南》,汪大海等译,中国人民大学出版社 2002 年版。

［美］李侃如:《治理中国》,胡国成等译,中国社会科学出版社 2010 年版。

［美］理查德·霍尔:《组织:结构、过程及结果》,张友星等译,上海财经大学出版社 2003 年版。

［美］理查德·斯蒂尔曼二世:《公共行政学:概念与案例》,竺乾威译,中国人民大学出版社 2004 年版。

［美］理查德·斯各特:《组织理论》,黄洋等译,华夏出版社 2002 年版。

［美］理查德·斯图尔特:《走入 21 世纪的美国行政法》,载《南京大学法律评论》,2003 年秋季号。

［美］罗伯特·殷:《案例研究方法的应用》,齐心等译,重庆大学出版社 2009 年版。

［美］马丁·费尔德斯坦:《20 世纪 80 年代美国经济政策》,王健等,经济科学出版社 2000 年版。

［美］玛丽恩·内斯特尔:《食品政治》,程池等译,社会科学文献出版社 2004 年版。

［美］迈克尔·豪利特、M.拉米什:《共政策研究:政策循环与政策子系统》,庞诗等译,三联书店 2006 年版。

［美］曼昆:《经济学原理(微观经济学分册)》,梁小民等译,北京大学出版社 2006 年版。

［美］曼瑟尔·奥尔森:《集体行动的逻辑》,陈郁等译,上海三联书店 2006 年版。

［美］尼尔·斯梅尔塞:《社会科学的比较方法》,王宏周等译,社会科学文献出版社 1992 年版。

［美］欧文·休斯:《公共管理导论》,彭和平等译,中国人民大学出版社 2001 年版。

［美］乔治·施蒂格勒:《产业组织和政府管制》,潘振民译,上海三联书店 1989 年版。

［美］萨瓦斯:《民营化与公私部门的伙伴关系》,周志忍等译,中国人民大学 2002 年版。

［美］斯蒂芬·范埃弗拉:《政治学研究方法指南》,陈琪译,北京大学出版

社 2006 年版。

[美]斯蒂格勒:《斯蒂格勒论文精粹》,吴珠华译,商务印书馆 1999 年版。

[美]斯蒂格利茨:《政府在市场经济中的角色:政府为什么干预经济》,郑秉文译,中国物资出版社 1998 年版。

[美]托马斯·库恩:《科学革命的结构》,李宝恒等译,北京大学出版社 2003 年版。

[美]小约瑟夫·斯图尔特等:《公共政策导论》,韩红译,中国人民大学出版社 2011 年版。

[美]约翰·金登:《议程、备选方案与公共政策》,丁煌等译,中国人民大学出版社 2004 年版。

[美]詹姆斯·安德森:《公共决策》,唐亮译,华夏出版社 1990 年版。

[美]詹姆斯·布坎南、戈登·塔洛克:《同意的计算》,陈光金译,中国社会科学院出版社 2000 年版。

[美]詹姆斯·罗西瑙:《没有政府的治理》,张胜军等译,江西人民出版社 2001 年版。

[日]植草益:《微观规制经济学》,朱绍文等译,中国发展出版社 1992 年版。

[英]安德鲁·海伍德:《政治学核心概念》,吴勇译,天津人民出版社 2008 年版。

[英]安东尼·奥格斯:《规制:法律形式与经济学理论》,骆梅英译,中国人民大学出版社 2008 年版。

[英]戴维·沃克:《牛津法律大辞典》,北京社会与科技发展研究所组织译,法律出版社 2003 年版。

[英]弗里德里希·哈耶克:《法律、立法与自由》,邓正来等译,中国大百科全书出版社 2000 年版。

[英]格里·斯托克:《作为理论的治理:五个论点》,载《国际社会科学》,1999 年第 2 期。

[英]伊·拉卡托斯:《科学研究纲领方法论》,兰征译,上海译文出版社 1986 年版。

[英]伊·拉卡托斯:《批判与知识的增长》,周寄中译,桂冠图书股份有限公司 1994 年版。

［英］约翰·穆勒：《穆勒经济学原理》，胡企林等译，世界书局 1936 年版。

［英］约翰·伊特韦尔等：《新帕尔格雷夫经济学大辞典（第四卷）》，经济科学出版社 1996 年版。

白钢等：《中国公共政策分析》，中国社会科学出版社 2006 年版。

白桂梅、李红云：《国际法参考资料》，北京大学出版社 2002 年版。

蔡昉：《中国经济转型 30 年》，社会科学文献出版社 2009 年版。

曹沛霖等：《比较政治制度》，高等教育出版社 2005 年版。

曹正汉、周杰：《社会风险与地方分权》，载《社会学研究》，2013 年第 1 期。

陈富良、王光新：《政府规制中的多重委托代理与道德分析》，载《财贸经济》，2004 年第 12 期。

陈玲：《制度、精英与共识》，清华大学出版社 2011 年版。

陈太清：《市场规制权的调整路径分析：一个经济法与行政法交叉的视角》，载《云南大学学报（法学版）》，2011 年第 1 期。

陈雪珠：《徐汇区 30 年（1960—1989）食物中毒分析》，载《上海卫生防疫》，1990 年。

陈振明：《政府工具论》，北京大学出版社 2009 年版。

程景民：《中国食品安全监管体制》，军事医学科学出版社 2013 年版。

仇立平：《社会研究方法》，重庆大学出版社 2008 年版。

丛黎明等：《浙江省 1979—1988 年食物中毒情况分析》，载《浙江预防科学》，1990 年第 1 期。

戴志澄：《中国卫生防疫体系五十年回顾》，载《中国预防医学杂志》，2003 年第 4 期。

邓小平：《邓小平文选（第三卷）》，人民出版社 1993 年版。

丁煌：《西方行政学说史》，武汉大学出版社 2007 年版。

丁煌：《行政学原理》，武汉大学出版社 2007 年版。

丁佩珠：《广州市 1976—1985 年食物中毒情况分析》，载《广东卫生防疫》，1988 年第 4 期。

定明捷、曾凡军：《网络破碎、治理失灵与食品安全供给》，载《公共管理学报》，2009 年第 4 期。

杜治琴等：《加拿大食品监督管理体制简介》，载《中国卫生法制》，2003 年第 4 期。

樊纲:《市场机制与经济效率》,上海三联书店 1995 年版。

方福前:《公共选择理论:政治的经济学》,中国人民大学出版社 2000 年版。

方雷等:《政治科学研究方法概论》,北京大学出版社 2011 年版。

风笑天:《社会学研究方法》,中国人民大学出版社 2005 年版。

傅蔚冈等:《规制研究(第一辑)》,上海人民出版社 2008 年版。

韩俊:《中国食品安全报告(2007)》,社会科学文献出版社 2007 年版。

韩乐悟:《今年抽查近 2 000 家企业食品质量合格率超 98％》,《法制日报》,2010 年 11 月 10 日。

韩琪:《中国经济论纲》,中国对外经济贸易出版社 2005 年版。

何薇、时洪阳:《日本食品安全贸易安全规制分析及对我国的启示》,载《经济与法》,2009 年第 2 期。

何显明:《市场化进程中的地方政府行为逻辑》,人民出版社 2008 年版。

何忠洲等:《"垂直管理"风起央地博弈》,载《中国新闻周刊》,2006 年 11 月 28 日。

胡慧媛、甘小平:《对食品添加剂引发的食品安全问题的思考》,载《农技服务》,2009 年第 11 期。

胡楠等:《中国食品业与食品安全问题研究》,中国轻工业出版社 2008 年版。

胡伟:《政府过程》,浙江人民出版社,1998.

胡向明、陈晓正:《"大司局"视野下大部制改革内部运行机制》,载《南京社会科学》,2011 年第 5 期。

黄达:《全球经济调整中的中国经济增长与宏观调控体系研究》,经济科学出版社 2009 年版。

黄亚钧、姜纬:《微观经济学教程》,复旦大学出版社 1995 年版。

姜波克:《开放经济下的宏观调控和政策搭配》,载《中国社会科学》,1995 年第 6 期。

姜杰等:《西方管理思想史》,北京大学出版社 2011 年版。

姜美塘:《制度变迁与行政发展》,天津人民出版社 2004 年版。

金太军:《政府职能的梳理和重构》,广东人民出版社 2002 年版。

李长健、张锋:《社会性监管模式:中国食品安全监管模式研究》,载《广西大学学报(哲学社会科学版)》,2006 年第 5 期。

李道揆:《美国政府和政治》,商务印书馆 1999 年版。

李光德:《中国食品安全卫生社会性规制变迁的新制度经济学分析》,载《当代财经》,2004 年第 7 期。

李怀:《中国食品公共安全规制的制度分析》,载《天津商学院学报》,2005 年第 1 期。

李怀、赵万里:《中国食品安全规制问题及规制政策转变研究》,载《首都经济贸易大学学报》,2010 年第 2 期。

李江华等:《我国食品安全法律体系研究》,载《食品科学》,2006 年第 27 期。

李金珊、叶托:《公共政策分析:概念、视角与途径》,科学出版社 2010 年版。

李军杰、钟君:《中国地方政府经济行为分析:基于公共选择的视角》,载《中国工业经济》,2004 年第 4 期。

李丽、王传斌:《规制效果与我国食品安全规章制度创新》,载《中国卫生事业管理》,2009 年第 5 期。

李宁、严卫星:《国内外食品安全风险评估在风险管理中的应用概况》,载《中国食品卫生杂志》,2011 年第 1 期。

李瑞昌:《风险、知识与公共决策》,天津人民出版社 2006 年版。

李瑞昌:《中国公共政策实施中的"政策空传"现象》,载《公共行政评论》,2012 年第 3 期。

李迎月等:《1970—1999 年广州市食物中毒情况分析》,载《广东卫生防疫》,2001 年第 2 期。

李援:《中华人民共和国食品安全法解释与应用》,人民出版社 2009 年版。

李月军:《社会规制:理论范式与中国经验》,中国社会科学出版社 2009 年版。

廖卫东:《食品安全公共规制》,经济管理出版社 2011 年版。

林聚任等:《社会科学研究方法》,山东人民出版社 2008 年版。

林尚立:《国内政府间关系》,浙江人民出版社 1998 年版。

林水波、张世贤:《公共政策》,五南图书出版公司 2006 年版。

刘俊华等:《我国食品监督管理体系的建设研究》,载《世界标准化与质量管理》,2003 年第 5 期。

刘录民:《我国食品安全监管体系研究》,中国质检出版社 2013 年版。

刘鹏:《转型中的监管型国家建设》,中国社会科学出版社 2011 年版。

刘星:《法理学导论》,法律出版社 2005 年版。

刘亚平:《走向监管国家》,中央编译出版社 2011 年版。

刘志成:《我国的食品卫生监督事业与食品卫生学》,载《中国公共卫生学报》,1991 年第 5 期。

卢凌霄等:《中国蔬菜产地集中的影响因素分析》,载《财贸经济》,2010 年第 6 期。

卢现祥等:《新制度经济学》,北京大学出版社 2007 年版。

吕律平:《国内食品工业概况》,经济日报出版社 1987 年版。

罗必良:《新制度经济学》,山西经济出版社 2005 年版。

罗豪才:《行政法》,北京大学出版社 1996 年版。

罗艳等:《我国食品安全预警体系的现状、问题和对策》,载《食品工程》,2010 年第 4 期。

马斌:《政府间关系:权力配置与地方治理》,浙江大学出版社 2009 年版。

马骏等:《中国"行政国家"六十年》,上海人民出版社 2012 年版。

马伊里:《合作困境的组织社会学分析》,上海人民出版社 2008 年版。

马英娟:《大部制改革与监管组织再造》,载《中国行政管理》,2008 年第 6 期。

茅铭晨:《政府管制法学原论》,上海财经大学出版社 2005 年版。

倪星等:《试论中国政府绩效评估制度的创新》,载《政治学研究》,2004 年第 3 期。

宁骚:《公共政策学》,高等教育出版社 2003 年版。

潘洪其:《政府职能调整:重要的是建立良好的地方政治生态》,载《北京青年报》,2006 年 11 月 15 日。

彭和平:《国外公共行政理论精选》,中央党校出版社 1997 年版。

彭文贤:《组织结构》,三民书局 1996 年版。

浦兴祖:《中华人民共和国政治制度》,上海人民出版社 1999 年版。

秦富等:《欧美食品安全体系研究》,中国农业出版社 2003 年版。

任峰、朱旭峰:《转型期中国公共意识形态政策的议程设置:以高校思政教育十六号文件为例》,载《开放时代》,2010 年第 6 期。

任剑涛:《政治学:基本理论与中国视角》,中国人民大学出版社 2009 年版。

任丽梅:《构筑我国食品安全保障网》,载《前进论坛》,2003 年第 6 期。

荣敬本等:《从压力体制向民主合作体制的转变》,中央编译出版社 1998 年版。

芮明杰:《管理学》,上海人民出版社 1999 年版。

沈博平:《管制、规制和监管:一个文献综述》,载《改革》,2006 年第 6 期。

沈德理:《非均衡格局中的地方自主性:对海南经济特区(1998—2002)发展的实证研究》,中国社会科学出版社 2004 年版。

沈宏亮:《中国社会性规制失灵的原因探究》,载《经济问题探索》,2010 年第 12 期。

沈荣华:《地方政府学》,社会科学文献出版社 2006 年版。

沈荣华:《国外大部制梳理与借鉴》,载《中国行政管理》,2012 年第 8 期。

沈荣华:《政府大部制改革》,社会科学文献出版社 2012 年版。

沈荣华:《政府大部制改革》,社会科学文献出版社 2012 年版。

沈荣华:《中国政府改革:难点重点问题攻坚报告》,中国社会科学出版社 2012 年版。

沈宗灵:《法理学》,高等教育出版社 1994 年版。

盛学军:《政府监管权的法律定位》,载《社会科学研究》,2006 年第 1 期。

盛学军、陈开琦:《论市场规制权》,载《现代法学》,2007 年第 4 期。

施雪华、孙发锋:《政府"大部制"面面观》,载《中国行政管理》,2008 年第 3 期。

石扬令、常平凡:《中国食品消费分析与预测》,中国农业出版社 2004 年版。

史璐:《政府管制经济学》,知识产权出版社 2012 年版。

宋承先:《现代西方经济学(宏观经济学)》,复旦大学出版社 1994 年版。

苏长和:《全球公共问题与国际合作:一种制度的分析》,世纪出版集团 2000 年版。

苏力:《法治及其本土资源》,中国政法大学出版社 1996 年版。

孙宝国等:《中国食品安全监管策略研究》,科学出版社 2013 年版。

孙德刚:《多元平衡与"准联盟"理论研究》,时事出版社 2007 年版。

孙关宏等:《政治学概论》,复旦大学出版社 2003 年版。

汤在新:《近代西方经济学史》,上海人民出版社 1990 年版。

唐明浩:《食品药品安全与监管政策研究报告(2011)》,社会科学文献出版社 2011 年版。

唐要家:《试析政府管制的行政过程与控制机制》,载《天津社会科学》,2008 年第 4 期。

田野:《国际关系中的制度选择:一种交易成本的视角》,上海人民出版社 2006 年版。

汪普庆等:《我国食品安全监管体制改革:一种产权经济学视角的分析》,载《生态经济》,2008 年第 4 期。

王彩霞:《地方政府扰动下的中国食品安全规制问题研究》,东北财经大学博士论文,2011 年。

王健:《中国政府规制理论与政策》,经济科学出版社 2008 年版。

王俊豪:《政府管制经济学导论》,商务印书馆 2001 年版。

王可山、李秉龙:《食品安全问题及其规制探讨》,载《河南工业大学学报(社会科学版)》,2006 年第 3 期。

王良健、侯文力:《地方政府绩效评估指标体系及评估方法研究》,载《软科学》,2005 年第 4 期。

王名扬:《美国行政法》,中国法制出版社 2005 年版。

王浦劬:《政治学基础》,北京大学出版社 2006 年版。

王骚、靳晓熙:《动态均衡视角下的政策变迁规律研究》,载《公共管理学报》,2005 年第 4 期。

王小龙:《中国地方政府治理结构改革》,载《人文杂志》,2004 年第 3 期。

王秀清、孙云峰:《我国食品市场上的质量信号问题》,载《中国农村经济》,2002 年第 5 期。

王耀忠:《食品安全监管的横向和纵向配置:食品安全监管的国际比较与启示》,载《中国工业经济》,2005 年第 12 期。

卫志民:《政府干预的理论与政策选择》,北京大学出版社 2006 年版。

魏益民、刘卫军、潘家荣:《中国食品安全控制研究》,科学出版社 2010 年版。

魏益民等:《食品安全管理与科技研究进展》,载《中国农业科技导报》,2005 年第 5 期。

文晓巍:《食品安全监管、企业行为与消费决策》,中国农业出版社 2013 年版。

吴建南:《公共管理研究方法导论》,科学出版社 2006 年版。

吴建南:《公共管理研究方法导论》,科学出版社 2006 年版。

吴敬琏:《比较(第 16 辑)》,中信出版社 2005 年版。

吴敬琏:《比较(第 2 辑)》,中信出版社 2002 年版。

吴敬琏:《当代中国经济改革》,上海远东出版社 2004 年版。

吴林海、钱和:《中国食品安全发展报告 2012》,北京大学出版社 2012 年版。

吴林海等:《中国食品安全发展报告 2012》,北京大学出版社 2012 年版。

吴苏燕:《食品安全问题与国际贸易》,载《国际技术经济研究》,2004 年第 7 期。

吴园园:《食品安全检测技术的研究进展》,载《科技资讯》,2010 年第 17 期。

席涛:《美国管制:从命令—控制到成本—收益分析》,中国社会科学出版社 2006 年版。

肖立辉:《县委书记眼中的中央地方关系》,载《经济社会体制比较》,2008 年第 4 期。

谢地:《规制下的和谐社会》,经济科学出版社 2008 年版。

谢庆奎:《中国地方政府体制概念》,中国广播电视出版社 1997 年版。

辛向阳:《百年博弈:中国中央地方关系 100 年》,山东人民出版社 2000 年版。

熊文钊等:《依法规范"条块"关系》,载《瞭望》,2007 年第 50 期。

徐邦友:《自负的制度:政府管制的政治学研究》,学林出版社 2008 年版。

徐景和:《食品安全综合协调与实务》,中国劳动保障出版社 2010 年版。

徐立青、孟菲:《中国食品安全研究报告(2011)》,科学出版社 2012 年版。

徐楠轩:《外国食品安全监管模式的现状及借鉴》,载《中国卫生法制》,2007 年第 2 期。

徐文惠等:《行政管理学》,人民出版社 1997 年版。

徐云霄:《公共选择理论》,北京大学出版社 2006 年版。

许金梁:《我国食品安全问题的地方政府规制研究》,苏州大学出版社 2009 年版。

薛立强:《授权体制:改革开放时期政府间纵向关系研究》,天津人民出版社 2010 年版。

薛暮桥:《经济体制改革问题讲话》,经济管理出版社 1984 年版。

薛庆根:《美国食品安全体系及对我国的启示》,载《经济纵横》,2006 年第 2 期。

严强:《公共行政学》,高等教育出版社 2009 年版。

颜海娜:《食品安全监管部门间关系研究》,社会科学出版社 2010 年版。

杨宝剑等:《委托代理视角下政府间纵向竞争机制与行为研究》,载《中央财经大学学报》,2013 年第 2 期。

杨冠琼:《公共政策学》,北京师范大学出版社 2009 年版。

杨合岭、王彩霞:《食品安全事故频发的成因及对策》,载《统计与决策》,2010 年第 4 期。

杨华、张玉梅:《北京市朝阳区学生营养送餐企业食品安全现状分析》,载《中国预防医学杂志》,2011 年第 10 期。

杨理科、徐广涛:《我国食品发展迅速,今年产值跃居工业部门第三位》,《人民日报》,1998 年 11 月 29 日。

姚先国:《浙江经济改革中的地方政府行为评析》,载《浙江社会科学》,1999 年第 3 期。

余晖:《监管权的纵向配置:来自电力、金融、工商和药品监管的研究》,载《中国工业经济》,2003 年第 8 期。

袁方:《社会研究方法教程》,北京大学出版社 1997 年版。

袁瑞军:《官僚自主性及其矫治》,载《经济社会体制比较》,1999 年第 6 期。

袁曙宏、张敬礼:《百年 FDA》,中国医药科技出版社 2008 年版。

岳经纶等:《中国公共政策评论(第一卷)》,上海人民出版社 2007 年版。

曾献东:《政府质量监管与食品安全的博弈分析及其对策研究》,载《决策咨询通讯》,2009 年第 6 期。

詹承豫:《食品安全监管中的博弈与协调》,中国社会出版社 2009 年版。

张保锋:《中外乳品工业发展概览》,哈尔滨地图出版社 2005 年版。

张成福：《责任政府论》，载《中国人民大学学报》，2000 年第 2 期。

张帆：《规制理论与实践》，转引自：《经济学与中国经济改革》，上海人民出版社 1995 年版。

张福成、党秀云：《公共管理学》，中国人民大学出版社 2007 年版。

张福瑞：《对卫生防疫职能的再认识》，载《中国公共卫生管理杂志》，1991 年第 2 期。

张国庆：《公共行政学》，北京大学出版社 2007 年版。

张红凤：《西方规制经济学的变迁》，经济科学出版社 2005 年版。

张洪洲等：《论和谐行政之路：由运动式执法到常态执法的变迁》，载《法制与社会》，2007 年第 10 期。

张金鉴：《行政学典范》，中国行政学会 1992 年版。

张军等：《为增长而竞争》，上海人民出版社 2008 年版。

张军等：《中央与地方关系：一个理论的演进》，载《学习与探索》，1996 年第 3 期。

张秋琴等：《生产企业食品添加剂使用行为的调查分析》，载《食品与机械》，2012 年第 2 期。

张世信：《行政法总论》，复旦大学出版社 2002 年版。

张涛：《食品安全法律规则研究》，厦门大学出版社 2006 年版。

张维迎：《博弈与社会》，北京大学出版社 2013 年版。

张毅强：《风险感知、社会学习与范式转移》，复旦大学出版社 2011 年版。

赵成根：《转型中的中央和地方》，载《战略与管理》，2000 年第 3 期。

赵德余：《政治制定的逻辑》，上海人民出版社 2010 年版。

赵国品：《小型食品加工企业卫生现状与管理》，载《现代预防科学》，2002 年第 6 期。

郑秉文：《市场缺陷分析》，辽宁人民出版社 1993 年版。

郑风田、胡文静：《从多头监管到一个部门说话：我国食品安全监管体制急待重塑》，载《中国行政管理》，2005 年第 12 期。

中国全面小康研究中心：《2010—2011 消费者信心报告》，载《小康》，2011 年第 1 期。

中国全面小康研究中心：《2011—2012 中国饮食安全报告》，载《小康》，2012 年第 1 期。

中国全面小康研究中心:《中国人安全感大调查》,载《小康》,2010 年第 7 期。

钟庭军、刘长全:《论规制、经济性规制和社会性规制的逻辑关系与范围》,载《经济评论》,2006 年第 2 期。

周德翼、吕志轩:《食品安全的逻辑》,科学出版社 2008 年版。

周德翼、杨海娟:《食品质量安全管理的信息不对称与政府监管机制》,载《中国农村经济》,2002 年第 6 期。

周黎安:《转型中的地方政府》,上海人民出版社 2012 年版。

周清杰、徐菲菲:《第三方检测与我国食品安全监管体制优化》,载《食品科技》,2010 年第 2 期。

周三多等:《管理学》,复旦大学出版社 2009 年版。

周天勇:《中国行政体制改革 30 年》,上海人民出版社 2008 年版。

周小川、杨之刚:《中国财税体制的问题与出路》,天津人民出版社 1992 年版。

周小梅等:《食品安全管制长效机制》,中国经济出版社 2011 年版。

周雪光:《组织社会学十讲》,社会科学文献出版社 2003 年版。

周振超:《当代中国政府条块关系研究》,天津人民出版社 2009 年版。

周志忍:《政府自主性与利益表达机制互融》,《21 世纪经济报道》,2005 年 12 月 25 日。

朱春奎:《政策网络与政策工具》,复旦大学出版社 2011 年版。

朱光磊:《当代中国政府过程》,天津人民出版社 2008 年版。

朱丘祥:《从行政分权到法律分权》,中国政法大学出版社 2013 年版。

朱玉知:《环境政策执行模式研究:基于模糊—冲突模型的比较案例分析》,复旦大学博士论文,2013 年。

朱允卫:《食品安全体系建设的国际经验及借鉴》,载《农业世界》,2005 年第 8 期。

竺乾威:《公共行政学》,复旦大学出版社 2003 年版。

二、外　文　类

A. King, *The New American Political System*. Washington: American

Enterprise Institute For Public Policy, 1978.

Akerlof A., "The Market for Lemons: Quality, Uncertainty and the Market Mechanism", *The Quarterly Journal of Economic*, 1970(84).

Alfred Kahn, *The Economics of Regulation: Principles and Institutions*, The MIT Press, 1988.

Andrew Walker, "Local Government as Industrial Firms: An Organizational Analysis of China's Transitional Economy", *American Sociological Review*, 1995(101).

Anthony Ogus, *Regulations: Legal For and Economic Theory*, Oxford: Oxford University Press, 1884.

Antler A., John M., "Benefits and Cost of Food Safety Regulation", *Food Policy*, 1999(24).

Arrow K.J. et al, *Benefits-cost Analysis in Environmental Health and Safety Regulation: A Statement of Principles*, Washington: the AEI Press, 1996.

Arthur Schlesinger, *The Cycles of American History*, Boston: Houghton Mifflin, 1986.

Barry Mitnick, *The Political Economy of Regulation*, New York: Columbia University Press, 1980.

Bentley, *The Process of Government*. Chicago: University of Chicago Press, 1908.

Biglaiser G., "Middlemen as Experts", *The RAND Journal of Economics*, 1993(2).

Black J., "Decentring Regulation: the Role of Regulation and Self-regulation in A Post Regulatory World", *Current Legal Problems*, 2001, 54(1).

Brian Gerber, Paul Teske, "Regulatory Policymaking in American States: A Review of Theories and Evidence", *Political Research Quarterly*, 2000(4).

Cass Sunstein, *After the Rights Revolution: Reconceiving the Regulatory State*, Cambridge: Harvard University Press, 1990.

Christopher Hood etc., *Quality Police, and Sleaze-Busters*, Oxford: Oxford University Press, 1999.

Dale J. Pollution, *Properties and Price*, University of Toronto Press, 1986.

Dan Wood, James Anderson, "The Raucous Revolution In Political Science", *American Political Science Review*, 1984, Vol.78(3).

Daniel Curran, *Dead Laws for Dead Men: The Politics of Federal Coal Mine Health and Safety Legislation*, Pittsburgh: University of Pittsburgh Press, 1993.

David Dery, *Problem Definition in Policy Analysis*. Lawrence: University of Kansas Press, 1984.

David March, *Theory and Methods in Political Science*, New York: St. Martin's Press, 1995.

David Martimort, "Public Choice Issues in Social Regulation", *Economic Affairs*, 1994, 14(4).

David Wank, "The Institutional Process of Market Clientelism: Guanxi and Private Business in a South China City", *The China Quarterly*, 1996(147).

Den Ouden etc., "Vertical Cooperation in Agricultural Production-Marketing Chains, with Special Reference to Product Differentiation in Pork", *Agribusiness*, 1996, 12(3).

Djankov, Simeon, Edward Glaeser etc., "The New Comparative Economics", *Journal of Comparative Economic*, 2003(31).

Drew Thompson, "China's Food Safety Crisis: A Challenge to Global Health Governance", *China Brief*, 2007(7).

Ernest Gellhorn and Richard Pierce Jr., *Regulated Industries in a Nutshell*, St. Paul: West Publishing Company, 1987.

F.G. Castles, *The Comparative History of Public Policy*, New Yorker: Oxford University Press, 1989.

Florence Heffron, *The Administrative Regulatory Process*, Longman. 1983.

Frank Baumgarter, Bryan Jones, *Agendas and Instability in American Politics*, Chicago: University of Chicago, 1993.

Fred McChesney, "Rent Extraction and Rent Creation in the Economic Theory of Regulation", *Journal of Legal Studies*, 1987(1).

G.Majone, *Regulating Europe*, London: Routldge, 1996.

Gay Peters, *American Public Policy: Promise and Performance*, NJ:

Chatham House, 1986.

George Akelof, "The Market for Lemons: Quality Uncertainty and the Market Mechanism", *Quarterly Journal of Economics*, 1970(3).

George Stigler, "The Theory of Economic Regulation", *Bell Journal of Economics*, 1971(2).

Grant Paterson, C. Whitson, *Government and Chemical Industry: A Comparative Study of Britain and West Germany*, Oxford: Clarendon Press, 1988.

Gray Becker, "A Theory of Competition among Pressure Groups for Political Influence Quarterly", *Journal of Economics*, 1983, 98(3).

Gray Becker, "The Public Interest Hypothesis Revisited: A New Test of Peltzman's Theory of Regulation", *Public Choice*, 1986(49).

Gray King etc., *Designing Social Inquiry: Scientific Inference In Qualitative Research*, Princeton: Princeton University Press, 1994.

Gray, "The Passing of Public Utility Concept", *Journal of Land and Public Utility Economics*, 1940, 16(1).

Grossman S.J., "The Information Role of Warranties and Private Disclosure about Product Quality", *Journal of Law and Economic*, 1981.

Hanson S., Caswell J., "Food Safety Regulation: An Overview of Contemporary Issues", *Food Policy*, 1999(24).

Henry Campbell Black, *Black's Law Dictionary*, West Publishing, 1891.

Henry Mintzberg, *Structure in Fives: Designing Effective Organizations*. New Jersey: Prentice-Hall, Inc, 1983.

Hugh Heclo, *Modern Social Politics in Britain and Sweden*, New Haven: Yale University Press, 1974.

James Anderson, *Public Policymaking: An Introduction*. Boston: Houghton Miffli, 1990.

James March, Johan Olsen, "The New Institutionalism: Organizational Factors in Political Life", *American Political Science Review*, 1984, Vol.78(3).

James Wilson, *The Politics of Regulation*, New York: Basic Books, 1980.

Jason Winfree, Jill Cluskey, "Collective Reputation and Quality", *Ameri-*

can *Journal of Agricultural Economics*, 2005, 87(1).

Jean Oi, "Fiscal Reform and the Economic Foundation of Local State Corporatism in China", *World Politics*, 1992(1).

John Scholz, "Regulatory Enforcement in a Federalist System", *American Political Science Review*, 1986, Vol.80(4).

Joskow, Noll, *Regulation in Theory and Practice*, *Studies in Public Regulation*. the MIT Press, 1975.

Leigh Hancher, Michael Moran, *Capitalism*, *Culture and Economic Regulation*, Oxford: Clarendon Press, 1989.

Lester Salamon, *The Tools of Government: A Guide of the New Governance*, New York: Oxford University Press, 2002.

Ludwig Edler von Mises, *Human Action: A Treatise on Economics*, Chicago: Regnery, 1966.

M.Merkhofer, *Decision Science and Social Risk Management: A Comparative Evaluation of Cost-benefit Analysis*, *Decision Analysis and Other Formal Decision-Aiding Approaches*, Dordrecht: D Reidel Publishing Company, 1986.

Marchallen Eisner, *Regulatory Politics in Transition*, Baltimore and London: The Johns Hopkins University Press, 2000.

Marion Nestle, *Food Politics: How the Food Industry Influences Nutrition and Health*, the University Californian Press, 2002.

Martin Shapiro, *The Supreme Court and Administrative Age*, New Yorker: The Free Press, 1968.

Mary Douglass, A.Wildavsky, *Risk and Culture*. Berkeley: University of California Press, 1982.

Mary Douglass, *Risk Acceptability According to the Social Sciences*, London: Routledge, 2003.

Michael Darby, Edi Karni, "Free Competition and Optimal Amount of Fraud", *Journal of Law and Economic*, 1973(1).

Michael Howlett, M.Ramesh, *Studying Public Policy: Policy Cycles and Policy Subsystems*, Oxford University Press, 1955.

Michael Moran, "Review Article: Understanding the Regulatory State",

British Journal of Political Science, 2002, Vol.32.

Michael Oliver, Hugh Pemberton, *Learning and Change in 20th Century British Economic Policy*, Harvard University, 2003.

Michael Oliver, Hugh Pemberton, *Learning and Change in 20th Century British Economic Policy*, Harvard University, 2003.

Mill, *Principles of Political Economy*, London: Longmans, 1926.

Musgrave Richard etc., *Public Finance in Theory and Practice*, New York: McGraw Hill, 1989.

Nick Pidgeon et al., *The Social Amplification of Risk*, Cambridge: Cambridge University Press, 2003.

Nikolaos Zahariadis, Christopher Allen, "Ideals, Networks and Policy Stream: Privatization in Britain and Germany", *Policy Studies Review*, 1995(14).

P.Slovic, "Perception of Risk", *Science*, 1987, 236(4799).

Peter Blau, "A Formal Theory of Differentiation in Organizations", *American Sociological Review*, 1970(35).

Peter Hall, "Policy Paradigms, Social Learning and the State", *Comparative Politics*, 1993, 25(3).

R.Rohodes, *Understanding Governance: Policy Networks, Governance, Reflexivity and Accountability*, Buckingham: Open University Press, 1997.

Raymond Zammuto, "Organizational Adaptation: Some Implications of Organizational Ecology for Strategic Choice", *Journal of Management Studies*, 1988(2).

Richard Edwards, *Contested Terrain: The Transformation of Workplace in the Twentieth Century*, New York: Basic Books, 1979.

Richard Posner, "Theories of Economic Regulation", *The Bell Journal of Economics and Management Science*, Vol.5.

Ritson C., Li W M., "The Economics of Food Safety", *Nutrition & Food Science*, 1998(5).

Roger Sherman, *The Regulation of Monopoly*. Cambridge: Cambridge University Press, 1987.

Sam Peltzman, "Toward a More General Theory of Regulation", *Bell Journal of Economics*, 1971, 19(2).

Schmalensee, Willig, *Handbook of Industrial Organization*, Amsterdam: North-Holland, 1989.

Shapiro C., "Premiums for High Quality Products as Returns to Reputations", *Quarterly Journal of Economics*, 1983(98).

Starling Grover, *Managing Public Sector*, Chicago: Dorsey, 1987.

Stephen Breyer, *Regulation and Its Reform*, Cambridge: Harvard University Press, 1982.

Steven Vogel, *Free Markets, More Rules: Regulatory Reform In Advanced Countries*, Ithaca and London: Cornel University Press, 1996.

Sylvia Walby, "The New Regulatory State: the Social Power of the European Union", *British Journal of Sociology*, 1999, Vol.50(1).

Thomas McCraw, *Prophets of Regulation*, Cambridge: Harvard University Press, 1986.

Thomsen Ket al., "Market Incentives for Sate Foods: An Examination of Shareholder Losses From Meat and Poultry Recalls", *American Journal of Agricultural Economics*, 2001, 83(3).

Thorstein Veblen, *The Instinct of Workmanship and the State of the Industrial Arts*, New York: Augustus Kelley, 1994.

Viscusi Kip, John Vernon, Joseph Harrington. Jr., *Economics of Regulation and Antitrust*, Boston: The MIT Press, 1995.

W. Vernon, J. Harrigton, *Economics of Regulation and Antitrust*, Cambridge: The MIT Press, 1995.

W. Viscusi, John Vernon and Joseph Harrington, *Economics of Regulation and Antitrust*, Cambridge: MIT Press, 1998.

Walsh Kieron, *Public Services and Market Mechanisms*, London: Macmillan, 1995.

Walter Wallace, *The Logic of Science in Sociology*, New York: Aldine De Gruyter, 1971.

William Bratton, *International Regulatory Competition and Coordination: Perspectives on Economic Regulation in Europe and the United State*, New York: Oxford University, 1996.

后　记

本书是在我的博士论文基础上修改而成。记得写博士论文之时曾多少次遐想完成最后一个字之后的愉悦和轻松，但真到论文结束之时却只感到一种踏实的平静。这种平静让人体会到孟子在2 000多年前谈到追求学问的本心："学问之道无他，求其放心而已。"的确，做学问的目的其实很简单，只为一个"困知勉行"之后的踏实和放心。

一直与复旦大学非常有缘，不仅因为本科、硕士、博士阶段都在复旦大学度过，更主要的原因在于，其渊源要回溯到我爷爷那辈。我父亲曾不止一次拿出几张纸色暗黄的地契，地契中的地图显示，解放前作为地主的我爷爷所拥有的众多土地中的一块位于今天的松花江路。当然，解放之后土地收归国有，80年代末拆迁，被复旦大学用于南区的建设。有一次，我曾拿这张图对照，惊奇地发现，复旦大学南区一半的建筑居然坐落在这张地图中我爷爷的土地之上。虽然，印象中的爷爷挂着拐杖，身形模糊，但我深深地相信先人之福泽会笼罩于后世。多少年之前，当爷爷买下这片土地，手握这张地契，踌躇满志地环顾土地上的溪流、绿草、树木的时候，肯定不会想到，自己此时已在这片土地上埋下了第一颗种子，在他不在尘世多年之后，这颗种子会发芽、生长，他的孙子将在这片土地上求学、成长。对于我来说，复旦大学这所学校与我的家族血脉竟然如此紧密相连、不可分割。

有时晚上睡梦中依稀回到1992年收到复旦大学本科录取通知的那个瞬间，醒来却突然发现那已是20多年前的事了。现在，每次本科同学聚会，总发现，男生们肚子越来越大，头发越来越少。同学间彼此相视，大多哑然失笑。唐朝诗人王勃曾感叹"人之百年，犹如一瞬"。果然如此。20年间的许多小细节虽已记不清楚，但许多大板块依旧轮廓分明：本科入学后去大连陆军学院军训一年、回到复旦大学、学习之余在学生会工作、本科毕业、进入上海外国语大学工作、读硕士、硕士毕业、参与上外国际政治本科专业的创建、教学、研究、读博士……从某种意义上而言，这20多年求学、工作的经历，也是一个不断发现自我，使本心终有所系的过程。我本科学的是国际政治，弱冠之时，有志于学，但总觉得国家利益、国际制度等宏大的东西离平凡的我辈相距甚远；硕士就读于复旦大学法律系；博士阶段学习公共行政、公共政策、政治学，方逐渐找到自己喜欢的学术领域，希望能将本科、硕士所开拓的视野融入今后的研究中，但在浑然不觉中已届四十。孔子曰"四十而不惑"，我的理解是，他老人家并非指人到了40岁就学识渊博、没有困惑，这个"不惑"不是对指外部世界的通透了解，而是，到了这个年龄，应该对自己有一个清楚的框架性的认识了，知道自己能得到什么、不能得到什么，自己所长哪些、自己所短哪里，拓展的余地有多大、自己的局限是什么。在这个框架面前，少年之时头脑发热、不切实际的冲动，青年之时虚荣浮夸、好勇斗狠的豪情，都开始逐渐消融。这种状态可能就叫做"知止"。古人认为，所谓"知止"仅仅是学问和修养之路上万里长征的第一步，"知止"而后才有"定"，"定而后能静，静而后能安，安而后能虑，虑而后才能得"。

与此同时，进入这个年龄段，伴随着的压力越来越大。我非常羡慕那些从本科、硕士未出校门一路上来进入博士阶段的青年同学，他们可以专心学业、无忧无虑。反观我辈，人到中年，同时承受着学业负担、工作负担、家庭负担、自己的身体负担。不巧的是，买房、装修、生子都是发生在博士学习阶段。庆幸的是，在师友相持和家人关爱下，这些困难终被克服。我也经常鼓励自己"而困而知，而勉而行，受之以虚，将之以勤，不求近效，铢积寸累"。

我要衷心感谢我的博士生导师陈晓原教授。陈老师对学生宽容有加、呵护备至。博士论文写作期间，从选题、写作思路确定、框架设计到最后修改成文都倾注了陈老师大量的心血。他的指点和建议使我突破了论文写作中的一个个困境。如果在说理和论证方面还存在不足和缺陷，主要是学生愚钝，功力不逮，当完全由我个人承咎。

感谢复旦大学国际关系与公共事务学院的竺乾威教授、朱春奎教授、林尚立教授、浦兴祖教授、唐亚林教授和唐贤兴教授。竺老师真诚严谨、善良宽容，无论在学术还是人格上，都让我钦佩不已，对我影响至深。感谢朱春奎教授对论文提出的许多宝贵建议，使我的研究更加精确，结构更为合理。博士阶段，林尚立教授、浦兴祖教授、唐亚林教授和唐贤兴教授所授的课程为我打开了学术研究的大门，他们广博的学识和开阔的视野让我获益良多。竺乾威教授、唐亚林教授、唐贤兴教授在博士论文开题和预答辩上提出宝贵建议，让论文增色不少。

感谢博士阶段的同窗好友邓金霞博士、傅金鹏博士、朱玉知博士、孙志建博士、王法硕博士的鼓励与帮助。也感谢陈水生博士、刘新萍博士、屈涛博士、熊凯博士等众多好友的帮助和支持。

感谢教过我的师长和帮助过我的老师，特别是俞正梁教授、沈丁立教授、陆志安教授、苏长和教授、顾丽梅教授、颜声毅教授、任晓教授、Ido Oren教授、郑世平教授，以及华东师范大学吴志华教授、吉林大学周光辉教授、上海师范大学商红日教授、同济大学周荣教授、上海政法大学王蔚教授等，感谢你们无私的帮助。对你们，我想表达深深的敬意。

感谢我的家人，包括逝去的爷爷张浚候、母亲吕珏。特别是我的母亲，她含辛茹苦，对我的养育之恩，令我没齿难忘。在学业方面，是她培养了我对阅读的喜爱，这个习惯使我受益终生。虽然她没有亲眼看到我成家、立业、获得博士学位，但相信她若在九泉之下有知也会感到安慰。感谢我的外婆吕惠贞、父亲张永庆、阿姨吕琪，众多亲戚，包括王月芳、刘华成、吕迈、段跃进、龚燕等长辈。当我18岁那年失去母亲之后，是你们始终让我感到家庭温暖，给予我前行的力量和勇气。

特别要感谢我的妻子吕娜。一直以来，她照顾家庭、养育幼儿、承担家务、任劳任怨。我博士论文写作后期，因疲劳身体不支。她自己发着高烧，既要工作，又要照顾我和孩子。这么久以来，是她的理解和帮助，为我营造了一个温暖的工作和治学环境。

博士在读期间的39岁之际，我的儿子来到人世。当时，他出生不久曾一度垂危，住院抢救。出院之时，看到护士为我们拍摄的小儿病危时的照片,照片上,出生才几天的弱小身躯佝偻着,苍白而大大的脑袋上吊着针、贴着纱布。此时,既觉怜爱,又很钦佩孩子的坚强。虽然这种坚强也许来自无意识的生存的本能,但也鲜明地体现了一种对生命的执着。我给儿子起名为:张惟一。语出《尚书·大禹谟》中的"人心惟危,道心惟微,惟精惟一,允执厥中"。希望他能在这个充满诱惑的喧嚣的尘世中,坚持自己的本心,执着如一。这也是我辈读书人的追求。

张 磊

2014 年 5 月 6 日

图书在版编目(CIP)数据

组织逻辑与范式变迁：中国食品安全监管权配置问
题研究/张磊著.—上海：上海人民出版社，2015
（政治学与国际公共管理丛书）
ISBN 978-7-208-12997-9

Ⅰ.①组… Ⅱ.①张… Ⅲ.①食品安全-监管制度-
研究-中国 Ⅳ.①TS201.6

中国版本图书馆 CIP 数据核字(2015)第 101992 号

特约编辑 周　河
责任编辑 龚　权
封面装帧 王小阳

组织逻辑与范式变迁
——中国食品安全监管权配置问题研究
张　磊　著
世 纪 出 版 集 团
上海人 & 大 版 社 出版
(200001　上海福建中路 193 号　www.ewen.co)
世纪出版集团发行中心发行　　上海商务联西印刷有限公司印刷
开本 635×965　1/16　印张 20.5　插页 4　字数 292,000
2015 年 8 月第 1 版　2015 年 8 月第 1 次印刷
ISBN 978-7-208-12997-9/D・2684
定价 58.00 元

政治学与国际公共管理丛书

民主与法治片论
　　——人大工作的理性思考　　　　　　郭树勇　著
组织逻辑与范式变迁
　　——中国食品安全监管权配置问题研究　　张　磊　著